원큐 PASS

소형선박 조종사

해기사 자격증 시험 대비 문제집

김준성·양아영 저

다락원

선박조종사는 해기사의 전체 자격 분류에 의하면 1급부터 6급까지로 구분하고 그 외에 소형선박 조종사 면허가 있습니다. 소형선박조종사는 면허의 종류로 보면 크게 중요하지 않은 듯 보이지만 처음으로 선박을 조종하고자 하는 사람이 응시하는 시험으로 해양 안전과 관련하여 아주 중요한 시험입니다. 더욱이 소형선박조종사는 소형선박에 선장으로 승선하여 기관사의 업무도 겸해야 하기 때문에 선박의 운항과 관리에 관한 폭넓은 지식을 갖추어야 합니다. 선박의 안전 운항과 인명, 재산을 보호하여야 하는 의무 또한 지니게 됩니다.

응시생들의 대부분은 해기지정교육기관에서 규정된 해기사 양성 교육을 받을 기회가 없었기 때문에 해기 지식에 대한 체계적인 정립 없이 단편적인 지식만을 가지고 면허를 취득하려고 응시하는 경우가 대부분입니다.

오랜 기간 해양교육기관에서 해기 교육을 담당하고 있는 교사로서, 또한 해상교통안전을 전공하고 해양 사고를 줄이고자 노력하고 있는 필자로서는 이 점이 늘 아쉬웠습니다. 해양 사고의 많은 부분을 차지하고 있는 소형선의 사고를 줄이는 것이 무엇보다도 중요하다는 데 공감하며, 이번에 다락원과 함께 〈원큐패스 소형선박조종사〉를 출간하여 수험생들의 면허 취득과 해기 지식을 체계화하는 데 조금이나마 도움을 드릴 수 있으면 좋겠습니다.

이번에 출간하는 문제집은 과목별로 내용을 체계화하였으며, 기출문제를 중심으로 분석, 정리하여 수험생들에게 많은 도움이 될 수 있을 것으로 생각됩니다.

이 도서가 자격증을 취득하시는 데 도움이 되기를 바라며 여러분의 항해를 응원합니다.

저자 일동

시험 안내

해기사란?

해기사는 선박의 운항, 선박엔진의 운항, 선박통신에 관한 전문 지식을 습득하고 국가자격 시험에 합격하여 소정의 면허를 취득한 자로서, 해기사에는 항해사, 기관사, 전자기관사, 통신사, 운항사, 수면비행선박 조종사, 소형선박 조종사로 구분된다(선박직원법 제4조).

해기사 시험 시행 구분

구분	내용
정기시험	직종별 등급·시험 장소 그 밖에 필요한 사항을 매년 1월 10일까지 관보 및 주요 일간지에 이를 공고 시행
상시시험	상시시험을 시행하고자 하는 경우 그 직종별 등급·시험 일시·시험 장소 그 밖에 필요한 사항은 시험 시행 15일 전까지 한국해양수산연수원의 게시판에 이를 공고 시행
임시시험	한국해양수산연수원장이 필요하다고 인정하는 때에 수시로 시행되며 그 직종별 등급·시험 일시·시험 장소 그 밖에 필요한 사항은 시험 시행 7일 전까지 한국해양수산연수원의 게시판에 이를 공고, 접수 인원에 따라 시행 결정

※ 정기시험, 상시시험 연간 시험 일정표는 연초에 연수원 홈페이지(http://lems.seaman.or.kr)에 공지됩니다.

시험 시행

구분	내용
정기시험	- 1년에 4회 정원 없이 시행 - 필기 : 부산 포함 전국 11개 지역에서 응시 가능(PBT 방식) - 면접 : 부산, 인천에서 응시 가능
상시시험	- 필기 8회, 면접 6회 시행(일정에 따라 변동 가능) - 필기 : 부산, 목포, 인천에서 응시 가능, 회당 응시 제한 인원 있음 　(부산: 200명, 목포: 100명, 인천: 120명)(CBT 방식) - 면접 : 부산에서 응시 가능
임시시험	- 시험 요청이 많아서 시험이 필요한 경우, 정기시험이 지연된 경우 등 임시로 시행

※ 이러한 점을 참고하여 시행 부처 사이트를 자주 확인하는 것이 필요합니다.

승무 경력에 따른 소형선박조종사 면허 시험 방식	총톤수 2톤 이상의 선박 또는 배수톤수 2톤 이상의 함정에서의 승무 경력 (선박/함정의 운항 또는 기관의 운전)	필기시험		면접시험
	없음 (동력수상레저기구조종면허 소지)	4과목 응시		응시 불필요
	2년 이상	4과목 응시		응시 불필요
	4년 이상	필기면제교육 2일 이수 시	일부 과목 면제	응시 가능
		필기면제교육 3일 이수 시	면제	응시 가능

※ 「낚시 관리 및 육성법」에 따라 낚시어선업을 하기 위하여 신고한 낚시어선 및 「유선 및 도선 사업법」에 따라 면허를 받거나 신고한 유선 및 도선에 승무한 경력은 톤수의 제한을 받지 아니한다.

필기시험 정보

- 시험 시간 : 4과목/100분
- 시험 장소 : 시험 공고에 따름
- 시험 방법 : 객관식 4지선다형으로 하며 과목당 25문항
- 시험 합격 기준 : 과목당 40점 이상 득점, 평균 60점 이상 득점

시험 안내

시험 과목	과목 내용	출제비율
항해	항해계기	24
	항법	16
	해도 및 항로표지	40
	기상 및 해상	12
	항해 계획	8
	합계 (%)	100
운용	선체·설비 및 속구	28
	구명설비 및 통신장비	28
	선박조종 일반	28
	황천시의 조종	8
	비상제어 및 해난방지	8
	합계 (%)	100
법규	해사안전법	60
	선박의 입항 및 출항 등에 관한 법률	28
	해양환경관리법	12
	합계 (%)	100
기관	내연기관 및 추진장치	56
	보조기기 및 전기장치	24
	기관 고장 시의 대책	12
	연료유 수급	8
	합계 (%)	100

<table>
<tr><td>응시 원서 교부
및 접수</td><td colspan="3">• 응시 원서의 접수는 매회 시험의 접수 기간 내에만 가능하며, 접수 마감일
(18시)까지 접수하여야 당회 시험에 응시할 수 있습니다.
• 당회 시험 원서 접수 취소는 시험 1일 전까지 가능하며, 취소 시점에 따라
수수료는 차등 지급됩니다.</td></tr>
</table>

교부 및 접수 장소		주소	전화번호
부산	한국해양수산연수원 종합민원실	49111 부산광역시 영도구 해양로 367 (동삼동)	콜센터 1899-3600
	한국해기사협회	48822 부산광역시 동구 중앙대로180번길 12-14 해기사회관	051) 463-5030
인천	한국해양수산연수원 인천사무소	22313 인천광역시 중구 인중로 176 나성빌딩 4층	032) 765-2335~6
인터넷	한국해양수산연수원 (홈페이지)	http://lems.seaman.or.kr 민원서류 다운로드(원서 교부) 인터넷 접수	051) 620-5831~4

※ 응시 원서는 각 교부 및 접수처 또는 홈페이지에서 출력하여 작성하시기 바랍니다.

	구분	내용
원서 접수	인터넷 접수	– 한국해양수산연수원 시험정보사이트(http://lems.seaman.or.kr)에 접속 후 '해기사 시험접수'에서 인터넷 접수 – 준비물 : 사진 및 수수료, 결제 시 필요한 공인인증서 또는 신용카드
	방문 접수	– 위의 접수 장소로 직접 방문하여 접수 – 준비물 : 사진 1매, 응시 수수료
	우편 접수	– 접수 마감일 접수 시간 내 도착분에 한하여 유효 – 응시표를 받으실 분은 반드시 수신처 주소가 기재된 반신용 봉투를 동봉 – 준비물 : 사진이 부착된 응시 원서, 응시 수수료

※ 응시 원서에 사용되는 사진은 최근 6개월 이내에 촬영한 3cm×4cm 규격의 탈모정면 상반신 사진이어야 하며, 제출된 서류는 일체 반환하지 않습니다.

응시수수료

응시 직종 및 등급	금액	
소형선박조종사	10,000원	

합격자 발표

- 한국해양수산연수원 시험정보사이트(http://lems.seaman.or.kr)
- SMS(휴대폰 문자서비스) 전송(합격자에 한함) : 시험 접수 시 휴대폰번호 등록자에 한함

응시생 유의사항

- 시험을 응시하는 데는 자격 제한이 없으나(일부 과목 및 면접 응시자 제외), 최종 시험 합격 후 면허 교부 신청 시 모든 자격이 갖추어져야 면허를 받을 수 있으므로 응시 원서 제출 전에 시험 합격 후 면허를 받을 수 있는 자격이 되는지 여부를 반드시 확인한 후 응시하시기 바랍니다.
- 서류가 미비된 경우에는 접수하지 아니하며, 응시 원서 기재 내용이 사실과 다르거나 기재사항의 착오 또는 누락으로 인한 불이익은 응시자의 책임으로 합니다.
- 응시자는 국가시험 시행계획 공고에서 정한 응시자 입실 시간까지 지정된 좌석에 착석하여 시험감시관의 시험 안내에 따라야 합니다.
  ※ 신분증을 지참하지 않을 경우 응시가 제한될 수 있습니다.
- 부정한 방법으로 국가시험에 응시하거나 동 시험에서 부정한 행위를 한 자에 대하여는 법령의 규정에 따라 그 시험을 정지시키거나 향후 2년간 국가시험 응시를 제한할 수 있습니다.
- 합격자 발표 후에도 제출된 서류 등의 기재사항이 사실과 다르거나 응시 결격사유가 발견된 때에는 그 합격을 취소합니다.

면허 발급 안내	
해기사 면허 발급	– 각 지방해양수산청에서 발급 가능 – 시험 접수 시 응시 원서 상단에 합격 후 면허 발급을 신청할 지역을 표시하면 시험 합격 서류가 해당 지방청으로 이송됨 – 해기사 시험 최종 합격일로부터 3년 이내에 각 지방해양수산청에 면허 발급 신청을 하여 면허 수령
구비 서류	– 신청서 1부 – 사진 1매 : 최근 6개월 이내에 촬영한 가로 3.5cm, 세로 4.5cm의 것 – 선원건강진단서 1부 : 선박에 승선 중인 경우에는 선박소유자가 교부한 신청인이 승무 중임을 증명하는 서류로써 이에 갈음할 수 있으며, 선원법 시행규칙 제53조의 규정에 의한 건강진단을 받고 그 유효기간 내에 있는 자의 경우에는 선원수첩의 제시로써 갈음할 수 있음 – 승무경력증명서 1부(면허를 위한 승무 경력 참조) – 면허취득교육교정을 이수한 사실을 증명하는 서류 1부(해당자에 한함) – 수수료 : 없음(2012. 10. 30 시행규칙 개정으로 수수료 없음) – 면허 발급 관련 문의 : 각 지방해양수산청 선원안전해사과
발급 소요 기간	신청일로부터 2~3일 이후 발급
신청 기간	합격자 발표일 다음날부터 신청 가능

이 책의
구성

⚓ 체계적인 해기 지식을 담은 핵심이론

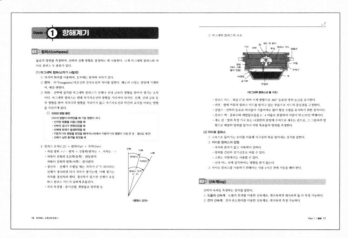

- 학습자가 해기 지식을 체계적으로 정립할 수 있도록 핵심만 뽑아 정리했습니다.
- 필기시험을 대비할 뿐만 아니라 실제로도 승선 시 필요한 기초 지식을 쉽고 빠르게 학습할 수 있습니다.

⚓ 빈출 중요도를 반영한 기출분석문제

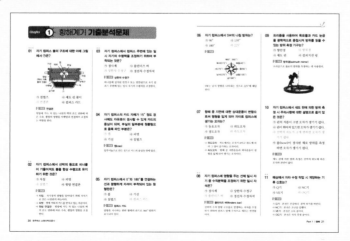

- 기출분석문제는 출제 빈도수에 따라 ★을 표기하여 학습자가 중요 내용을 파악하고 효과적으로 학습할 수 있도록 빈출 중요도를 반영했습니다.
- 이론을 학습한 뒤 챕터별로 구성된 문제를 풀어보며 앞에서 학습한 내용을 잘 이해하였는지 확인하고, 문제 유형까지 한번에 익힐 수 있습니다.

⚓ 실전 감각을 키울 수 있는 실전 모의고사

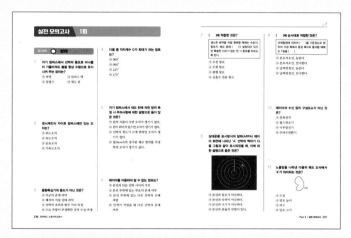

• 실제 시험처럼 풀어볼 수 있도록 기출문제 경향을 반영한 실전 모의고사 2회분을 수록하였습니다.
• 부족한 부분을 추가로 학습하며 폭넓은 지식을 잘 습득했는지 확인할 수 있습니다.

⚓ 면접시험의 대표적 항목을 선정한 면접 예상문제

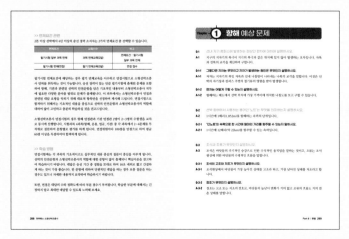

• 면접시험을 준비하는 응시생을 위해 대표적 항목을 선정하여 예상문제로 제시하였습니다.
• 핵심이론을 참고하여 학습한 뒤 면접 예상문제를 통해 대답 요령을 익히며 면접시험을 준비할 수 있습니다.

차례

Part
1

항해

01 컴퍼스(compass)

물표의 방위를 측정하며, 선박의 진행 방향을 결정하는 데 사용한다. 크게 마그네틱 컴퍼스와 자이로 컴퍼스 두 종류가 있다.

(1) 마그네틱 컴퍼스(자기 나침의)

① 자석의 원리를 이용하며, 오차에는 편차와 자차가 있다.

② **편차** : 자기(magnetic)자오선과 진자오선의 차이를 말한다. 해도의 나침도 중앙에 기재하며, 매년 변한다.

③ **자차** : 선박에 설치된 마그네틱 컴퍼스가 선체나 선내 금속의 영향을 받아서 생기는 오차이다. 마그네틱 컴퍼스는 원래 자기자오선의 방향을 가리켜야 되지만, 선체, 선내 금속 등의 영향을 받아 지자극의 방향을 가리키지 않고 자기자오선과 약간의 교각을 이루는 방향을 가리키게 된다.

> **자차의 변화 원인**
> 선수의 방향이 바뀌었을 때 가장 영향이 크다.
> • 선적된 화물을 이동시켰을 때
> • 선박의 경사가 변화되었을 때
> • 선체에 화재가 발생하였을 때
> • 지방자기의 영향을 받았을 때(우리나라에서 지방자기의 영향이 가장 큰 곳 : 청산도 부근)
> • 선체가 심한 충격을 받았을 때

④ 컴퍼스 오차(C.E) = 편차(Var) + 자차(Dev)
  • 자침 방위 +/− 편차 = 진방위(편차는 +, 자차는 −)
  • 자북이 진북의 오른쪽(동쪽) : 편동편차
    자북이 진북의 왼쪽(서쪽) : 편서편차
  • 경선차 : 선체가 수평일 때는 자차가 0°가 되더라도 선체가 경사되면 다시 자차가 생기는데, 이때 생기는 자차를 경선차라 한다. 경선차가 있으면 선체가 요동하고 컴퍼스 카드가 심하게 흔들린다.
  • 자차 측정법 : 중시선법, 원방물표 방위법 등

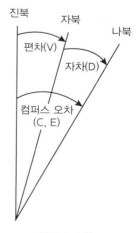

<컴퍼스 오차>

⑤ 마그네틱 컴퍼스의 구조

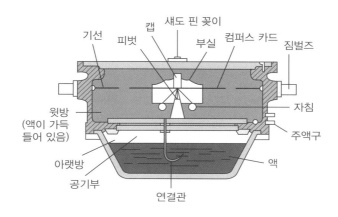

<마그네틱 컴퍼스의 볼 구조>

- 컴퍼스 카드 : 북을 0°로 하여 시계 방향으로 360° 등분된 방위 눈금을 표시한다.
- 피벗 : 캡에 끼워져 컴퍼스 카드를 받치고 있는 부분으로 카드의 중심점을 고정한다.
- 짐벌즈 : 선박의 동요로 비너클이 기울어져도 볼이 항상 수평을 유지하기 위한 장치이다.
- 컴퍼스 액 : 증류수와 에틸알코올을 6 : 4 비율로 혼합하여 비중이 약 0.95인 액체이다.
- 섀도 핀 : 방위 측정 기구 또는 나침반의 중앙에 수직으로 세우는 핀으로, 그 그림자의 방향으로 태양의 방위를 알거나 어떤 목표물의 방위를 측정한다.

(2) 자이로 컴퍼스

① 고속으로 돌아가는 로터를 이용해 지구상의 북을 알아내는 장치를 말한다.
② 자이로 컴퍼스의 장점
- 자차와 편차가 없고 지북력이 강하다.
- 방위를 간단히 전기신호로 바꿀 수 있다.
- 고위도 지방에서도 사용할 수 있다.
- 선내 어느 곳에 설치하여도 영향을 받지 않는다.
③ 자이로 컴퍼스를 사용하기 위해서는 사용 4시간 전에 가동을 해야 한다.

02 선속계(log)

선박의 속력을 측정하는 장치를 말한다.
① 도플러 선속계 : 도플러 효과를 이용한 선속계로, 대수속력과 대지속력 둘 다 측정 가능하다.
② 전자 선속계 : 전자 유도원리를 이용한 선속계로, 대지속력 측정 가능하다.

03 ▶ 측심기

수심을 측정하는 장치를 말한다.

① 핸드 레드(hand lead) : 추를 줄에 달아 수심을 측정하는 장비로, 수심과 저질도 알 수 있다.

② 음향측심기 : 음파를 이용하여 수심을 측정하며, 수중에서 음파의 속도는 약 1,500m/s이다.

> **⊙ 전파를 발사하여 수신하는데 시간이 2초였을 경우 수심은?**
> 1,500(m/s) × 2(s) ÷ 2 = 1,500m
> 음파를 발사하여 해저에 반사되어 돌아오는 시간으로 왕복하는 시간에 해당하여 반으로 나누어 준다.

③ 음향측심기의 구성 : 송신 제어부, 송신부, 송수파기, 수신부 및 지시부

04 ▶ 레이더

해상에서 전파를 이용하여 다른 선박, 장해물, 해안 등을 탐지하고 그 위치와 자기 선박으로부터의 거리, 방위를 장치 위에 표시하는 항해 장비를 말한다.

① 원리 : 전파를 발사하고, 물체의 반사파를 수신하여 지시기의 화면에 표시하여 거리와 방위를 측정한다.

② 전파의 특성 : 등속성, 직진성, 반사성

③ 구성 : 송·수신기, 지시기, 스캐너(회전안테나)

④ 레이더의 성능 : 최대 탐지 거리, 최소 탐지 거리, 방위 분해능, 거리 분해능

⑤ 주요 조정기 : 전원 스위치 ON/OFF와 STAND−BY 버튼이 따로 있다. 처음 켤 때는 STAND−BY 후 예열이 완료되면 ON 스위치로 작동한다. 사용을 잠시 중단할 때는 STAND−BY에 둔다.

⑥ 감도 조정기(GAIN) : 수신기 감도 조정, 시계 방향으로 돌리면 감도 증가, 잡음 증가

⑦ 해면 반사 억제기(STC) : 바람 등에 의한 해면 반사 억제

⑧ 비·눈 반사 억제기(FTC) : 비, 눈 등의 영향에 의한 방해 감소

⑨ 선수휘선 억제기(HEADLINE OFF) : 선수 방향 소형 물표를 탐지하기 위해 일시적으로 선수휘선을 끄는 것

⑩ X밴드 레이더와 S밴드 레이더

구분	X밴드	S밴드
파장	3cm	10cm
주파수	9GHz	3GHz
스캐너(회전 안테나)의 길이	짧다	길다
작은 물체	탐지 능력이 좋다	탐지 능력이 좋지 않다
탐지 거리	근거리	원거리
날씨(눈, 비), 해면반사의 영향	심하다	덜 심하다

⑪ 레이더의 거짓상(허상)

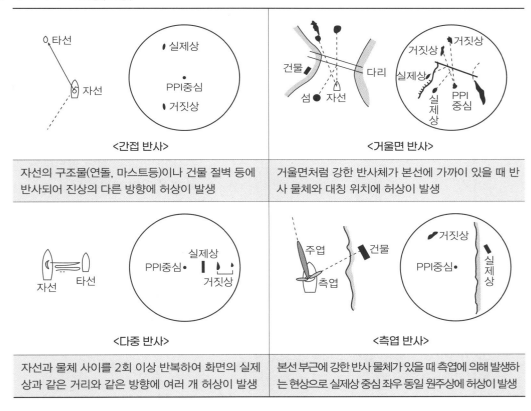

<간접 반사>	**<거울면 반사>**
자선의 구조물(연돌, 마스트등)이나 건물 절벽 등에 반사되어 진상의 다른 방향에 허상이 발생	거울면처럼 강한 반사체가 본선에 가까이 있을 때 반사 물체와 대칭 위치에 허상이 발생
<다중 반사>	**<측엽 반사>**
자선과 물체 사이를 2회 이상 반복하여 화면의 실제 상과 같은 거리와 같은 방향에 여러 개 허상이 발생	본선 부근에 강한 반사 물체가 있을 때 측엽에 의해 발생하는 현상으로 실제상 중심 좌우 동일 원주상에 허상이 발생

05 ▶ 선박자동식별장치(AIS)

선박과 선박 간 그리고 선박과 육상 관제소 사이에 선박의 선명, 위치, 침로, 속력 등의 선박 관련 정보와 항해 안전 정보 등을 자동으로 교환하는 장비이다. 이를 통해 선박 상호간의 충돌을 예방할 수 있고, 선박의 교통량이 많은 해역에서는 효과적으로 해상 교통관리도 할 수 있다.

01 자기 컴퍼스 볼의 구조에 대한 아래 그림에서 ㉠은?

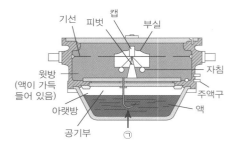

㉮ 짐벌즈
㉯ 섀도 핀 꽂이
㉰ 연결관
㉱ 컴퍼스 카드

해설 연결관

윗방에 가득 차 있는 나침의 액의 온도 변화에 따른 수축, 팽창의 영향을 아랫방과 연결하여 조절하는 역할을 한다.

02 자기 컴퍼스에서 선박의 동요로 비너클이 기울어져도 볼을 항상 수평으로 유지하기 위한 것은?

㉮ 자침
㉯ 피벗
㉰ 짐벌즈
㉱ 윗방 연결관

해설

㉮ 자침 : 자기장의 방향을 알아내기 위해 자석으로 만든 나침반의 바늘이다.
㉯ 피벗 : 캡에 끼워져 카드를 받치고 있는 부분이다.
㉱ 윗방 연결관 : 윗방에 가득 차 있는 나침의 액의 온도 변화에 따른 수축, 팽창의 영향을 조절한다.

03 자기 컴퍼스에서 컴퍼스 주변에 있는 일시 자기의 수평력을 조정하기 위하여 부착되는 것은?

㉮ 경사계
㉯ 플린더즈 바
㉰ 상한차 수정구
㉱ 경선차 수정자석

해설 상한차 수정구

비너클에 설치된 연철구 또는 연찰판으로 자기 컴퍼스 주변에 있는 일시 자기의 수평력을 조절한다.

04 자기 컴퍼스의 카드 자체가 15° 정도 경사에도 자유로이 경사할 수 있게 카드의 중심이 되며, 부실의 밑부분에 원뿔형으로 움푹 파인 부분은?

㉮ 캡
㉯ 피벗
㉰ 기선
㉱ 짐벌즈

해설 캡(cap)

알루미늄으로 만든 것으로 카드의 중심축 위에 있다.

05 자기 컴퍼스에서 0°와 180°를 연결하는 선과 평행하게 자석이 부착되어 있는 원형판은?

㉮ 볼
㉯ 기선
㉰ 짐벌즈
㉱ 컴퍼스 카드

해설 컴퍼스 카드

방향을 지시하는 원반 형태의 판으로 360° 방위가 표시되어 있다.

06 자기 컴퍼스에서 SW의 나침 방위는?

㉮ 90° ㉯ 135°
㉰ 180° ㉱ 225°

해설

북(0°, 360°)
북서(315°) 북동(45°)
서(270°) 동(90°)
남서(225°) 남동(135°)
남(180°)

SW는 남서 방향을 나타내는 것으로 225°에 해당한다.

07 항해 중 지면에 대한 상대운동이 변함으로써 평형을 잃게 되어 자이로 컴퍼스에 생기는 오차는?

㉮ 동요오차 ㉯ 위도오차
㉰ 경도오차 ㉱ 속도오차

해설

㉯ 위도오차 : 적도에서는 오차가 0이고 위도에 따라 그 양이 증가하는 오차이다.
㉱ 속도오차 : 항해 중 지반운동과 세차운동이 평형을 잃게 되어 생기는 오차이다.

08 자기 컴퍼스에 영향을 주는 선체 일시 자기 중 수직분력을 조정하기 위한 일시 자석은?

㉮ 경사계 ㉯ 상한차 수정구
㉰ 플린더즈 바 ㉱ 경선차 수정자석

해설 플린더즈 바(flinders bar)

선박의 수직 방향 구조물로 발생하는 자차를 수정하기 위하여 컴퍼스 앞에 수직으로 세우는 연철봉이다.

09 프리즘을 사용하여 목표물과 카드 눈금을 광학적으로 중첩시켜 방위를 읽을 수 있는 방위 측정 기구는?

㉮ 쌍안경 ㉯ 방위경
㉰ 섀도 핀 ㉱ 컴퍼지션 링

해설 방위경(azimuth mirror)

프리즘으로 물표의 방위를 측정하는 데 사용한다.

10 자기 컴퍼스에서 섀도 핀에 의한 방위 측정 시 주의사항에 대한 설명으로 옳지 않은 것은?

㉮ 핀의 지름이 크면 오차가 생기기 쉽다.
㉯ 핀이 휘어져 있으면 오차가 생기기 쉽다.
㉰ 선박의 위도가 크게 변하면 오차가 생기기 쉽다.
㉱ 볼(bowl)이 경사된 채로 방위를 측정하면 오차가 생기기 쉽다.

해설

섀도 핀에 의한 방위 측정은 선박의 위도에 따른 오차와 관련이 없다.

11 해상에서 자차 수정 작업 시 게양하는 기류 신호는?

㉮ Q기 ㉯ NC기
㉰ VE기 ㉱ OQ기

해설

㉮ Q기 : 본선은 건강하다. 검역 허가를 바란다.
㉯ NC기 : 본선은 조난을 당했다.
㉰ VE기 : 본선은 소독 중이다.
㉱ OQ기 : 본선은 자차 측정 중이다.

12 다음 중 자기 컴퍼스의 자차가 가장 크게 변하는 경우는?

㉮ 선체가 경사할 경우

㉯ 선수 방위가 바뀔 경우

㉝ 적화물을 이동할 경우

㉂ 선체가 약한 충격을 받을 경우

해설

자차는 컴퍼스가 선체나 철기류에 영향을 받아 생기는 오차로, 선수 방향에 따라 가장 크게 변한다.

13 선체 경사 시 생기는 자차는?

㉮ 지방자기 ㉯ 경선차

㉝ 선체자기 ㉂ 반원차

해설 경선차

배가 옆으로 기울어짐에 따라 배 안의 나침의에 생기는 오차이다.

14 선박에서 사용하는 항해기기 중 선체자기의 영향을 받는 것은?

㉮ 위성 컴퍼스

㉯ 자기 컴퍼스

㉝ 자이로 컴퍼스

㉂ 광자기 자이로 컴퍼스

해설

자기 컴퍼스는 지구 자기의 방향을 파악하여 방위를 측정하는 항해기기로, 선체의 자기의 영향을 받아 자차가 발생한다.

15 자기 컴퍼스의 유리가 파손되거나 기포가 생기지 않는 온도 범위는?

㉮ 0℃ ~ 70℃

㉯ −5℃ ~ 75℃

㉝ −20℃ ~ 50℃

㉂ −40℃ ~ 30℃

해설

자기 컴퍼스에 사용되는 액체는 알코올 40%와 증류수 60%를 혼합한 것으로 −20℃~50℃ 사이에서 기포가 발생하지 않고, 볼 내의 각부 내면 도료와 화학적 변화를 일으키지 않아야 한다.

16 자기 컴퍼스와 비교하여 자이로 컴퍼스가 가지고 있는 장점으로 옳지 않은 것은?

㉮ 자차가 없다.

㉯ 지북력이 강하다.

㉝ 진북을 구하기 위하여 편차를 고려할 필요가 없다.

㉂ 방위를 전기 신호로 바꾸기 어려워 다른 기기와의 간섭이 적다.

해설

자이로 컴퍼스는 방위를 전기 신호로 바꾸어 자이로 리피터나 다른 항해기기에도 전달해 줄 수 있다.

★★★
17 자이로 컴퍼스에서 동요오차 발생을 예방하기 위하여 NS축상에 부착되어 있는 것은?

㉮ 보정추

㉯ 적분기

㉝ 오차 수정기

㉂ 추종 전동기

해설 동요오차

제1동요오차는 선체가 요동하여 원심력이 진동 궤도로부터 멀어지려고 하기 때문에 생기는 오차로, NS축선상에 보정추를 부착하여 수정한다.

18 **기계식 자이로 컴퍼스를 사용할 때 최소한 몇 시간 전에 작동시켜야 하는가?**

[가] 1시간
[나] 2시간
[사] 3시간
[아] 4시간

해설

일반적으로 작동 후 3~4시간 정도 후 0.5도 오차 범위 내의 정상 상태가 된다.

19 **자이로 컴퍼스에서 컴퍼스 카드가 부착되어 있는 부분은?**

[가] 주동부
[나] 추종부
[사] 지지부
[아] 전원부

해설

[가] **주동부** : 자동으로 북을 찾아 정지하는 지북제진 기능을 가진 부분이다.
[나] **추종부** : 주동부를 지지하고 또 그것을 추종하도록 되어 있는 부분이다.
[사] **지지부** : 선체의 요동, 충격 등의 영향이 추종부에 전달되지 않도록 지지하는 부분이다.
[아] **전원부** : 로터를 고속으로 회전시키는 데 필요한 전원을 공급하는 부분이다.

20 **자이로 컴퍼스의 위도오차에 대한 설명으로 옳지 않은 것은?**

[가] 경사제진식 자이로 컴퍼스에만 있는 오차이다.
[나] 적도에서는 오차가 생기지 않는다.
[사] 북위도 지방에서는 편동오차가 된다.
[아] 위도가 높을수록 오차는 감소한다.

해설 **위도오차**

자이로 컴퍼스의 위도오차는 위도가 높을수록 증가한다.

21 **경사제진식 자이로 컴퍼스에만 있는 오차는?**

[가] 위도오차　　[나] 속도오차
[사] 동요오차　　[아] 가속도오차

해설 제진 세차운동을 얻는 방법에 따른 위도오차

경사제진식 자이로 컴퍼스	스페리식	위도오차 발생
방위제진식 자이로 컴퍼스	안쉬츠식	위도오차 없음

22 **해도상의 나침도에 표시된 부분과 자차표가 〈보기〉와 같을 때 진침로 045°로 항해한다면 자기 컴퍼스는 몇 도에 정침해야 하는가? (단, 항해하는 시점은 2017년임)**

<보기>

나침도의 편차 표시	자차표	
6° 50´W 2007(1´W)	000°	0°
	045°	2°E
	090°	3°E
	135°	2°E
	180°	0°
	225°	2°W
	270°	3°W
	315°	2°W

[가] 040°　　[나] 045°
[사] 049°　　[아] 050°

해설

나침도의 편차 표시 6°50´W2007(1´W)은 2007년도 기준 편차는 6°50´W이고 편차의 연변화량은 1´W임을 나타낸다. 항해하는 시점 2017년은 10년 후이므로 편차의 총 변화량은 10´W이므로 2017년의 편차는 6°50´W + 10´W = 7°W이다. 침로 045°에서의 자차는 2°E이다. 컴퍼스 오차는 편차와 자차의 합으로 7°W + 2°E = 5°W이다.
따라서 선내 자기 컴퍼스는 원하는 침로의 5°W 방향인 050°에 정침해야 진침로 045°로 항해할 수 있다.

23 자침 방위가 069°이고, 그 지점의 편차가 9°E일 때 진방위는?

㉮ 060°　　　　　㉯ 069°

㉰ 070°　　　　　㉵ 078°

🔧 해설
자차나 편차가 편동(E)이면 더하고, 편서(W)면 빼준다. 편동편차이므로 더해 주면
069° + 9° = 078°이다.

24 자북이 진북의 왼쪽에 있을 때의 오차는?

㉮ **편서편차**　　　㉯ 편동자차

㉰ 편동편차　　　　㉵ 지방자기

🔧 해설
㉮ 편서편차 : 자북이 진북의 왼쪽에 있을 때
㉯ 편동자차 : 나북이 자북의 오른쪽에 있을 때
㉰ 편동편차 : 자북이 진북의 오른쪽에 있을 때
㉵ 지방자기 : 지역적으로 강한 자기를 나타내는 곳

25 나침의 오차(Compass Error ; C.E.)에 대한 설명으로 옳은 것은?

㉮ 자기자오선과 선내 나침의의 남북선이 이루는 교각

㉯ 자기자오선과 물표를 지나는 대권이 이루는 교각

㉰ 진자오선과 자기자오선이 이루는 교각

㉵ **선내 나침의의 남북선과 진자오선이 이루는 교각**

🔧 해설 나침의 오차(C.E.)
나침의 남북선과 진자오선과의 교각을 말하며 자차(Dev)와 편차(Var)의 합으로 계산할 수 있다.

26 자차 3°E, 편차 6°W일 때 나침의 오차는?

㉮ 3°E　　　　　㉯ 3°W

㉰ 9°E　　　　　㉵ 9°W

🔧 해설
나침의 오차(C.E.) = 자차(Dev) + 편차(Var)
　　　　　　　　 = 3°E + 6°W = 3°W

27 우리나라에서 지방자기에 의한 편차가 가장 큰 곳은?

㉮ 거문도 부근　　　㉯ 욕지도 부근

㉰ **청산도 부근**　　　㉵ 신지도 부근

🔧 해설
지방자기는 해도 또는 수로지에 기재되어 있으며 전라남도 청산도 부근에서 가장 크게 나타난다.

★★
28 지구 자기장의 복각이 0°가 되는 지점을 연결한 선은?

㉮ 지자극　　　　　㉯ **자기적도**

㉰ 지방자기　　　　㉵ 북회귀선

🔧 해설 자기적도
나침반에 의한 자기북극과 자기남극을 기준으로 하는 적도를 말한다.

29 선박에서 속력과 항주거리를 측정하는 계기는?

㉮ 나침의   ㉯ 선속계

㉰ 측심기   ㉱ 핸드 레드

> **해설** 선속계
>
> 선박의 속도를 측정하는 장비를 말하며, 보통 추측항법 및 접안 시 중요하게 사용된다.

30 전자식 선속계가 표시하는 속력은?

㉮ 대수속력   ㉯ 대지속력

㉰ 대공속력   ㉱ 평균속력

> **해설** 각 선속계가 표시하는 속력
>
> • 전자식 선속계(EM log) : 대수속력
> • 음파 선속계(Doppler log) : 대수속력 또는 대지속력
> • GPS 선속계 : 대지속력

31 수심이 얕은 곳에서 수심을 측정하거나 투묘할 때 배의 진행 방향 및 타력 또는 정박 중 닻의 끌림을 알기 위한 기기는?

㉮ 핸드 레드   ㉯ 사운딩 자

㉰ 트랜스듀서   ㉱ 풍향풍속계

> **해설** 핸드 레드(hand lead)
>
> 무게추와 밧줄로 수심을 측정하는 기구로, 밑에 있는 구멍에 동물성 기름을 채워 넣어 해저의 질을 파악할 수 있다.

32 조류가 정선미 쪽에서 정선수 쪽으로 2 노트로 흘러갈 때 대지속력이 10노트면 대수속력은?

㉮ 6노트   ㉯ 8노트

㉰ 10노트   ㉱ 12노트

> **해설** 대수속력
>
> 자선 또는 다른 선박의 추진장치의 작용이나 그로 인한 선박의 타력에 의하여 생기는 선박의 물에 대한 속력을 말한다. 같은 방향으로 흘러가는 조류의 영향을 제외하면 8노트가 선박 자체가 발생하는 속력이 되므로 대수속력은 8노트이다.

33 음파의 수중 전달 속력이 1,500미터/초일 때 음향측심기에서 음파를 발사하여 수신한 시간이 0.4초라면 수심은?

㉮ 75미터   ㉯ 150미터

㉰ 300미터   ㉱ 450미터

> **해설**
>
> 거리 = 속력 × 시간
> = 1,500(m/s) × 0.4(s) = 600(m)
> 이것은 음파가 왕복하는 거리이므로 절반으로 나눈 300미터가 수심이 된다.

34 수심을 측정할 뿐만 아니라 개략적인 해저의 형상이나 어군의 존재를 파악하기 위한 계기는?

㉮ 나침의   ㉯ 선속계

㉰ 음향측심기   ㉱ 핸드 레드

> **해설** 음향측심기
>
> 해저로 쏜 초음파가 바닥에서 반사되어 오기까지의 시간을 측정하여 수심을 측정하거나 해저 지형을 파악할 수 있다.

35 풍향풍속계에서 지시하는 풍향과 풍속에 대한 설명으로 옳지 않은 것은?

㉮ 풍향은 바람이 불어오는 방향을 말한다.

㉯ 풍향이 반시계 방향으로 변하면 풍향 반전이라 한다.

㉰ 풍속은 정시 관측 시각 전 15분간 풍속을 평균하여 구한다.

㉱ 어느 시간 내의 기록 중 가장 최대의 풍속을 순간 최대 풍속이라 한다.

해설

풍속은 지상 10m에서의 10분 동안의 평균 풍속을 말한다.

36 다음에서 설명하는 장치는?

> 이 시스템은 선박과 선박 간 그리고 선박과 선박교통관제(VTS) 센터 사이에 선박의 선명, 위치, 침로, 속력 등의 선박 관련 정보와 항해 안전 정보 등을 자동으로 교환함으로써 선박 상호간의 충돌을 예방하고, 선박의 교통량이 많은 해역에서는 선박 교통관리에 효과적으로 이용될 수 있다.

㉮ 지피에스(GPS) 수신기

㉯ 전자해도 표시장치(ECDIS)

㉰ 선박자동식별장치(AIS)

㉱ 자동 레이더 플로팅 장치(ARPA)

해설

자동 레이더 플로팅 장치(ARPA)는 레이더에서 얻는 정보를 기초로 레이더 플로팅을 자동적으로 실행하여 충돌 위험에 대한 상황 평가를 하는 장치이다.

37 선박과 선박 간, 선박과 연안기지국 간의 항해 관련 데이터 통신을 위한 장치는?

㉮ 항해기록장치

㉯ 선박자동식별장치

㉰ 전자해도 표시장치

㉱ 선박 보안경보장치

해설 선박자동식별장치(AIS)

선박 상호 간, 선박과 육상국 간에 자동으로 정보 (선박의 명세, 침로, 속력 등)를 교환하여 항행 안전을 도모하고 통항 관제 자료를 제공한다.

38 선박자동식별장치의 정적정보가 아닌 것은?

㉮ 선명

㉯ 선박의 속력

㉰ 호출부호

㉱ 아이엠오(IMO) 번호

해설

정적정보

국제해사기구 번호, 호출 부호와 선명, 선박의 길이와 폭, 선박의 종류, 선박 측위시스템의 위치를 말한다.

동적정보

선박 위치의 정확한 표시 및 전반적인 상태, 협정 세계표준시간(UTC), 대지침로, 대지속력, 선수 방향, 항해 상태, 회두각, 센서에 의한 정보를 말한다.

39 선박자동식별장치(AIS)에서 확인할 수 없는 정보는?

㉮ 선명   ㉯ 선박의 흘수

㉰ 선박의 목적지   ㉱ 선원의 국적

해설

국제 초단파(VHF; Very High Frequency)를 이용한 선박자동식별장치로, 배의 이름, 위치, 침로, 속력, 목적지, 흘수 등의 데이터를 전송한다. 선원의 국적은 확인할 수 없다.

40 전자해도 표시장치(ECDIS)의 기능이 아닌 것은?

㉮ 자동으로 선박의 속력을 유지한다.

㉯ 선박의 항해와 관련된 주요 정보들을 나타낸다.

㉰ 자동조타장치와 연동하면 조타장치를 제어할 수 있다.

㉱ 자동 레이더 플로팅 장치와 연동하여 충돌 위험 선박을 표시할 수 있다.

해설 전자해도 표시장치(ECDIS)

선박의 항해와 관련된 해도 정보, 위치 정보, 선박의 침로, 속력, 수심 자료 등을 종합하여 스크린에 나타내준다.

01 항해

(1) 지구상의 위치

① 항정선 : 자오선과 같은 각도로 만나는 곡선이다.

② 위도 : 거등권과 적도 사이의 자오선 상의 호의 길이, 적도를 0°로 하여 남북 방향으로 각각 90°까지 잰다. 예 35° 03.1′N

③ 경도 : 자오선과 본초자오선이 이루는 적도의 호, 본초자오선을 0°로 하여 동과 서로 각각 180°까지 잰다. 예 129° 05.5′N

(2) 거리와 속력

① 거리 : 단위는 해리, 위도 1′의 길이를 말한다.

1해리 = 1,852미터

② 속력 : 단위는 노트, 1시간에 1해리를 항주한 속력을 1노트라 한다.

속력 = 거리/시간

(3) 방위와 침로

① 방위 : 북을 기준으로 관측자로부터 어느 목표물의 방향

② 방위의 종류

• 진방위 : 물표와 관측자를 지나는 대권이 진자오선과 이루는 교각

• 나침 방위 : 물표와 관측자를 지나는 대권이 컴퍼스의 남북선과 이루는 교각

• 자침 방위 : 물표와 관측자를 지나는 대권이 자기자오선과 이루는 교각

• 상대 방위 : 선수 방향을 기준으로 한 방위

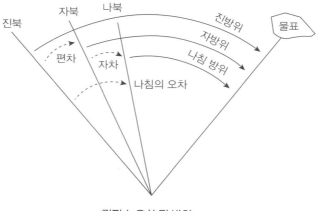

<컴퍼스 오차 및 방위>

③ 침로 : 한 지점으로부터 다른 지점까지의 방향
④ 침로의 종류
- 진침로 : 진자오선과 항적이 이루는 각
- 시침로 : 풍압차나 유압차가 있을 때 진자오선과 선수미선이 이루는 각
- 자침로 : 자기자오선과 선수미선이 이루는 각
- 나침로 : 컴퍼스의 남북선과 선수미선이 이루는 각
⑤ 풍압차 : 바람에 떠밀려 선수미선과 항적이 이루는 교각
⑥ 유압차 : 해조류나 조류에 떠밀려 선수미선과 항적이 이루는 교각

> **◆ 진방위와 상대 방위**
> - 진방위 : 선박에서는 해도상에 표시된 경도와 위도에 의하여 작성된 방위표를 이용하여 진방위를 구한다.
> - 상대 방위 : 선수 방향을 기준으로 한 방위로, 선수를 기준으로 하여 시계 방향으로 360˚까지 측정하거나 좌현 또는 우현 쪽으로 각각 180˚까지 측정한다.

02 선위 측정법

(1) 위치의 종류
① 실측 위치(AP. Fix) : 실제로 관측하여 구한 선위로 레이더, 천측, 전파계기, 실제 관측 등을 통하여 구한 선위
② 추측 위치(D.R) : 최근의 실측 위치를 기준으로 하여 진침로와 선속계 또는 기관의 회전수로 얻은 항정에 의하여 구한 선위
③ 추정 위치(E.P) : 추측 위치에 외력의 영향을 가감하여 구한 선위

> **◆ 외력**
> 선박의 크기, 흘수, 트림, 해역, 계절에 따라 변하며 수로지, 항로지, 조석표 등을 참고한다.

(2) 위치선
① 항해 중에 어떤 물표를 관측하여 얻은 방위, 거리, 고도, 협각 등을 만족시키는 점의 자취로, 관측을 실시한 선박이 그 자취 위에 있다고 생각되는 특정한 선이다.
② 하나의 위치선은 그 위치선상의 어딘가에 선박이 존재한다는 것을 의미하나 정확한 위치는 알 수가 없다.
③ 위치선을 2개 또는 3개 이상을 구하여 그 교점을 찾으면 선박의 실제 위치를 알 수 있다.

(3) 위치선을 구하는 방법과 선위 결정법

1) 교차 방위에 의한 위치선과 선위

① 항해 중 두 물표 이상(보통 3물표 사용)의 뚜렷한 물표의 방위를 거의 동시에 측정하고, 해도에 각 물표를 지나는 방위선을 그어 이들이 만나는 점을 선위로 정하는 방법을 말한다.

② 교차 방위법에 의한 선위 결정 시 가장 정확한 선위를 구하는 물표의 각도

- 상호 각도가 30° ~ 150°인 것을 선정한다.
- 물표 2개일 때는 교각이 90°, 3개일 때는 교각이 60°에 가까운 것이 좋다.
- 2물표의 위치선 교각이 30° 이하인 것은 피한다.

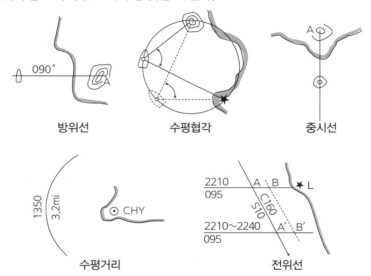

| 방위선 | 수평협각 | 중시선 |

| 수평거리 | 전위선 |

③ 오차 삼각형이 생길 수 있는 결정법

- 연안 항해 때에 가장 많이 이용되는 것으로 측정이 쉽고, 위치의 정밀도가 높다.
- 물표 선정 : 명확하고 뚜렷한 물표, 가까운 물표, 2개보다 3개를 선정한다.
- 방위 측정 : 선수미 방향이나 먼 물표를 먼저 재고, 옆 방향이나 가까운 물표 뒤에 측정한다.

④ 전파 항해계기를 이용한 선위를 측정한다.

> ○ 격시 관측법
>
> 연안 항해를 할 때 시간차를 두고 같은 물표를 2회 이상 관측하여 선위를 구하는 방법

2) 두 개 이상의 수평 거리에 의한 위치선과 선위

① 레이더를 이용하여 물표로부터 거리를 측정한다.

② 측정한 거리를 반지름으로 하는 원을 그리면 선박은 이 원주 위에 있게 된다.

③ 두 물표 A, L의 거리에 의한 위치선의 교점 P가 선위가 된다.

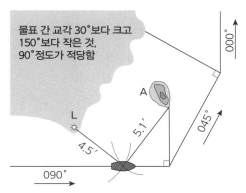

<레이더 거리에 의한 선위>

3) 물표의 방위와 거리에 의한 위치 결정

① 물표 L에 대한 방위에 의한 위치선을 그으면 선박은 그 위치선의 위에 있게 된다.

② 물표까지의 거리를 얻으면 방위와 거리에 의한 위치선의 교점이 선위이다.

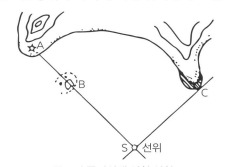

<두 물표의 중시선에 의한 위치>

③ 전파 항해계기에 의한 선위

• 전파 항법은 주야의 구별이 없으며, 기상 조건의 영향을 받지 않는다.

• 연안 항해 시는 주로 레이더를 이용하고, 대양에서는 인공위성을 이용한 GPS(Global Positioning System)로 선위를 구한다.

④ 천체의 고도에 의한 위치선 : 임의의 시각에 천체의 고도를 관측하여 천측력을 이용하여 계산하여 위치선을 구하여 위치를 구한다.

4) 관측 위치의 오차

실측 위치는 가장 많이 이용하는 선위 결정 방법으로, 추측 위치나 추정 위치에 비하여 정확하나 다음의 원인에 의한 오차를 줄여야 한다.

① 관측기기의 오차 : 마그네틱 컴퍼스, 자이로 컴퍼스 및 육분의 등의 오차

② 해도 기입상의 오차 : 위치선을 해도에 작도 시 발생하는 오차

③ 관측 시의 오차 및 개인차 : 관측 시의 선체 동요나 관측자의 습관 또는 미숙에 의해 생기는 오차(육분의로 각도나 고도를 측정할 때)

④ 물표 위치의 부정확 : 해도 위에 표시되어 있는 물표의 위치에 의한 오차

01 항해 중에 산봉우리, 섬 등 해도상에 기재되어 있는 2개 이상의 고정된 뚜렷한 물표를 선정하여 거의 동시에 각각의 방위를 측정하여 선위를 구하는 방법은?

㉮ 수평 협각법　　㉯ 교차 방위법
㉰ 추정 위치법　　㉱ 고도 측정법

해설
㉮ 수평 협각법 : 3개의 물표 협각을 측정하여 이 두 각을 품는 원 둘레의 만난 점을 선위로 정하는 방법
㉰ 추정 위치(EP) : 추측 위치(DP)에 해류 및 풍압 등의 외력의 영향을 고려하여 구한 위치

02 교차 방위법 사용 시 물표 선정 방법으로 옳지 않은 것은?

㉮ 고정 물표를 선정할 것
㉯ 2개보다 3개를 선정할 것
㉰ 물표 사이의 교각은 150°~300°일 것
㉱ 해도상 위치가 명확한 물표를 선정할 것

해설 교차 방위법을 위한 물표 선정 주의사항
• 해도상의 위치가 명확하고, 뚜렷한 목표를 선정한다.
• 먼 물표보다는 적당히 가까운 물표를 선택한다.
• 물표 상호간의 각도는 가능한 한 30°~150°인 것을 선정해야 하며, 두 물표일 때에는 90°, 세 물표일 때에는 60° 정도가 가장 좋다.
• 물표가 많을 때에는 2개보다 3개 이상을 선정하는 것이 선위의 정확도를 위해 좋다.

03 두 물표를 이용하여 교차 방위법으로 선위 결정 시 가장 정확한 선위를 얻을 수 있는 상호간의 각도는?

㉮ 30°　　　　　㉯ 60°
㉰ 90°　　　　　㉱ 120°

해설
교차 방위법에서 물표가 두 개일 때는 90°, 세 개일 때는 60° 정도가 가장 좋다.

04 교차 방위법의 위치선 작도 방법과 주의사항으로 옳지 않은 것은?

㉮ 방위 측정은 신속, 정확해야 한다.
㉯ 방위 변화가 늦은 물표부터 빠른 물표 순으로 측정한다.
㉰ 선수미 방향의 물표보다 정횡방향의 물표를 먼저 측정한다.
㉱ 해도에 위치선을 기입한 뒤에는 관측 시간을 같이 기입해 두어야 한다.

해설 교차 방위법 방위 측정 시 주의사항
• 방위 변화가 느린 선수미 방향이나 먼 물표를 먼저 측정하고, 방위 변화가 빠른 정횡방향이나 가까운 물표는 나중에 측정한다.
• 물표가 선수미선의 어느 한쪽에만 있을 경우, 앞에서부터 뒤로 또는 뒤에서부터 앞으로 차례로 측정하는 경우가 많은데, 이때 선박의 선속이 빠르고 방위 측정에 비교적 많은 시간이 지체되었을 경우에는 선위가 예정 침로의 오른쪽 또는 왼쪽으로 편위될 수 있으므로 주의해야 한다.
• 방위 측정은 빠르고 정확하게 해야 하며, 또 해도상에 방위선을 작도할 때도 신속히 해야 한다.
• 위치선을 기입할 때에는 전위를 고려하여 관측 시각과 방위를 기입해 두도록 하며, 선위에도 그 관측 시각을 항상 기입하여야 한다.

05 오차 삼각형이 생길 수 있는 선위 결정법은?

㉮ 수심 연측법
㉯ 4점 방위법
㉰ 양측 방위법
㉱ 교차 방위법

해설 오차 삼각형

교차 방위법으로 선박 위치를 결정할 때 관측한 3개의 방위선이 1점에서 만나지 않고 만들어지는 작은 삼각형이다.

★★
06 일반적으로 레이더와 컴퍼스를 이용하여 구한 선위 중 정확도가 가장 낮은 것은?

㉮ 레이더로 둘 이상 물표의 거리를 이용하여 구한 선위
㉯ 레이더로 구한 물표의 거리와 컴퍼스로 측정한 방위를 이용하여 구한 선위
㉰ 레이더로 한 물표에 대한 방위와 거리를 측정하여 구한 선위
㉱ 레이더로 둘 이상의 물표에 대한 방위를 측정하여 구한 선위

해설

레이더 방위는 소인중심오차, 시차, 동기오차, 선수지시선오차, 선체의 경사에 따른 오차 등의 많은 오차를 포함하고 있어 다른 방법에 비하여 정확도가 떨어진다.

07 위도 45°에서 지리위도 2분에 대한 자오선의 길이와 같은 것은?

㉮ 0.5해리
㉯ 1해리
㉰ 2해리
㉱ 10해리

해설 해리(nautical mile)

1해리는 위도 45°에서의 지리위도 1′(분)에 해당하는 거리로, 1,852m이다.

08 자침 방위에 대한 설명으로 옳은 것은?

㉮ 선수 방향을 기준으로 한 방위
㉯ 물표와 관측자를 지나는 대권이 진자오선과 이루는 교각
㉰ 물표와 관측자를 지나는 대권이 자기자오선과 이루는 교각
㉱ 물표와 관측자를 지나는 대권이 선내자기 컴퍼스의 남북선과 이루는 교각

해설

㉮ 상대 방위 : 자선의 선수 방향을 기준으로 한 방위로, 선수를 기준으로 하여 시계 방향으로 360°까지 측정하거나, 좌현 또는 우현 쪽으로 각각 180°까지 측정한다.
㉯ 진방위 : 물표와 관측자를 지나는 대권이 진자오선과 이루는 교각이다. 선박에서는 해도상에 표시된 경도와 위도에 의하여 작성된 방위표를 이용하여 진방위를 구한다.
㉱ 나침 방위 : 물표와 관측자를 지나는 대권이 선내 자기 컴퍼스의 남북선과 이루는 교각을 말한다.

09 10노트의 속력으로 45분 항해하였을 때 항주한 거리는?

㉮ 2.5해리
㉯ 5해리
㉰ 7.5해리
㉱ 10해리

해설

1노트는 1시간에 1해리를 항해하는 속력이다.
거리 = 속력 × 시간
  = 10노트 × 0.75시간(45분은 0.75시간)
  = 7.5해리

10 용어에 대한 설명으로 옳은 것은?

㉮ 전위선은 추측 위치와 추정 위치의 교점이다.

㉯ 중시선은 두 물표의 교각이 90도일 때의 직선이다.

㉰ 추측 위치란 선박의 침로, 속력 및 풍압차를 고려하여 예상한 위치이다.

㉱ 위치선은 관측을 실시한 시점에 선박이 그 선위에 있다고 생각되는 특정한 선을 말한다.

해설

㉮ 전위선 : 위치선을 선박이 그동안 항주한 거리만큼 동일한 침로 방향으로 평행 이동한 것

㉯ 중시선 : 두 물표가 일직선상에 겹쳐 보일 때 그 둘의 물표를 연결한 직선

㉰ 추측 위치 : 이미 아는 위치에서 침로와 속력을 계산하여 자신의 위치를 추측한 것

※ 선박의 침로, 속력 및 풍압차를 고려하여 예상한 위치는 추정 위치를 말한다.

11 전파를 이용하여 선박의 위치를 구할 수 있는 항해계기가 아닌 것은?

㉮ 로란(LORAN)

㉯ 지피에스(GPS)

㉰ 레이더(RADAR)

㉱ 자동조타장치(auto-pilot)

해설 자동조타장치(auto-pilot)

항해 중인 선박에서 침로를 바꾸는 변침동작이나 침로를 유지하는 보침동작을 자동적으로 알아서 시행하는 조타장치이다.

★★
12 작동 중인 레이더 화면에서 'A'점은 무엇인가?

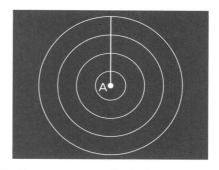

㉮ 섬   ㉯ 육지

㉰ 본선   ㉱ 다른 선박

해설

레이더 화면에서 레인지 링(range rings)의 중심은 자선이 위치하게 된다.

13 레이더의 수신 장치 구성요소가 아닌 것은?

㉮ 증폭장치   ㉯ 펄스변조기

㉰ 국부발진기   ㉱ 주파수변환기

해설

송신기(발신기)

송신기는 일정한 반복 주기로 단속적인 강력한 펄스파를 만들어 안테나에 공급하는 역할을 하는 장치로 펄스변조기는 송신기에 속한다.

수신기

안테나에 수신된 미약한 반사 신호를 증축, 검파한 후 영상 신호로 변환하여 지시기로 송출한다.

★★
14 다음 중 선박용 레이더에서 마이크로파를 생성하는 장치는?

㉮ 펄스변조기(pulse modulator)

㉯ 트리거 전압발생기(trigger generator)

㉰ 듀플렉서(duplexer)

㉱ 마그네트론(magnetron)

해설 마그네트론

변조기에 의해서 결정된 일정한 펄스폭 및 일정한 펄스 반복주파수의 대전력고주파 펄스(송신펄스)를 발생하는 장치이다.

15 전파의 특성이 아닌 것은?

㉮ 직진성   ㉯ 등속성

㉰ 반사성   **㉱ 회전성**

해설

㉮ 직진성 : 균일한 매질 속에서는 일정한 속도로
직진한다.

㉯ 등속성 : 전파는 진행 중에 주파수가 일정하게
유지된다.

㉰ 반사성 : 전파는 다른 매질의 경계면에서 반사
한다.

16 거리를 측정하는 데 이용되는 전파의 특
성은?

㉮ 포물선으로 이동하는 성질

㉯ 일정한 속도로 이동하는 성질

㉰ 물체의 표면에 흡수되는 성질

㉱ 공기 중에서 굴절되는 성질

해설

전파는 진행 중에 주파수가 일정하게 유지되어 일
정한 속도로 이동한다. 이러한 성질을 이용하여 전
파를 발사 후 반사되어 오는 시간을 측정하여 거리
를 측정한다.

★★
17 상대운동 표시방식 레이더 화면상에서
어떤 선박의 움직임이 다음과 같다면, 침
로와 속력을 일정하게 유지하며 항행하
는 본선과의 관계로 옳은 것은?

> • 시간이 갈수록 본선과의 거리가 가까워지
> 고 있음
> • 시간이 지나도 관측한 상대선의 방위가
> 변화하지 않음

㉮ 본선을 추월할 것이다.

㉯ 본선 선수를 횡단할 것이다.

㉰ 본선과 충돌의 위험이 있을 것이다.

㉱ 본선의 우현으로 안전하게 지나갈 것
이다.

해설

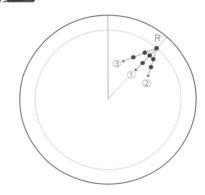

실선이 선수 방향이라고 한다면 문제의 상황은 ①
의 경우에 해당하는 것으로 본선과 충돌의 위험이
있다고 할 수 있다. ②의 경우는 상대선의 방위가
점점 커지는 것으로 본선 선미로 통과할 것이다.
그리고 ③의 경우는 상대선의 방위가 점점 작아지
는 것으로 본선 선수로 통과할 것이다.

18 레이더 화면에 그림과 같은 것이 나타나는 원인은?

㉮ 물표의 간접 반사
㉯ 비나 눈 등에 의한 반사
㉰ 해면의 파도에 의한 반사
㉱ **다른 선박의 레이더파에 의한 간섭**

🔖 해설

가까운 근거리에서 같은 주파수대의 레이더를 사용할 때에는 자선의 레이더에 타선의 레이더파가 수신되어 위 그림과 같이 간섭효과가 나타난다.

19 레이더의 전파가 자선과 물표 사이를 2회 이상 왕복하여 하나의 물표가 화면상에 여러 개로 나타나는 현상은?

㉮ 간접 반사에 의한 거짓상
㉯ **다중 반사에 의한 거짓상**
㉰ 맹목구간에 의한 거짓상
㉱ 거울면 반사에 의한 거짓상

🔖 해설 다중 반사에 의한 거짓상

레이더에서 한 물표의 영상이 거의 같은 거리에 서로 다른 방향으로 두 개 나타나는 현상이다.

20 다음 중 레이더의 해면 반사 억제기에 대한 설명으로 옳지 않은 것은?

㉮ **전체 화면에 영향을 끼친다.**
㉯ 자선 주위의 반사파 수신 감도를 떨어뜨린다.
㉰ 과하게 사용하면 작은 물표가 화면에 나타나지 않는다.
㉱ 자선 주위의 해면 반사에 의한 방해 현상이 나타나면 사용한다.

🔖 해설 해면 반사 억제기(STC)

본선 가까이 있는 파도에 부딪혀 돌아온 반사파가 화면에 밝은 점으로 나타나 영상을 혼란시키는 것을 억제하는 것이다.

21 S밴드 레이더에 비해 X밴드 레이더가 가지는 장점으로 옳지 않은 것은?

㉮ 화면이 보다 선명하다.
㉯ 방위와 거리 측정이 정확하다.
㉰ 소형 물표 탐지에 유리하다.
㉱ **원거리 물표 탐지에 유리하다.**

🔖 해설 X밴드와 S밴드 레이더 비교

구분	X밴드	S밴드
사용 파장	3.2cm	10cm
주파수	9,375Mhz	3,000Mhz
화면 선명도	좋음	좀 떨어짐
방위와 거리	정확	덜 정확
작은 물표	쉽게 탐지	탐지 어려움
큰 물표	늦게 탐지됨	조기 탐지 가능
탐지 거리	가까운 거리	보다 먼 거리
눈, 비의 영향	탐지 어려움	탐지하기 좋음
해면 반사 영향	심함	덜 심함

22 **그림에서 빗금 친 영역에 있는 선박이나 물체는 본선 레이더 화면에 어떻게 나타나는가?**

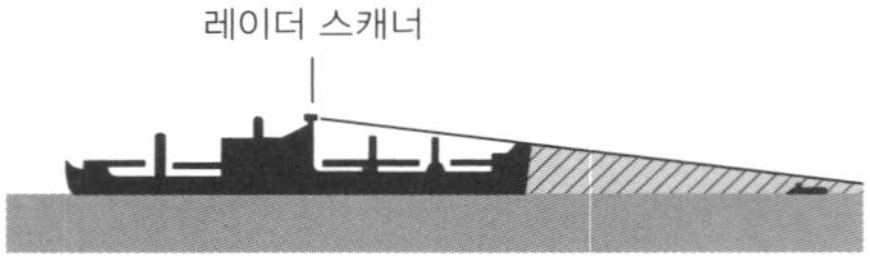

㉮ **나타나지 않는다.**
㉯ 희미하게 나타난다.
㉴ 선명하게 나타난다.
㉵ 거짓상이 나타난다.

[해설] 맹목구간(blind sector)

스캐너가 굴뚝보다 낮은 위치에 있으면 전파는 이것에 의해 차단되어 물표를 탐지할 수 없는 구간이 발생한다.

23 **지피에스(GPS)를 이용하여 얻을 수 있는 것은?**

㉮ **본선의 위치**
㉯ 본선의 항적
㉴ 타선의 존재 여부
㉵ 상대선과 충돌 위험성

[해설]

GPS(Global Positioning System)는 GPS 위성에서 보내는 신호를 수신해 사용자의 현재 위치를 계산할 수 있다.

24 **위성 항법 장치(GPS)에서 오차가 발생하는 원인이 아닌 것은?**

㉮ 수신기 오차
㉯ 위성 궤도 오차
㉴ 전파 지연 오차
㉵ **사이드 로브에 의한 오차**

[해설] 사이드 로브(side lobe)

안테나 지향성의 수평 방향 패턴 중 주 빔 이외의 방향으로 방사되는 것을 말하는데 선박용 레이더에서 발생하는 오차이다.

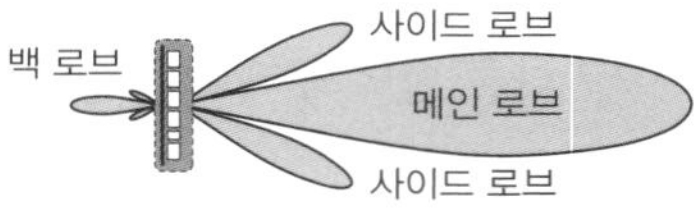

25 **지피에스(GPS)와 디지피에스(DGPS)에 대한 설명으로 옳지 않은 것은?**

㉮ 디지피에스(DGPS)는 지피에스(GPS)의 위치오차를 줄이기 위해서 위치보정 기준국을 이용한다.
㉯ 지피에스(GPS)는 위성으로부터 오는 전파를 사용한다.
㉴ **지피에스(GPS)와 디지피에스(DGPS)는 서로 다른 위성을 사용한다.**
㉵ 대표적인 위성 항법 장치이다.

[해설]

DGPS는 두 수신기가 가지는 공통의 오차를 서로 상쇄시킴으로써 보다 정밀한 데이터를 얻기 위한 것이다. DGPS는 GPS 위치에 수정 값을 더하는 것으로 같은 위성을 사용한 것이다.

26 분점에서 90도 떨어진 황도 위의 점은?

㉮ 시점　　　　　㉯ 지점

㉰ 동점　　　　　㉱ 서점

🗣 **해설**

분점(equinox)
황도가 천구의 적도와 만나는 점으로 춘분점과 추분점이 여기에 해당한다.

지점(solstice)
지구의 자전축이 태양 쪽으로 가장 가깝거나 멀리 기울어져 있을 때의 위치로 태양의 남중고도가 가장 낮거나 높게 되며, 하지점과 동지점이 해당한다.

27 지축을 천구까지 연장한 선, 즉 천구의 회전대를 천의 축이라고 하고, 천의 축이 천구와 만난 두 점을 무엇이라고 하는가?

㉮ 천의 적도　　　㉯ 천의 자오선

㉰ 천의 극　　　　㉱ 수직권

🗣 **해설**

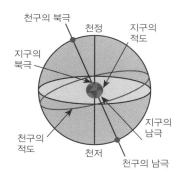

지축을 무한히 연장하여 천구와 만난 점을 천의 극이라 한다. 지구의 북극 쪽에 있는 것을 천구의 북극, 남극 쪽에 있는 것을 천구의 남극이라 한다.

28 관측자와 지구 중심을 지나는 직선이 천구와 만나는 두 점 중에서 관측자의 발 아래쪽에서 만나는 점은?

㉮ 천정　　　　　㉯ 천저

㉰ 천의 북극　　　㉱ 천의 남극

🗣 **해설**

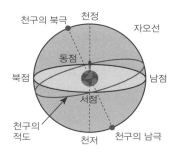

천저는 관측자를 지나는 연직선이 아래쪽에서 천체와 교차하는 점을 말하며 그 반대의 점을 천정이라고 한다.

★★
29 여러 개의 천체 고도를 동시에 측정하여 선위를 얻을 수 있는 시기는?

㉮ 박명시　　　　㉯ 표준시

㉰ 일출시　　　　㉱ 정오시

🗣 **해설**

천체의 고도를 측정하기 위해서는 천체와 수평선이 보여야 한다. 별의 고도를 측정하기 위해서는 일출 전 또는 일몰 후에 태양 빛이 남아 있어 수평선이 보이는 박명시에 가능하다.

30 실제의 태양을 기준으로 측정하는 시간은?

㉮ 시태양시   ㉯ 항성시

㉰ 평시   ㉱ 태음시

해설

㉮ 시태양시 : 해시계로 읽은 시간으로 어떤 지점에서 측정한 겉보기 태양의 시각에 12시를 더한 시간

㉯ 항성시 : 어떤 지역에서 춘분점의 운동을 기준으로 측정한 시간

㉰ 평시 : 평균 태양의 시각에 따라 계산하는 시간, 평균 태양일의 24분의 1에 해당하며, 우리가 일상생활에서 쓰는 시간

㉱ 태음시 : 달에 대한 지구의 자전을 기준으로 정한 시간

★★
31 한 나라 또는 한 지방에서 특정한 자오선을 표준자오선으로 정하고, 이를 기준으로 정한 평시는?

㉮ 세계시   ㉯ 지방표준시

㉰ 항성시   ㉱ 태양시

해설

㉮ 세계시 : 영국의 그리니치 천문대를 통과하는 자오선을 기준으로 삼은 세계 공통의 시간

㉯ 지방표준시 : 그리니치 천문대의 본초자오선인 경도 0도를 중심으로 동경 7.5도와 서경 7.5도 범위 안에서 공통으로 사용하는 시간으로, 우리나라에서는 동경 135도를 기준으로 한 평균 태양시를 쓴다.

㉰ 항성시 : 어떤 지점에서 춘분점이 자오선을 통과하였을 때를 0시로 하고, 이곳에서 서쪽으로 15도씩 어긋날 때마다 1시간씩 더하여, 다음에 자오선을 통과할 때까지의 시간

㉱ 태양시 : 1태양일을 24시간으로 하고, 자오선에서 태양 중심까지의 각거리에 의하여 나타낸 시간

Chapter 3 해도 및 항로표지

01 해도

(1) 해도의 정보

① 해도상의 정보 : 해도의 축척, 수심, 물표의 높이, 저질, 조석, 편차, 기타 주의사항 등

② 해도 작업에 필요한 도구

- 삼각자 : 해도상 방위를 재는 도구
- 디바이더 : 해도상 거리를 재는 도구
- 기타 : 컴퍼스, 지우개 및 연필(2B, 4B)

③ 해도 사용 시 주의 사항

- 가장 최근에 간행된 것을 사용한다.
- 완전히 개보된 것을 사용한다.
- 해도의 축척은 가능한 큰 것을 사용한다.
- 해도에는 필요한 선만 연필로 그으며, 여백에 낙서하지 않는다.

(2) 해도 도식

해도에 사용되는 특수한 기호와 약자 등을 총칭한다.

S : 모래	M : 펄	Oz : 연니
G : 자갈	Sn : 조약돌	St : 돌
Sh : 조개껍질	Rk, rky : 바위, 바위가 많음	Co : 산호
Oys : 굴	Wd : 해초	Grs : 해초

구분		종류	비고
위험물	④	노출암	평균수면에서 노출된 것이 4미터임
	③	간출암	해수면이 가장 낮을 때 보이는 바위 기본수준면으로부터의 높이가 3미터임
		세암	해수면과 거의 같은 높이의 바위 기본수준면에 있어서의 세암
		세암	바위가 항해에 위험하다고 고려될 때
			선체의 일부가 노출된 침선
	masts		기본수준면 위에 마스트만 보이는 침선
		암암	수심 불명 암암이 항해에 위험하다고 고려될 때
등심선		5m	주의 수심이 5미터임
		10m	주의 수심이 10미터임
		20m	주의 수심이 20미터임
		100m	주의 수심이 100미터임
조석과 해조류	2 kn	해조류	유속을 표시한 해조류
	2 kn	창조류	유속을 표시한 창조류(밀물)
	2 kn	낙조류	유속을 표시한 낙조류(썰물)
기타	Anch	묘지	정박지를 의미함

(3) 해도에서 수심의 기준

① 수심의 기준, 연중해면 : 기본수준면, 약최저저조면

② 조고의 기준면 : 약최저저조면 (조고 : 해안선에서 바닷물의 높낮이의 차이)

③ 해도에서 산, 등대, 물표의 높이, 등고 : 평균수면 (등고 : 평균수면에서 등화의 중심까지의 높이)

④ 해안선의 기준면 : 약최고고조면

⑤ 간출암의 높이 : 기본수준면

⑥ 노출암 : 조석(tide)에 의한 만조나 간조에 관계없이 항시 노출되어 있는 바위

⑦ 간출암 : 저조(low water) 시에만 노출되는 바위, 해도에서는 간출암의 높이를 기본수준면
(datum level)으로부터의 높이로 나타냄

⑧ 암암 : 바위의 정상부가 저조(low water) 시에도 수면 상에 노출되지 않는 바위, 항해상 특
히 위험한 바위를 암초(dangerous rock)라고 함

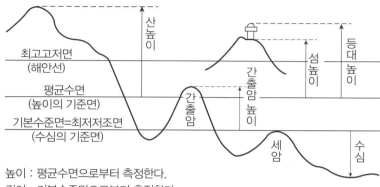

높이 : 평균수면으로부터 측정한다.
깊이 : 기본수준면으로부터 측정한다.
간출암 : 기본수준면으로부터 측정한다.

<해도의 수심과 높이의 기준>

(4) 해도의 종류

① 항박도 : 항만, 투묘지, 어항, 해협과 같은 좁은 구역을 대상으로 배가 부두에 접안할 수 있
는 시설 등을 상세히 표시한 해도(1/5만보다 대축척)

② 해안도 : 연안 항해용으로, 연안의 여러 가지 물표나 지형이 매우 상세히 표시되어 우리나
라 연안에서 가장 많이 사용되는 해도(1/5만보다 소축척)

③ 항해도 : 육지를 멀리 바라보며 항해하는 데 사용되며, 자기 배의 위치를 항상 등대, 등부표
같은 육지의 여러 가지 물표로 결정할 수 있게 제작된 해도(1/30만보다 소축척)

④ 항양도 : 원거리 항해용으로, 먼 바다의 수심, 주요 등대의 위치, 원거리로부터 볼 수 있는 해
도(1/100만보다 소축척)

⑤ 총도 : 대단히 넓은 구역을 표시한 해도로, 원거리 항해와 항해 계획을 세울 때 사용
(1/400만보다 소축척)

(5) 해도의 개보 : 해도 간행 후 기재 변경사항을 정정하는 것

① 개판 : 국립해양조사원에서 원판을 새로 만드는 것

② 재판 : 국립해양조사원에서 원판을 다시 만드는 것

③ 소개정 : 해도의 신판 또는 개판 후에 항행통보(NTM)에 의해서 항해자가 직접 해도를 개보
하는 것

(6) 수로서지 : 국립해양조사원에서 간행하는 해도 이외의 모든 간행물

예 항로지, 등대표, 천측력, 거리표, 천측 계산표

선박이 연안을 항해할 때에나 항구를 입·출항할 때 선박을 안전하게 유도하고, 선위 측정을 용이하게 하는 등 항해의 안전을 돕기 위하여 인위적으로 설치한 모든 시설을 말한다.

(1) 구조에 의한 분류

① **등대** : 대표적인 야간표지, 돌출한 곳이나 섬 등에 설치된 탑과 같은 구조물

② **등주** : 쇠나 나무 또는 콘크리트와 같이 기둥 모양의 꼭대기에 등을 달아 놓은 것으로, 주로 항내에 설치

③ **등표** : 항로, 항행에 위험한 암초, 항해 금지 구역 등을 표시·고정하여 설치하는데, 선박의 좌초를 방지하며 항로를 지도함

④ **등선** : 육지에서 멀리 떨어진 해양, 항로의 중요한 위치에 있는 일정한 지점에 정박하고 있는 특수 구조의 선박

⑤ **등부표** : 등대와 함께 가장 널리 쓰이고 있는 야간표지로, 위험을 알리거나 항행을 금지하는 시점, 항로의 입구, 폭 및 변침점을 표시

(2) 용도에 의한 분류

① **도등** : 통항이 곤란한 협수로 또는 항만 입구 등에서 설치, 선박의 항로 지시, 항로 연장선 상에 앞, 뒤 2개 또는 그 이상의 탑을 한 쌍으로 설치하고 등화를 발하며, 선박을 안전하게 유도하는 시설로 주·야간 이용할 수 있는 시설

② **부등** : 풍랑이나 조류 때문에 등부표를 설치하기가 곤란한 사주나 암초 등에 가까운 등대에서 강력한 투광기를 설치하여 그 구역을 비추어 표시하는 등화

(3) 등질

① **부동등** : 등색이나 광력이 바뀌지 않고 일정하게 계속 빛을 내는 등

② **명암등** : 한 주기 동안에 빛을 비추는 시간이 꺼져 있는 시간보다 길거나 같은 등

③ **군명암등** : 명암등의 일종으로 한 주기 동안에 2회 이상 꺼지는 등으로, 켜져 있는 시간의 총합이 꺼져 있는 시간과 같거나 긺

④ **섬광등(Flashing light; Fl.)**

- 빛을 비추는 시간이 꺼져 있는 시간보다 짧은 것으로, 일정한 간격으로 섬광을 발사하는 등

- 360도에 걸치는 수평의 호를 비추는 등화로서 일정한 간격으로 1분에 120회 이상 섬광을 발하는 등

- 군섬광등 : 섬광등의 일종으로 1주기 동안에 2회 이상의 섬광을 내는 등

- 급섬광등 : 섬광등의 일종으로 1분 동안에 60회 이상의 섬광을 내는 등

⑤ 호광등 : 색깔이 다른 종류의 빛을 교대로 내며, 그 사이에 등광은 꺼지는 일이 없이 계속 빛을 냄

구분	등질	명칭	기호
부동등 Fixed		부동 백광등	F
섬광등 Flashing	← 10 sec →	섬홍광등 매 10초에 1섬광	Fl R 10S
군섬광등 Group Flashing	← 15 sec →	군섬녹광등 매 15초에 3섬광	Fl (3)G 15S
급섬광등 Quick Flashing		급섬백광등	Q
군급섬광등 Group Quick Flashing	← 10 sec →	군급섬홍광등 매 10초에 5섬광	Q(5)R 10S
등명암등 Isophase	← 10 sec →	등명암녹광등 매 10초에 1광	Iso G 10S
명암등 Occulting	← 10 sec →	명암녹광등 매 10초에 1광	Oc G 10s
군명암등 Group Occulting	← 15 sec →	군명암백광등 매 15초에 2광	Oc(2) W 15s
호광등 Alternating	← 10 sec →	녹홍호광등 매 10초에 2광	Al GR 10S
모스부호등 Morse Code	← 10 sec →	모스부호 홍광등 매 10초에 A 부호등	Mo (A) R 10s

(4) 주간표지(주표)

① 입표 : 암초, 사주, 노출암 등의 위치를 표시하기 위하여 그 위에 세운 경계표

② 부표 : 항행이 곤란한 장소나 항만의 유도 표지, 항로를 따라 변침점에 설치

③ 육표 : 수심이 얕은 사주 위나 암초 위에 입표, 설치가 곤란한 경우 육상에 설치한 표지

④ 도표 : 항로 연장선 위에 앞뒤로 2개 이상의 육표로 된 것과 같은 방향으로 표시한 것

(5) 음향표지 : 시정 악화 때 소리로 선박에게 항로표지의 위치를 알리거나 경고하는 표지로, 에어 사이렌, 모터 사이렌, 무종 등이 있다.

(6) 전파표지 : 전파의 특성인 직진성, 등속성, 반사성 등을 이용하여 선박의 지표가 되는 것으로, 레이더반사기·레이마크·레이마크 비콘·쇼더비전 등이 있다.

(7) 야간표지(야표) : 등대·등선·등주·등입표·등부표·도등·부등·가등·임시등 등이 있다.

① 등부표 : 선박에게 암초나 수심이 얕은 곳(shoal) 등의 장애물의 존재나 항로를 표시하기 위하여 해저에 침추(sinker)를 설치하여 해면상에 뜨게 한 구조물로, 야간에는 등화(lights)를 발하는 것이다. 바다에 설치한다.

② 등표 : 해상에서 위험한 암초나 수심이 얕은 곳, 항행 금지 구역 등을 표시하는 항로표지로, 고정 건축물을 설치하여 선박의 좌초를 방지함과 동시에 그 위험을 표시한다. 무인등대와 같은 시설로 강재 등으로 만든 각주 혹은 콘크리트 원통 주상에 등화를 설치한 구조이다. 단, 등화가 없는 것은 입표라고 한다.

(8) 국제 해상 부표 시스템

① 측방표지 : 선박이 항행하는 수로의 좌우측 한계에 표시한다. 입항 때를 기준으로 왼쪽 부표는 녹색, 홀수 번호, 머리 모양은 원통형이며, 오른쪽 부표는 적색, 짝수, 머리표지(두표)는 원추형이다.

② 방위표지 : 장애물을 중심으로 하여 주위를 4개 상한으로 나누어 설치한다. 색상은 흑색과 황색, 두표는 원추형 2개를 사용하며 각 방위에 따라 서로 연관이 있는 모양으로 부착한다.

③ 고립장해표지 : 암초나 침선 등 고립된 장애물 위에 설치한다. 색상은 흑색 바탕에 적색이고 두표는 2개의 흑구를 수직으로 부착한다.

④ 안전수역표지 : 표지 주위가 가항 수역임을 알려 주는 표지로, 중앙선이나 항로의 중앙에 표시한다. 색상은 적색과 백색이고, 두표는 1개의 적색구를 부착한다.

⑤ 특수표지 : 공사 구역, 토사 채취장 등 특별구역 표지로, 색상은 황색이고 두표는 1개의 황색 X자를 부착한다.

Chapter 3 해도 및 항로표지 기출분석문제

01 용도에 따른 종이 해도의 종류가 아닌 것은?

㉮ 총도 ㉯ 항양도
㉴ 항해도 ㉵ 평면도

[해설] 해도의 분류

항해용 해도	특수도
총도(general chart)	–
항양도(sailing chart)	어업용 해도, 위치기입도
항해도(coastal chart)	영해도, 세계항로도
해안도(approach chart)	해류도
항박도(harbour chart)	조류도, 해도도식

02 다음 해도 중 가장 소축척 해도는?

㉮ 항박도 ㉯ 해안도
㉴ 항해도 ㉵ 항양도

★★
03 연안 항해에 사용되며, 연안의 상황이 상세하게 표시된 해도는?

㉮ 항양도 ㉯ 항해도
㉴ 해안도 ㉵ 항박도

[해설]
㉮ 항양도 : 원거리 항해 시 주로 사용되며 먼 바다의 수심, 주요 등대·등부표 및 먼 바다에서도 볼 수 있는 육상의 목표물들이 도시되어 있고, 축척은 1/100만보다 소축척으로 제작
㉯ 항해도 : 육지를 멀리서 바라보며 안전하게 항해할 수 있게끔 사용되는 해도로, 1/30만보다 소축척으로 제작
㉴ 해안도 : 연안 항해용으로 연안을 상세하게 표현한 해도로, 우리나라 연안에서 가장 많이 사용되며, 축척은 1/3만보다 작은 소축척으로 제작
㉵ 항박도 : 항만, 투묘지, 어항, 해협과 같은 좁은 구역을 대상으로 선박이 접안할 수 있는 시설 등을 상세히 표시한 해도로, 1/3만 이상 대축척으로 제작

04 해도번호 앞에 'F'(에프)로 표기된 것은?

㉮ 해류도
㉯ 조류도
㉴ 해저 지형도
㉵ 어업용 해도

[해설] 어업용 해도(fishery chart)
일반 항해용 해도에 각종 어업에 필요한 제반자료를 도식화하여 제작한 해도로 해도번호 앞에 'F'자를 기재한다.

05 우리나라에서 발간하는 종이 해도에 대한 설명으로 옳은 것은?

㉮ 수심 단위는 피트(feet)를 사용한다.
㉯ 나침도의 바깥쪽은 나침 방위권을 사용한다.
㉴ 항로의 지도 및 안내서의 역할을 하는 수로서지이다.
㉵ 항박도는 대축척 해도로 좁은 구역을 상세히 표시한 평면도이다.

[해설]
항박도는 축척 3만분의 1 이상으로 항만, 정박지, 해협, 협수도 따위의 좁은 구역이 자세히 그려져 있다.

06 해도의 축척(scale)에 대한 설명으로 옳지 않은 것은?

㉮ 두 지점 사이의 실제 거리와 해도에서 이에 대응하는 두 지점 사이의 길이의 비를 축척이라 한다.

㉯ 작은 지역을 상세하게 표시한 해도를 소축척 해도라 한다.

㉰ 1 : 50,000 축척의 해도에서 해도상 거리가 4센티미터이면 실제 거리는 2킬로미터이다.

㉱ 대축척 해도가 소축척 해도보다 지형이 더 상세하게 나타난다.

해설
• 대축척 지도 : 좁은 해역을 자세히 보여 준다.
• 소축척 지도 : 넓은 해역을 간단히 보여 준다.

07 종이 해도에 대한 설명으로 옳은 것은?

㉮ 해도는 매년 개정되어 발행된다.

㉯ 해도는 외국 것일수록 좋다.

㉰ 해도번호가 같아도 내용은 다르다.

㉱ 해도에서는 해도용 연필을 사용하는 것이 좋다.

해설
해도에는 2B 또는 4B 연필과 같이 무른 연필을 사용하며, 끝은 납작하게 깎아서 사용한다. 해도에는 필요한 선만 그어서 사용한다.

08 ★★★ 수로도지를 정정할 목적으로 항해자에게 제공되는 항행통보의 간행주기는?

㉮ 1일　　　　㉯ 1주일

㉰ 2주일　　　㉱ 1개월

해설
해도는 매주 발행되는 항행통보를 통하여 소개정하여 항상 최신화되어야 한다.

09 다음 중 항행통보가 제공하지 않는 정보는?

㉮ 수심의 변화

㉯ 조시 및 조고

㉰ 위험물의 위치

㉱ 항로표지의 신설 및 폐지

해설
조시 및 조고와 같은 조석에 관한 정보는 조석표를 통하여 알 수 있다.

10 해도를 제작법에 따라 분류할 때, 항해 시 가장 많이 사용하는 해도는?

㉮ 대권도　　　㉯ 투영도

㉰ 평면도　　　㉱ 점장도

해설 점장도
항정선은 평면 위에 직선으로 표시되고, 모든 자오선과 거등권을 서로 직교하는 평행선으로 나타난다. 경위도에 의한 위치 표시는 직각좌표가 되어 항해 시 가장 많이 사용된다.

11 ★★★ 점장도에 대한 설명으로 옳지 않은 것은?

㉮ 항정선이 직선으로 표시된다.

㉯ 경위도에 의한 위치 표시는 직교좌표이다.

㉰ 두 지점 간 방위는 두 지점의 연결선과 거등권과의 교각이다.

㉱ 두 지점 간 거리를 잴 수 있다.

해설
두 목표 사이의 방위는 보통 두 목표를 직선으로 연결하여 이 직선과 자오선의 교각에 의하여 구할 수 있다.

12 종이 해도에서 찾을 수 없는 정보는?

㉮ 해도의 축척　　㉯ 간행연월일

㉰ 나침도　　　　㉱ 일출 시간

> **해설**
>
> 일출 시간은 천측력을 통하여 알 수 있다.

13 점장도의 특징으로 옳지 않은 것은?

㉮ 항정선이 직선으로 표시된다.

㉯ 자오선은 남북 방향의 평행선이다.

㉰ 거등권은 동서 방향의 평행선이다.

㉱ 적도에서 남북으로 멀어질수록 면적이 축소되는 단점이 있다.

> **해설**
>
> 점장도에서는 실제의 지형과 도형이 닮은꼴이기는 하나 위도가 높아짐에 따라 면적이 확대된다.

14 해도상에 표시되어 있으며, 바깥쪽은 진북을 가리키는 진방위권, 안쪽은 자기 컴퍼스가 가리키는 나침 방위권을 각각 표시한 것으로 지자기에 따른 자침 편차와 1년간의 변화량인 연차가 함께 기재되어 있는 것은?

㉮ 측지계　　　　㉯ 경위도

㉰ 나침도　　　　㉱ 축척

> **해설** 나침도(compass rose)
>
>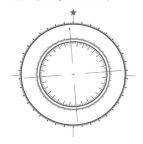

15 일반적으로 해상에서 측심한 수치를 해도상의 수심과 비교한 것으로 옳은 것은?

㉮ 해도의 수심보다 측정한 수심이 더 얕다.

㉯ 해도의 수심과 같거나 측정한 수심이 더 깊다.

㉰ 측정한 수심과 해도의 수심은 항상 같다.

㉱ 측정한 수심이 주간에는 더 깊고 야간에는 더 얕다.

> **해설**
>
> 연중해면이 그 이상으로 낮아지는 일이 거의 없다고 생각되는 수면인 기본수준면 또는 약최저저조면을 기준으로 수심이 표시되어 있다. 따라서 실제 측심한 수심은 해도의 수심과 같거나 더 깊다.

★★★

16 다음 중 해도에 표시되는 높이의 기준면이 다른 것은?

㉮ 산의 높이　　　㉯ 섬의 높이

㉰ 등대의 높이　　㉱ 간출암의 높이

> **해설** 해도기준면
>
> 해도에 표기하는 수심기준면과 높이기준면을 총칭하여 해도기준면이라 한다. 수심 및 간출암 높이는 약최저저조면이 기준이고, 노출암·등대 높이는 평균해면이 기준면이다. 그리고 해상교량·케이블 높이 및 해안선은 약최고고조면이 기준면이다.

★★

17 (　　)에 적합한 것은?

> 등고는 (　　)에서 등화 중심까지의 높이를 말한다.

㉮ 평균고조면　　㉯ 약최고고조면

㉰ 평균수면　　　㉱ 기본수준면

> **해설**
>
> 노출암, 등대, 산 높이의 기준면은 평균수면(평균해면)이다. 평균해면은 해수면 변화의 전체 주기 동안 일정 간격으로 측정한 해면의 높이를 평균한 것이다.

18 우리나라 해도상에 표시된 수심의 측정 기준은?

㉮ 대조면   ㉯ 평균수면

㉰ 기본수준면   ㉱ 약최고고조면

해설 기본수준면(datum level)

일정 기간 조석을 관측하여 분석한 결과 가장 낮은 해수면을 말한다.

19 우리나라 해도상 수심의 단위는?

㉮ 미터(m)   ㉯ 센티미터(cm)

㉰ 패덤(fm)   ㉱ 킬로미터(km)

해설

우리나라는 해도의 수심을 미터(m)로 나타낸다.

20 조석에 따라 수면 위로 보였다가 수면 아래로 잠겼다가 하는 바위는?

㉮ 세암   ㉯ 암암

㉰ 간출암   ㉱ 노출암

해설 간출암

평상시에는 바닷물에 잠겨 보이지 않다가 저조 시에만 해수면에 노출되는 바위를 말한다. 해도에 표기하는 간출암 높이는 기본수준면을 기준으로 한 높이다.

21 종이 해도에 사용되는 특수한 기호와 약어는?

㉮ 해도 목록   ㉯ 해도 제목

㉰ 수로도지   ㉱ 해도 도식

해설 해도 도식

해도상에 기재된 건물, 항만시설물, 등부표, 수중 장애물, 조류, 해류, 등고선, 연안지형 등의 기호 및 약어에 대한 해설집이다.

22 노출암을 나타낸 해도 도식에서 '4'가 의미하는 것은?

㉮ 수심   ㉯ 암초 높이

㉰ 파고   ㉱ 암초 크기

해설

노출암과 섬의 옆에 괄호로 표시한 숫자는 높이 값을 나타낸다. 위 표시는 평균해면을 기준으로 노출암의 높이가 4미터임을 나타낸다.

23 해도상에 표시된 해저 저질의 기호에 대한 의미로 옳지 않은 것은?

㉮ S – 자갈   ㉯ M – 뻘

㉰ R – 암반   ㉱ Co – 산호

해설 저질의 종류

Cy	점토	St	돌
M	뻘	R	암반
S	모래	Sh	조개 껍질
G	자갈	Co	산호

24 해도상에 표시된 ⟍⟍⟍⟶²·⁵ᵏⁿ의 조류는?

㉮ 와류   ㉯ 창조류

㉰ 급조류   ㉱ 낙조류

해설 조류의 해도 도식

⟍⟍⟍⟶ 2kn	창조류(밀물), 한 시간에 2노트
⟶ 3kn	낙조류(썰물), 한 시간에 3노트

25 해상에 있어서의 기상, 해류, 조류 등의 여러 현상과 도선사, 검역, 항로표지 등의 일반기사 및 항로의 상황, 연안의 지형, 항만의 시설 등이 기재되어 있는 수로서지는?

㉮ 등대표

㉯ 조석표

㉰ 천측력

㉱ 항로지

> **해설** 항로지
>
> 선박이 항해하거나 정박할 경우에 필요한 각종 해양과 항만 관련 정보를 수록한 항로 안내서로, 수로지라고도 한다.

26 다음 수로서지 중 계산에 이용되지 않는 것은?

㉮ 천측력

㉯ 항로지

㉰ 천측계산표

㉱ 해상거리표

> **해설**
>
> ㉮ 천측력 : 천체의 위치를 구하는데 필요한 모든 천체의 그리니치 시각(G.H.A)과 적위를 그리니치 평균시(G.M.T)로 환산할 수 있는 자료들을 수록한 것으로, 1년마다 발행한다.
>
> ㉰ 천측계산표 : 천문항해에서 천측의 위치를 계산하는데 필요한 제원을 수록한 서적으로, 위도 0°∼90°를 15°씩 나누어 총 6권으로 간행된다.
>
> ㉱ 해상거리표 : 우리나라와 세계의 주요 162개 항으로부터 다른 주요 항까지의 대표 항적상 거리를 조사하여 발간한 책을 말한다.

27 항로지에 대한 설명으로 옳지 않은 것은?

㉮ 해도에 표현할 수 없는 사항을 설명하는 안내서이다.

㉯ 항로의 상황, 연안의 지형, 항만의 시설 등이 기재되어 있다.

㉰ 국립해양조사원에서는 외국 항만에 대한 항로지는 발행하지 않는다.

㉱ 항로지는 총기, 연안기, 항만기로 크게 3편으로 나누어 기술하고 있다.

> **해설**
>
> 국립해양조사원에서는 연안항로지, 근해항로지, 원양항로지, 중국 연안항로지 및 말라카해협 항로지 등을 발간하고 있다.

28 해도의 관리에 대한 사항으로 옳지 않은 것은?

㉮ 해도를 서랍에 넣을 때는 구겨지지 않도록 주의한다.

㉯ 해도는 발행 기관별 번호 순서로 정리하고, 항해 중에는 사용할 것과 사용한 것을 분리하여 정리하면 편리하다.

㉰ 해도를 운반할 때는 여러 번 접어서 이동한다.

㉱ 해도에 사용하는 연필은 2B나 4B연필을 사용한다.

> **해설** 해도 운반 시 주의사항
>
> 반드시 말아서 운반하고 비에 맞지 않도록 풍하측으로 운반한다. 젖으면 불규칙하게 신축하여 도면이 상하게 된다. 또한, 젖은 손으로 만지면 안 된다.

29 조석표와 관련된 용어의 설명으로 옳지 않은 것은?

[가] 조석은 해면의 주기적 승강 운동을 말한다.

[나] 고조는 조석으로 인하여 해면이 높아진 상태를 말한다.

[사] 게류는 저조 시에서 고조 시까지 흐르는 조류를 말한다.

[아] 대조승은 대조에 있어서의 고조의 평균 조고를 말한다.

[해설] 게류

창조류(밀물)와 낙조류(썰물)가 나타나는 곳에서 흐름 방향이 바뀌면서 조류의 흐름이 약하거나 거의 없는 상태를 말한다.

30 조석표에 대한 설명으로 옳지 않은 것은?

[가] 조석 용어의 해설도 포함하고 있다.

[나] 각 지역의 조석 및 조류에 대해 상세히 기술하고 있다.

[사] 표준항 이외의 항구에 대한 조시, 조고를 구할 수 있다.

[아] 국립해양조사원은 외국항 조석표는 발행하지 않는다.

[해설]

국립해양조사원에서는 한국 연안뿐만 아니라 태평양 및 인도양의 주요 항만과 표준항에 대한 조석표도 발행하고 있다.

31 다음 중 조석표에 기재되는 내용이 아닌 것은?

[가] 조고 [나] 조시

[사] 개정수 **[아] 박명시**

[해설]

박명시는 천측력에 기재되어 있다.

32 항로표지의 일반적인 분류로 옳은 것은?

[가] 광파(야간)표지, 물표표지, 음파(음향)표지, 안개표지, 특수신호표지

[나] 광파(야간)표지, 안개표지, 전파표지, 음파(음향)표지, 특수신호표지

[사] 광파(야간)표지, 형상(주간)표지, 전파표지, 음파(음향)표지, 특수신호표지

[아] 광파(야간)표지, 형상(주간)표지, 물표표지, 음파(음향)표지, 특수신호표지

[해설]

항로표지는 등광, 형상, 색채, 음향, 전파 등을 수단으로 항행하는 선박에게 지표가 되는 항행보조시설로서 등대, 등표, 등부표, 입표, 부표, 안개신호, 전파표지, 특수신호표지가 있다.

★★★
33 안개, 눈 또는 비 등으로 시계가 나빠서 육지나 등화를 발견하기 어려울 때 부근을 항해하는 선박에게 항로표지의 위치를 알리거나 경고할 목적으로 설치된 표지는?

[가] 형상(주간)표지

[나] 음파(음향)표지

[사] 특수신호표지

[아] 광파(야간)표지

[해설]

음파표지는 음파를 발생시켜 음향을 발사함으로써 선박에 그 위치를 알리는 것이다.

34 전자력에 의해서 발음판을 진동시켜 소리를 내게 하는 음파(음향)표지는?

⑦ 무종

④ 다이어폰

㉔ 에어 사이렌

㉑ 다이어프램 폰

해설

⑦ 무종 : 가스의 압력을 이용하여 종을 쳐서 소리를 내는 장치

④ 다이어폰 : 압축공기로 피스톤을 왕복시켜 소리를 내는 장치

㉔ 에어 사이렌 : 압축공기로 소리를 내는 장치

35 부표의 꼭대기에 종을 달아 파랑에 의한 흔들림을 이용하여 종을 울리는 장치는?

⑦ 취명 부표

④ 타종 부표

㉔ 다이어폰

㉑ 에어 사이렌

해설 타종 부표

물결에 흔들리면 종이 울리게 되어 있는 부표이다.

36 가스의 압력 또는 기계 장치로 종을 쳐서 소리를 내는 음향표지는?

⑦ 무종

④ 다이어폰

㉔ 취명 부표

㉑ 에어 사이렌

37 선박의 레이더 영상에 송신국의 방향이 밝은 선으로 나타나도록 전파를 발사하는 표지는?

⑦ 레이콘

④ 레이마크

㉔ 유도 비컨

㉑ 레이더 리플렉터

해설

⑦ 레이콘 : 레이더에서 발사하는 전파 신호를 받을 때 자동으로 응답하여 식별 가능한 신호를 발사하는 장치

㉔ 유도 비컨 : 좁은 수로 또는 항만에서 선박을 안전하게 유도할 목적으로 2개의 전파를 발사하여 중앙의 좁은 폭에서 겹쳐서 장음이 들리도록 하는 장치

㉑ 레이더 리플렉터 : 파의 반사가 잘 되게 하기 위한 장치로 부표, 등표 등에 설치하는 경금속으로 된 반사판

38 레이콘에 대한 설명으로 옳지 않은 것은?

⑦ 레이마크 비콘이라고도 한다.

④ 레이더에서 발사된 전파를 받을 때에만 응답한다.

㉔ 레이더 화면상에 일정 형태의 신호가 나타날 수 있도록 전파를 발사한다.

㉑ 레이콘의 신호로 표준신호와 모스부호가 이용된다.

해설 레이콘(RACON)

Radar Beacon의 약자로, 레이더에서 발사하는 전파 신호를 받을 때 자동으로 응답하여 식별 가능한 신호를 발사하는 해상무선항행 업무용 장치이다.

39 항로, 항행에 위험한 암초, 항행 금지 구역 등을 표시하는 지점에 고정 설치하여 선박의 좌초를 예방하고 항로를 지도하기 위하여 설치되는 광파(야간)표지는?

㉮ 등선　　　　　㉯ 등표

㉰ 도등　　　　　㉳ 등부표

해설 등표

암초 상이나 수심이 얕은 곳에 설치하여 그 위험을 표시하는 것으로 등대 불빛을 이용하여 그 위치를 알려주는 항로표지이다. 등화를 설치하지 않고 형상으로 그 위치를 알려주는 것은 입표라고 한다.

40 항로표지 중 광파(야간)표지에 대한 설명으로 옳지 않은 것은?

㉮ 등화에 이용되는 색깔은 백색, 적색, 녹색, 황색이다.

㉯ 등대의 높이는 기본수준면에서 등화 중심까지의 높이를 미터로 표시한다.

㉰ 등색이나 등력이 바뀌지 않고 일정하게 계속 빛을 내는 등을 부동등이라 한다.

㉳ 통항이 곤란한 좁은 수로, 항만 입구에 설치하여 중시선에 의하여 선박을 인도하는 등을 도등이라 한다.

해설

등대의 높이는 평균수면(평균해면)에서 등화 중심까지의 높이를 미터로 표시한 것이다.

41 육상에 설치된 간단한 기둥 형태의 표지로서 여기에 등광을 함께 설치하면 등주라고 불리는 표지는?

㉮ 입표　　　　　㉯ 부표

㉰ 육표　　　　　㉳ 도표

해설

㉮ 입표 : 암초, 노출암 등의 위치를 표시하기 위하여 설치하는 경계표로 등화가 없는 주간용 항로표지

㉳ 도표 : 좁은 수로의 항로를 표시하기 위하여 항로의 연장선 위에 앞뒤로 2개 이상의 육표로 된 것

42 아래에서 설명하는 형상(주간)표지는?

> 선박에 암초, 얕은 여울 등의 존재를 알리고 항로를 표시하기 위하여 바다 위에 떠 있는 구조물로, 빛을 비추지 않는다.

㉮ 도표　　　　　㉯ 부표

㉰ 육표　　　　　㉳ 입표

해설 부표

항만이나 하천 등 선박이 항행하는 위치 수면에 띄워 항로 안내, 암초의 위치 등을 알리는 표지판이다.

43 등대의 등색으로 사용하지 않는 색은?

㉮ 백색　　　　　㉯ 적색

㉰ 녹색　　　　　㉳ 자색

해설

등화에서 사용되는 색깔은 일반적으로 백색, 홍색, 녹색, 황색의 4종류이다.

44 해도상에 표시된 등대의 등질 'Fl.2s10m 20M'에 대한 설명으로 옳지 않은 것은?

㉮ 섬광등이다.

㉯ 주기는 2초이다.

㉰ 등고는 10미터이다.

㉱ 광달거리는 20킬로미터이다.

🔦 **해설**

해도상의 야간표지의 등질은 등질, 등색, 주기, 등대 높이, 광달거리 순으로 표시한다. 위 경우 20M 은 광달거리가 20해리라는 뜻이다.

★★
45 해도상에 'Fl.20s10m5M'이라고 표시된 등대의 불빛을 볼 수 있는 거리는 등대로부터 대략 몇 해리인가?

㉮ 5해리   ㉯ 10해리

㉰ 15해리   ㉱ 20해리

🔦 **해설**

해도상의 야간표지의 등질은 등질, 등색, 주기, 등대 높이, 광달거리 순으로 표시한다. 광달거리는 5M이다.

46 높이가 거의 일정하여 해도상의 등질에 등고를 표시하지 않는 항로표지는?

㉮ 등대   ㉯ 등표

㉰ 등선   ㉱ 등부표

🔦 **해설**

구분	A	B	C
등부표	등종, 등색, 주기(전체)	등종(등색, 주기 생략)	기호만 표시
예시	Fl(2)R5s (No.2)	Fl(2) (No.2)	(No.2)

47 다음 등질 중 군섬광등은?

㉮

㉯

㉰

㉱

🔦 **해설**

㉮ : 부동등(F)

㉯ : 섬광등(Fl R 10S)

㉰ : 군섬광등(Fl(3) G 15S)

㉱ : 급섬광등(Q)

48 다음 중 부동등의 해도 도식은?

㉮ F

㉯ Q

㉰ Fl R 10s

㉱ Oc G 10s

🔦 **해설** 부동등(F; Fixed light)

꺼지지 않고 일정한 광력을 가지고 계속 비추는 등이다.

㉯ Q : 급섬광등

㉰ Fl R 10s : 섬광등

㉱ Oc G 10s : 명암등

★★★
49 **등질에 대한 설명으로 옳지 않은 것은?**

㉮ 섬광등은 빛을 비추는 시간이 꺼져 있는 시간보다 짧은 등이다.

㉯ 호광등은 색깔이 다른 종류의 빛을 교대로 내며, 그 사이에 등광은 꺼지는 일이 없는 등이다.

㉴ 분호등은 3가지 등색을 바꾸어 가며 계속 빛을 내는 등이다.

㉵ 모스부호등은 모스부호를 빛으로 발하는 등이다.

[해설]

㉮ 섬광등(Flashing)

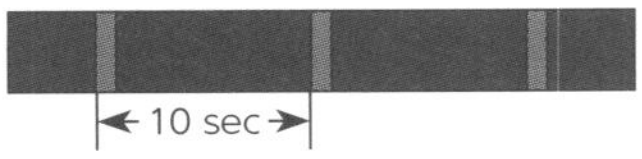

Fl R 10S

㉯ 호광등(Alternating)

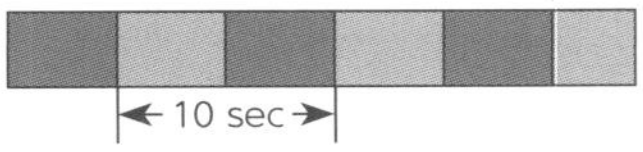

Al GR 10S

㉵ 모스부호등(Morse Code)

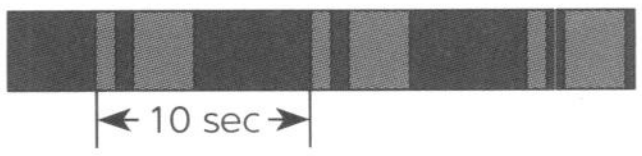

Mo(A) R 10S

50 **서로 다른 지역을 다른 색깔로 비추는 등화는?**

㉮ 호광등 **㉯ 분호등**

㉴ 섬광등 ㉵ 군섬광등

[해설] 분호등

지향등에서 지정된 분호에 대하여 다른 등색과 등질의 빛을 사용하는 고정항로표지이다.

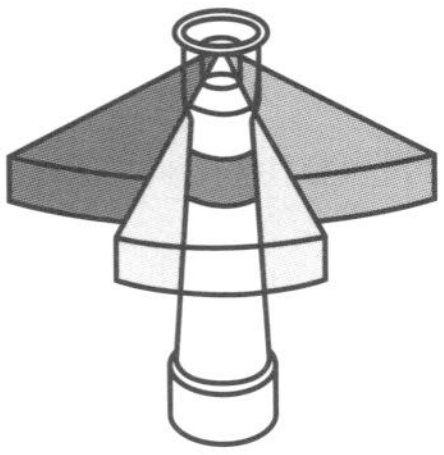

51 **선박의 통항이 곤란한 좁은 수로, 항구, 만의 입구 등에서 선박에게 안전한 항로를 알려 주기 위하여 항로 연장선상의 육지에 설치한 분호등은?**

㉮ 도등 ㉯ 조사등

㉴ 지향등 ㉵ 임시등

[해설] 지향등(direction light)

협수로상의 안전 항로를 표시하는 항로표지를 말한다. 지역적 여건상 도등 설치가 곤란한 협수로의 연장선상에 설치하여 항로를 비추는 시설이다.

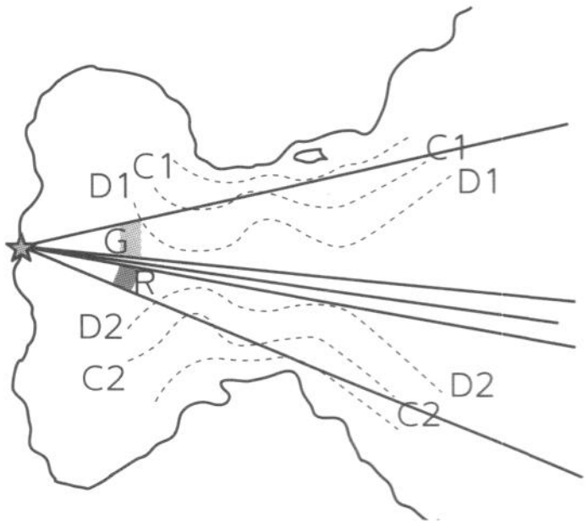

52 등화의 중시선을 이용하여 선박을 인도하는 광파표지는?

[가] 도등
[나] 부등
[사] 부동등
[아] 섬광등

해설 도등(leading light)

협소한 항구나 통항이 곤란한 수도와 좁은 항만의 입구 등의 항로를 표시하는 것이다.

53 국제해상부표시스템(IALA Maritime Buoyage System)에서 A 방식과 B 방식을 이용하는 지역에서 서로 다르게 사용되는 항로표지는?

[가] 측방표지
[나] 방위표지
[사] 안전수역표지
[아] 고립장해표지

해설 측방표지

IALA 해상 부표식은 세계적으로 A 방식과 B 방식으로 구분하며 우리나라는 B 방식을 따르고 있다. B 방식은 항구 입항 시 항로 우현 쪽의 측방표지가 홍색, 좌현의 측방표지가 녹색으로 배치되어 있는 것이다. A 방식은 반대로 우현 쪽이 녹색, 좌현 쪽이 홍색이다.

★★
54 우리나라 측방표지 중 수로의 우측 한계를 나타내는 부표의 색깔은?

[가] 녹색 [나] 적색
[사] 흑색 [아] 황색

해설

우리나라는 IALA 해상 부표식에서 B 방식을 따르고 있으며, 항로 우현 쪽에 홍색, 좌현에 녹색으로 표시한다.

★★
55 등부표에 대한 설명으로 옳지 않은 것은?

[가] 항로의 입구, 폭 및 변침점 등을 표시하기 위해 설치한다.
[나] 해저의 일정한 지점에 체인으로 연결되어 떠 있는 구조물이다.
[사] 조석표에 기재되어 있으므로, 선박의 정확한 속력을 구하는 데 사용하면 좋다.
[아] 강한 파랑이나 조류에 의해 유실되는 경우도 있다.

해설

등부표는 등대표에 기재되어 있다. 등대표는 우리나라 동·남·서해안 전 연안에 설치된 항로표지의 번호, 명칭, 위치, 등질, 등고, 광달거리, 도색, 구조 등이 수록되어 있다.

56 장해물을 중심으로 하여 주위를 4개의 상한으로 나누고, 그들 상한에 각각 북, 동, 남, 서라는 이름을 붙이고, 그 각각의 상한에 설치된 항로표지는?

[가] 방위표지
[나] 측방표지
[사] 고립장해표지
[아] 안전수역표지

해설 방위표지

선박이 위험물을 피하여 안전하게 통항할 수 있도록 항해 가능한 수역을 방위로 표시하는 항로표지이다.

★★★
57 표지의 동쪽에 가항 수역이 있음을 나타내는 표지는? (단, 두표의 형상으로만 판단함)

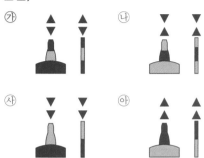

해설 방위표지

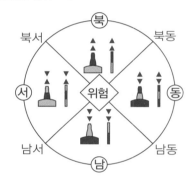

---

58 다음 그림의 항로표지에 대한 설명으로 옳은 것은?

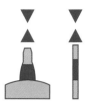

㉮ 표지의 동쪽에 가항 수역이 있다.
㉯ 표지의 서쪽에 가항 수역이 있다.
㉰ 표지의 남쪽에 가항 수역이 있다.
㉱ 표지의 북쪽에 가항 수역이 있다.

해설 서방위표지

동측에 장애물이 있어 항로표지의 서쪽으로 항해하라는 의미이다.

★★
59 수로도지에 등재되지 않은 새롭게 발견된 위험물, 즉 모래톱, 암초 등과 같은 자연적인 장애물과 침몰·좌초 선박과 같은 인위적 장애물들을 표시하기 위하여 사용하는 항로표지는? (단, 두표의 모양으로 선택함)

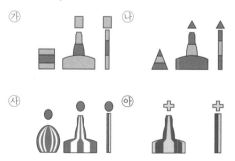

해설 신위험물표지

수로도지에 등재되지 않은 새롭게 발견된 위험물들을 표시하기 위하여 사용된다.
㉮ : 우측 항로 우선표지
㉯ : 좌측 항로 우선표지
㉰ : 안전수역표지

★★★
60 다음과 같은 두표를 가진 국제 해상 부표식의 항로표지는?

㉮ 방위표지　　　㉯ 특수표지
㉰ 고립장해표지　㉱ 안전수역표지

해설

고립장해표지는 2개의 흑색 구형 두표를 세로로 설치한다.

61 고립장해표지의 등질은?

㉮ Fl(2)　　　　　㉯ Fl(4) Y
㉰ Qk Fl(3) 10s　㉱ Qk Fl(9) 10s

해설

고립장해표지의 등광은 백색이며 등질은 군2섬광등이다.

62 고립장해표지에 대한 설명으로 옳지 않은 것은?

㉮ 두표는 3개의 흑구를 수직으로 부착한다.

㉯ 등화는 백색을 사용하며 2회의 섬광등이다.

㉰ 색상은 검은색 바탕에 1개 또는 그 이상의 적색 띠를 둘러 표시한다.

㉱ 암초나 침선 등 고립된 장해물의 위에 설치 또는 계류하는 표지로 이 표지의 주위가 가항 수역이다.

해설

고립장해표지의 두표는 흑색 구형 두표 2개를 세로로 설치한다.

63 황색의 'X' 모양 두표를 가진 표지는?

㉮ 방위표지　　　㉯ 특수표지
㉰ 안전수역표지　㉱ 고립장해표지

해설 특수표지

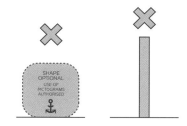

64 특수표지에 대한 설명으로 옳지 않은 것은?

㉮ 두표는 1개의 황색구를 사용한다.

㉯ 등화는 황색을 사용한다.

㉰ 표지의 색상은 황색이다.

㉱ 해당하는 수로도지에 기재되어 있는 공사구역, 토사채취장 등이 있음을 표시한다.

해설

특수표지의 두표는 황색 'X'자형 1개이다.

01 해양 기상

(1) 기온

① 대기의 온도를 말한다.

② 1일 중 오후 2시경에 최고 기온이고, 일출경에 최저 기온이다.

③ 기온 측정 시 온도계는 서늘한 곳에 걸어둔다.

(2) 기압

① 모든 물체는 대기의 압력을 받는데 이를 기압이라 한다.

② 기압은 오전 4시, 오후 4시경에 최저, 오전 10시경, 오후 10시경에 최고 기압이다.

③ **기압계** : 아네로이드 기압계를 사용한다.

(3) 바람

① 기압의 차이에 의해 높은 곳에서 낮은 곳으로 공기가 이동하는데 이를 바람이라 한다.

② 기압의 차이를 기압경도라 하며, 기압경도의 크기에 따라 바람의 강약이 구분되며, 풍향은 바람이 불어오는 쪽의 방향이다.

(4) 전선

기단의 운동 상태에 따라 온난전선, 한랭전선, 폐색전선 그리고 정체전선으로 분류된다.

① **온난전선** : 따뜻한 기단이 차가운 기단을 밀어낼 때 그 맨 앞부분

② **한랭전선** : 따뜻한 기단과 차가운 기단이 만나는 앞부분

③ **폐색전선** : 서늘한 공기가 지표면으로 내려가면서 따뜻한 공기가 들어오는 것을 차단시켜서 생기는 것

④ **정체전선** : 한랭기단과 온난기단이 만났을 때 그 둘의 세력이 비슷하면 두 기단이 한 위치에 머물러 있게 되는 것

(5) 저기압과 고기압

① **고기압** : 주위보다 기압이 높은 곳이며, 중심에는 하강기류가 있고 날씨가 좋아진다.

② **저기압** : 주위의 기압보다 낮은 구역으로, 공기의 회오리가 중심으로 갈수록 커져 상승기류가 발생하고 구름을 발생시켜 폭풍우를 동반한다.

02 조석과 조류

(1) 조석

해면이 하루에 2번 높아졌다 낮아졌다 하는 승강운동으로, 조석현상을 지구 전체에 대하여 보면 각각 주기가 12시간 25분(1/2태음일)이 되는 2개의 파장으로 생각할 수 있다.

① 조석의 원인 : 달과 태양의 인력으로 인해 발생한다.

② 고조와 저조 : 조석으로 인하여 해면이 가장 높은 때를 고조라 하며, 가장 낮은 때를 저조라 한다.

③ 조차 : 연이어 일어난 고조와 저조 때의 해면 높이의 차를 말한다.

④ 창조류 : 창조 때 유속이 가장 빠른 방향으로 흐르는 조류이다.

⑤ 낙조류 : 낙조 때 유속이 가장 빠른 방향으로 흐르는 조류이다.

⑥ 대조(사리) : 그믐과 보름이 지난 뒤 1~2일 만에 조차가 극대가 되는 것을 말한다.

⑦ 소조(조금) : 상현과 하현이 지난 뒤 1~2일 만에 조차가 극소인 조석을 말한다.

⑧ 조석표 : 주요 항만에 대한 고조와 저조의 시각과 조위에 대한 예보 값을 표로 만든 것이다. 예보되는 곳 이외의 지역에 대해서는 조석차를 이용하여 예보 값을 구할 수 있다. 이는 각 지의 조석의 조화상수를 사용하여 계산한 결과이다. 임의의 항만의 고저조 시각이나 조위를 조석표의 값에서 환산하기 위한 조석개정수도 게재되어 있다. 통상 1년 단위로 간행하고 있다.

⑨ 평균조차 : 장기간에 걸쳐서 조차를 평균한 것으로, 평균고조와 평균저조 사이의 높이의 차이를 말한다.

⑩ 대조차와 소조차 : 대조 때의 조차의 평균치를 대조차, 소조 때의 조차의 평균치를 소조차라고 한다.

03 해류

반영구적으로 일정한 방향으로 움직이는 바닷물의 흐름을 말한다.

① 난류 : 주위의 해수보다 고온인 해류로, 저위도의 따뜻한 바닷물이 고위도로 흐른다.

② 한류 : 주위의 해수보다 저온인 해류로, 고위도의 찬 바닷물이 저위도로 흐른다.

Chapter 4 기상 및 해상 기출분석문제

★★★
01 일기도의 날씨 기호 중 '≡'가 의미하는 것은?

㉮ 눈 ㉯ 비
㉳ 안개 ㉵ 우박

[해설]

㉮ 눈 : ＊, ㉯ 비 : ●, ㉵ 우박 : ▲

기타 기호
소나기 : •▽, 뇌우 : Ʀ, 가랑비 : ❟, 진눈깨비 : •＊

02 항해 중 안개가 끼어 앞이 보이지 않을 때 본선의 행동으로 옳은 것은?

㉮ 안전한 속력으로 항행하며 수단과 방법을 다해 소리를 내어서 근처를 항행하는 선박에게 알린다.
㉯ 다른 배는 모두 레이더를 가지고 있으므로 우리 배를 피할 것으로 보고 계속 항행한다.
㉳ 최고의 속력으로 빨리 항구에 입항한다.
㉵ 컴퍼스를 이용하여 선위를 구한다.

[해설] 제한된 시계에서 선박의 항법

- 모든 선박은 시계가 제한된 그 당시의 사정과 조건에 적합한 안전한 속력으로 항행하여야 하며, 동력선은 제한된 시계 안에 있는 경우 기관을 즉시 조작할 수 있도록 준비하고 있어야 한다.
- 레이더만으로 다른 선박이 있는 것을 탐지한 선박은 해당 선박과 얼마나 가까이 있는지 또는 충돌할 위험이 있는지를 판단하여야 한다. 이 경우 해당 선박과 매우 가까이 있거나 그 선박과 충돌할 위험이 있다고 판단한 경우에는 충분한 시간적 여유를 두고 피항동작을 취하여야 한다.

03 현재 일기의 자세한 해설과 현재로부터 2시간 후까지의 예보는?

㉮ 수치 예보 ㉯ 실황 예보
㉳ 종관적 예보 ㉵ 통계적 예보

[해설] 실황 예보

0~6시간까지 미래의 날씨를 현재 날씨를 바탕으로 0~2시간까지 혹은 길게는 6시간까지 외삽을 통하여 미리 예측하는 것을 말한다.

04 저기압의 특성에 대한 설명으로 옳지 않은 것은?

㉮ 하강기류로 인해 대기가 불안정하다.
㉯ 날씨가 흐리거나 비나 눈이 내리는 경우가 많다.
㉳ 구름이 발달하고 전선이 형성되기 쉽다.
㉵ 북반구에서 중심을 향하여 반시계 방향으로 바람이 불어 들어간다.

[해설]

구분	고기압	저기압
주위보다 상대적으로	기압이 높은 곳	기압이 낮은 곳
바람 방향	시계 방향	반시계 방향
기류	하강기류	상승기류
날씨	대체로 맑음	비나 눈이 내리는 경우가 많음

05 대기의 혼탁한 정도를 나타낸 것이며, 정상적인 육안으로 멀리 떨어진 목표물을 인식할 수 있는 최대 거리는?

㉮ 강수　　　　　㉯ 시정

㉰ 강우량　　　　㉱ 풍력계급

해설 시정

물체나 빛이 분명하게 보이는 최대 거리의 측정 기준이다.

06 고기압과 저기압의 이동과 관련된 기호의 연결이 옳지 않은 것은?

㉮ UKN : 불명

㉯ ⇒ : 이동 방향

㉰ SLW : 천천히 이동 중

㉱ STNR : 천천히 회전 중

해설 STNR

정체 중(stationary)

07 기압경도가 클수록 일기도의 등압선 간격은?

㉮ 넓다.

㉯ 좁다.

㉰ 일정하다.

㉱ 계절 및 지역에 따라 다르다.

해설

등압선은 일기도에서 같은 기압의 점들을 이은 선이다. 일기도에서는 등압선이 밀집해 있을수록 기압경도가 크고, 바람이 강하다.

08 (　　)에 적합한 것은?

> 우리나라와 일본에서는 일반적으로 세계기상기구[WMO]에서 분류한 중심풍속이 17m/s 이상인 (　　)부터 태풍이라 부른다.

㉮ T　　　　　㉯ TD

㉰ TS　　　　㉱ STS

해설

㉯ Tropical Depression(TD) : 열대성 저기압, 17m/s 미만

㉰ Tropical Storm(TS) : 열대 폭풍, 17~24m/s

㉱ Severe Tropical Storm(STS) : 강한 열대 폭풍, 25~32m/s

※ Typhoon(TY) : 태풍, 33m/s 이상

09 해상에서 풍향은 일반적으로 몇 방위로 관측하는가?

㉮ 4방위　　　　㉯ 8방위

㉰ 16방위　　　㉱ 32방위

해설 풍향 나타내는 법(16방위)

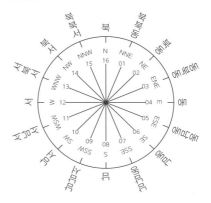

10 지상 해석도상 해상경보의 기호와 내용이 잘못 연결된 것은?

㉮ FOG[W] : 안개경보

㉯ [GW] : 강풍경보

㉑ [SW] : 폭설경보

㉔ [TW] : 태풍경보

> **해설**
>
> ㉮ FOG[W] : 0.5마일 미만의 시정의 짙은 안개 경고
> ㉯ [GW] : 강풍경보(Gale Warning)
> ㉑ [SW] : 폭풍경보(Storm Warning)
> ㉔ [TW] : 태풍경보(Typhoon Warning)

11 태풍 중심 위치에 대한 기호의 의미를 연결한 것으로 옳지 않은 것은?

㉮ PSN GOOD : 위치는 정확

㉯ PSN FAIR : 위치는 거의 정확

㉑ PSN POOR : 위치는 아주 정확

㉔ PSN SUSPECTED : 위치에 의문이 있음

> **해설**
>
> ㉮ PSN GOOD : 최대 30해리의 정확도
> ㉯ PSN FAIR : 정확도 30~60해리
> ㉑ PSN POOR : 60해리 미만의 정확도

★★
12 태풍의 진로에 대한 설명으로 옳지 않은 것은?

㉮ 다양한 요인에 의해 태풍의 진로가 결정된다.

㉯ 한랭 고기압을 왼쪽으로 보고 그 가장자리를 따라 진행한다.

㉑ 보통 열대 해역에서 발생하여 북서로 진행하며, 북위 20~25도에서 북동으로 방향을 바꾼다.

㉔ 북태평양에서 7월에서 9월 사이에 발생한 태풍은 우리나라와 일본 부근을 지나가는 경우가 많다.

> **해설**
>
> 태풍은 북태평양 고기압의 서쪽 가장자리를 도는 것 같이 진행한다.

13 태풍 진로 예보도에 관한 설명으로 옳지 않은 것은?

㉮ 72시간의 예보도 실시한다.

㉯ 폭풍역이 외측의 실선에 의한 원으로 표시된다.

㉑ 진로 예보의 오차 원이 점선의 원으로 표시된다.

㉔ 우리나라의 경우 예보 시간에 점선의 원 안에 50%의 확률로 도달한다.

> **해설**
>
> 우리나라의 경우 태풍의 70% 확률반경은 실선의 원으로 표시하며, 원은 태풍의 중심이 들어갈 예보 확률이 70%임을 의미한다.

14 1미터마다의 등파고선, 탁월파향 등이 표시되어 선박의 항행 안전 및 경제적 운항에 도움이 되는 해황도는?

㉮ 지상 해석도

㉯ 등압면 해석도

㉠ 외양 파랑 해석도

㉰ 지상 기압·강수량·바람 예상도

해설

㉮ 지상 해석도 : 해면기압의 분포, 지상 기온, 풍향 및 풍속, 날씨, 구름의 종류와 높이 등 기상 상태를 분석하는 일기도

㉯ 등압면 해석도 : 기압이 일정한 면을 등압면이라고 하는데, 어느 등압면 상에 등고선, 등온선, 등이슬점선 등을 그린 일기도

15 파랑 해석도에서 얻을 수 있는 정보가 아닌 것은?

㉮ 이슬점

㉯ 전선의 위치

㉠ 탁월파향

㉰ 혼란파 발생 해역

해설

이슬점은 단열선도를 통하여 알 수 있다.

16 중심이 주위보다 따뜻하고, 여름철 대륙 내에서 발생하는 저기압으로, 상층으로 갈수록 저기압성 순환이 줄어들면서 어느 고도 이상에서 사라지는 키가 작은 저기압은?

㉮ 전선 저기압

㉯ 비전선 저기압

㉠ 한랭 저기압

㉰ 온난 저기압

해설

㉮ 전선 저기압 : 전선을 동반한 저기압(온대 저기압)

㉯ 비전선 저기압 : 전선을 동반하지 않는 저기압(태풍 등)

㉠ 한랭 저기압 : 저기압권 내의 기온이 같은 고도의 주위 기온보다 낮은 기온분포를 하고 있는 저기압

17 야간에 육지의 복사냉각으로 형성되는 소규모의 고기압은?

㉮ 대륙성 고기압

㉯ 한랭 고기압

㉠ 이동성 고기압

㉰ 지형성 고기압

해설

㉮ 대륙성 고기압 : 겨울철에 대륙 위에 형성되는 고기압(시베리아 고기압)

㉯ 한랭 고기압 : 등압면에서 기온이 주위보다 상대적으로 낮은 고기압

㉠ 이동성 고기압 : 중심권이 일정한 위치에 있지 않고 이동하는 고기압

18 수증기량을 변화시키지 않고 공기를 냉각시킬 때에 포화에 이르는 온도, 즉 현재의 수증기압을 포화 수증기압으로 하는 온도는?

㉮ 상대온도

㉯ 절대온도

㉠ 자기온도

㉰ 이슬점 온도

해설 이슬점(노점)

• 공기가 포화되어 수증기가 응결할 때의 온도

• 불포화 상태의 공기가 냉각될 때 포화되어 응결이 시작되는 온도

19 찬 공기가 따뜻한 공기 쪽으로 가서 그 밑으로 쐐기처럼 파고 들어가 따뜻한 공기를 강제적으로 상승시킬 때 만들어지는 전선은?

㉮ 한랭전선

㉯ 온난전선

㉠ 폐색전선

㉰ 정체전선

해설 한랭전선

인접한 두 기단 중 한랭기단의 찬 공기가 온난기단의 따뜻한 쪽으로 파고들 때 형성된다.

20 일기도상의 다음 기호가 의미하는 것은?

㉮ 한랭전선　　㉯ 온난전선
㉰ 폐색전선　　㉱ 정체전선

> **해설** 전선 일기도 기호

온난전선	한랭전선
폐색전선	정체전선

21 기압 1,013밀리바는 몇 헥토파스칼인가?

㉮ 1헥토파스칼　　㉯ 76헥토파스칼
㉰ 760헥토파스칼　㉱ 1,013헥토파스칼

> **해설**

1984년부터 SI단위계의 단위인 헥토파스칼(hPa)로 정해졌으나, 수치적으로는 똑같으며 지금도 일상적으로는 밀리바(mb)가 쓰인다.
1기압(atm) = 1013.25hPa = 1013.25mb = 760mmHg

22 보통 적설량 10센티미터의 눈은 몇 센티미터의 강우량에 해당하는가?

㉮ 약 1센티미터
㉯ 약 2센티미터
㉰ 약 3센티미터
㉱ 약 5센티미터

> **해설**

적설량 1cm는 강수량 1mm로 보통 10 : 1로 환산한다.

23 시베리아기단에 대한 설명으로 옳지 않은 것은?

㉮ 바이칼호를 중심으로 하는 시베리아 대륙 일대를 발원지로 한다.
㉯ 한랭건조한 것이 특징인 대륙성 한대 기단이다.
㉰ 겨울철 우리나라의 날씨를 지배하는 대표적 기단이기도 하다.
㉱ 시베리아기단의 영향을 받으면 일반적으로 날씨는 흐리다.

> **해설**

시베리아기단은 우리나라 겨울철 날씨를 지배하는 기단으로 강한 북서계절풍에 의한 한파, 삼한사온현상, 겨울철 폭설 등의 원인이 된다.

24 서고동저형 기압배치와 일기에 대한 설명으로 옳지 않은 것은?

㉮ 삼한사온현상을 가져온다.
㉯ 북서계절풍이 강하게 분다.
㉰ 여름철의 대표적인 기압배치이다.
㉱ 시베리아대륙에는 광대한 고기압이 존재한다.

> **해설**

우리나라를 중심으로 기압의 분포를 보면, 우리나라 서쪽의 기압이 높고 동쪽이 낮은 분포를 보이는데 이를 '서고동저형'이라 한다. 이런 기압계 유형은 겨울에 주로 나타나며 서해안과 도서지방에서 눈 또는 비가 오는 궂은 날씨를 보이지만 대부분의 전국은 좋은 날씨를 보인다. 차고 건조한 북서계절풍이 강하게 불고 기온도 갑자기 내려간다.

25 해수의 연직 방향의 운동은?

㉮ 조석 ㉯ 조차

㉯ 정조 ㉯ 창조

해설

㉯ **조차** : 조석이 가장 높을 때(고조)와 낮을 때(저조)의 높이의 차이

㉯ **정조** : 조석이 가장 높을 때와 가장 낮을 때 조류의 흐름이 잠시 멈출 때

㉯ **창조** : 저조에서 고조로 해수면이 올라가는 현상

26 조석에 의하여 생기는 해수의 주기적인 수평 방향의 유동은?

㉮ 게류 ㉯ 와류

㉯ 조류 ㉯ 취송류

해설

㉮ **게류** : 조류의 방향이 바뀌기 전, 멈춰 있는 상태의 조류

㉯ **와류** : 조류가 빠른 곳에서 생기는 소용돌이

㉯ **취송류** : 바람의 접선 변형력만으로 발생하여 바람 방향과 동일하게 진행하는 해수의 흐름

27 조석이 발생하는 원인으로 옳은 것은?

㉮ 지구가 태양 주위를 공전하기 때문에

㉯ 지구 각 지점의 기온 차이 때문에

㉯ 바다에서 불어오는 바람 때문에

㉯ 지구 각 지점에 대한 태양과 달의 인력차 때문에

해설

조석이 발생하는 원인은 지구 주위를 공전하고 있는 달 때문이다. 지구와 달이 서로 당기고 있는 인력에서 비롯되는데, 지구 표면의 바닷물은 액체이기 때문에 달의 인력에 의해 당겨졌다 늦춰졌다 하는 것이다.

Chapter 5 항해 계획

01 항해 계획과 항로 선정

(1) 항해 계획 수립

1) 항해 계획

① 항로의 선정, 출·입항 일시 및 항해 중 주요 지점의 통과 일시의 결정, 그리고 조선 계획 등을 수립하는 것이다.

② 항해를 수행하는 동안 선박의 진행과 위치를 지속적으로 관찰하는 것뿐 아니라 해상에서의 인명안전과 항해안전 및 효율성, 그리고 해양안전의 보호를 고려하여 수립해야 한다.

2) 항해 계획의 필요성

① 문제가 될 수 있는 해역이 명확해진다.

② 당직사관이 중요한 사항을 간과할 확률이 작아진다.

③ 항해 계획과 관련된 정보를 체크 리스트에 의하여 보다 더 효율적으로 사전 검토할 수 있다.

④ 선위를 측정하기 위하여 필요한 시간을 줄일 수 있고, 따라서 보다 더 효율적인 견시를 할 수 있다.

⑤ 주변 환경의 변화 등에 의한 돌발적인 항해 계획의 변경에 대처할 수 있다.

⑥ 부주의 혹은 소홀함으로 인한 계획으로부터의 이탈이 쉽게 파악된다.

3) 항해 계획의 수립 순서

① 각종 수로도지(水路圖誌)에 의한 조사, 연구와 자기의 경험을 살려 가장 적합하다고 생각되는 출·입항 항로, 연안 항로, 대양 항로를 각각 선정한다.

② 소축척 해도에 선정한 항로를 기입하고 대략적인 항정(출발지에서 도착지까지의 항정선상의 거리)을 구한다.

③ 사용 속력을 결정하고 실속력을 추정한다.

④ 대략의 항정과 추정한 실속력으로 항행 일정을 구하여 출·입항 시각, 항로의 중요한 지점을 통과하는 시간을 대략 추정한다.

⑤ 상기 계획이 적합한가를 검토한다.

⑥ 항해에 사용하는 대축척 해도에 출·입항 항로, 연안 항로를 상세히 기입하고 다시 정확한 항정을 구하여 항해 계획표(또는 예정 항로표)를 작성한다.

⑦ 세밀한 항행 일정을 구하여 출·입항 시각을 결정한다.

(2) 연안 항로의 선정

① 해안선과 평행한 항로 : 연안에서 뚜렷한 물표가 없는 해안을 항해하는 경우 해안선과 평행한 항로를 선정하는 것이 좋다. 하지만 야간의 경우에 해·조류나 바람이 심할 때는 해안선과 평행한 항로에서 바다 쪽으로 벗어난 항로를 선정하는 것이 좋다.

② 우회 항로 : 복잡한 해역이나 위험물이 많은 연안을 항해하거나 조종 성능에 제한이 있는 상태에서는 해안선에 근접하지 말고 다소 우회하더라도 안전한 항로를 선정하는 것이 좋다.

③ 추천 항로 : 수로지, 항로지, 해도 등에 추천 항로가 설정되어 있으면 특별한 이유가 없는 한 그 항로를 따르도록 한다.

(3) 해도에 안전 정보 표시

① 이안 거리 : 해안선으로부터 떨어진 거리를 말하는 것이다. 기상이나 주·야간 또는 조석간만의 차 등에 따라 다르지만 보통 내해 항로이면 1해리, 외양 항로이면 3~5해리, 야간 항로표지가 없는 외양 항로이면 10해리 이상 두는 것이 좋다. 다음의 요소를 고려하여 결정하되 지나치게 육지에 접근하지 않도록 한다.
  • 선박의 크기 및 제반 상태
  • 항로의 교통량 및 항로 길이
  • 선위 측정 방법 및 정확성
  • 수심을 포함한 해도상에 표시된 각종 자료의 정확성
  • 해상, 기상 및 시정의 영향 조건 및 본선의 통과 시기(주간 또는 야간)
  • 당직자의 자질 및 위기 대처 능력

② 경계선
  • 어느 기준 수심보다 더 얕은 구역을 표시하는 등심선을 말한다.
  • 연안 항해 시는 물론 변침점을 정하는데 꼭 고려해야 한다.
  • 보통 흘수가 얕은 선박은 10미터 등심선을, 흘수가 깊은 선박이나 해저의 기복이 심하고 암초가 많은 해역에서는 20미터 등심선을 경계선으로 선정한다.

③ 피험선
  • 협수로를 통과할 때나 출·입항할 때에 자주 변침하여 다른 선박과 충돌하지 않도록 위험을 예방하는 것이 필요하다.
  • 여러 가지 위치선을 이용해 위험을 예방하고 예정 침로를 유지하기 위해 사용한다.
  • 피험선을 선정하는 방법
    − 중시선을 이용한 피험선
    − 선수 방향에 있는 물표의 방위선에 의한 방법
    − 침로의 전방에 있는 한 물표의 방위선에 의한 것
    − 측면에 있는 물표로부터의 거리에 의한 것

01 선박위치확인제도(Vessel Monitoring System; VMS)의 역할이 아닌 것은?

㉮ 통항 선박의 감시

㉯ 수색 구조에 활용

㉰ 육상과의 통신

㉱ 해양 오염 방지에 기여

> **해설** 선박위치확인제도(VMS)
>
> • 선박에 설치된 무선장치, AIS 등 단말기에서 발사된 위치신호가 전자 해도 화면에 표시되는 시스템이다.
> • 선박–육상 간 쌍방향 데이터통신망으로, 선박의 정기위치보고 확인 및 선박 운항 정보 수집·저장, 위치보고 누락 또는 신호 소실 시 경보 발생, 자동/수동으로 선박 호출 및 선박 정상 운항 여부 확인, 여객선 항로 감시, 항로 이탈 시 경보 발생, 이상 발견 시 선박·선사 안전(보안)관리자·인근 항행 선박에 확인 요청 등에 사용된다.

★★
02 선박의 항로지정제도(ships' routeing)에 관한 설명으로 옳지 않은 것은?

㉮ 국제해사기구(IMO)에서 지정할 수 있다.

㉯ 모든 선박 또는 일부 범위의 선박에 대하여 강제적으로 적용할 수 있다.

㉰ 특정 화물을 운송하는 선박에 대해서도 사용을 권고할 수 있다.

㉱ 국제해사기구에서 정한 항로 지정 방식은 해도에 표시되지 않을 수도 있다.

> **해설**
>
> 선박이 통항하는 항로, 속력 및 그 밖에 선박 운항에 관한 사항을 지정하는 제도로, 해상교통안전법에 따라 그 내용을 해도에 표기한다.

03 통항 분리 수역의 육지 쪽 경계선과 해안 사이의 수역은?

㉮ 분리대

㉯ 통항로

㉰ 연안통항대

㉱ 경계 수역

> **해설**
>
> 해사안전법의 전문용어 정의에 의하면, 연안통항대는 통항 분리 수역의 육지 쪽 경계선과 해안 사이의 수역을 말한다.

★★
04 항해 계획을 수립할 때 구별하는 지역별 항로의 종류가 아닌 것은?

㉮ 원양 항로

㉯ 왕복 항로

㉰ 근해 항로

㉱ 연안 항로

> **해설** 항해 계획을 수립할 때 구별하는 지역별 항로의 종류
>
> 원양 항로, 근해 항로, 연안 항로로 구분된다.

05 항해 계획을 수립할 때 고려해야 할 사항이 아닌 것은?

㉮ 경제적 항해

㉯ 항해일수의 단축

㉰ 항해할 수역의 상황

㉱ 선적항의 화물 준비 사항

> **해설**
>
> 선적항의 화물 준비 사항은 본선이 항해 계획을 수립할 때 고려해야 하는 사항은 아니다. 안전성과 경제성을 모두 고려하여 항해 계획을 수립하여야 한다.

06 입항 항로를 선정할 때 고려사항이 아닌 것은?

㉮ 항만관계 법규
㉯ 묘박지의 수심, 저질
㉰ 항만의 상황 및 지형
㉱ 선원의 교육훈련 상태

해설

입항 항로를 선정할 때는 항만관계 법규, 묘박지의 수심 및 저질, 항만의 상황 및 지형 그리고 조석 및 조류, 흘수, 해상 교통량 등을 고려하여 선정하여야 한다.

★★
07 연안 항로 선정에 관한 설명으로 옳지 않은 것은?

㉮ 연안에서 뚜렷한 물표가 없는 해안을 항해하는 경우 해안선과 평행한 항로를 선정하는 것이 좋다.
㉯ 항로지, 해도 등에 추천 항로가 설정되어 있으면 특별한 이유가 없는 한 그 항로를 따르는 것이 좋다.
㉰ 복잡한 해역이나 위험물이 많은 연안을 항해할 경우에는 최단 항로를 항해하는 것이 좋다.
㉱ 야간의 경우 조류나 바람이 심할 때는 해안선과 평행한 항로보다 바다 쪽으로 벗어나는 항로를 선정하는 것이 좋다.

해설

항로는 경제성을 위하여 가능한 최단 항로를 선정하여야 하지만 복잡한 해역이나 위험물이 많은 연안을 항해할 경우에는 최단 항로를 항해하기 위해 항로를 단축하다 보면 연안과 가까워지고 위험물을 조우할 가능성이 높아진다. 따라서 이와 같은 경우에는 안전성을 확보하기 위해 연안에서 충분히 떨어져 항해하는 것이 좋다.

08 통항로를 결정할 때 고려할 요소가 아닌 것은?

㉮ 선박의 흘수
㉯ 선박의 위치보고 시스템 규칙
㉰ 승무원의 수
㉱ 선박 추진기관에 대한 신뢰성

해설

통항로를 결정할 때 승무원의 수는 고려해야 할 사항이 아니다. 위 사항 이외에 조석 및 조류, 해황, 수심 등의 사항을 고려해야 한다.

09 통항 계획 수립에 관한 설명으로 옳지 않은 것은?

㉮ 소형선에서는 선장이 직접 통항 계획을 수립한다.
㉯ 도선 구역에서의 통항 계획 수립은 도선사가 한다.
㉰ 계획 수립 전에 필요한 모든 것을 한 장소에 모으고 내용을 검토하는 것이 필요하다.
㉱ 통항 계획의 수립에는 공식적인 항해용 해도 및 서적들을 사용하여야 한다.

해설

통항 계획은 부두에서 부두까지의 전체 항해에 대하여 수립하며 선장이 통상적으로 항해 담당 항해사인 2등항해사에게 위임하여 수립한다.

10 어느 기준 수심보다 더 얕은 위험 구역을 표시하는 등심선은?

[가] 변침선

[나] 등고선

[사] 경계선

[아] 중시선

해설

어느 수심보다 얕은 구역에 들어가면 위험하다고 생각될 때, 위험 구역을 표시하는 등심선을 경계선이라고 하고 보통 해도상에 빨간색으로 표시하여 주의를 환기시킨다.

11 항해 계획 수립 시 종이 해도의 준비와 관련된 내용으로 옳지 않은 것은?

[가] 항해하고자 하는 지역의 해도를 함께 모아서 사용하는 순서대로 정확히 정리한다.

[나] 항해하는 지역에 인접한 곳에 해당하는 대축척 해도와 중축척 해도를 준비한다.

[사] 가장 최근에 간행된 해도를 항행통보로 소개정하여 준비한다.

[아] 항해에 반드시 필요하지 않더라도 국립해양조사원에서 발간된 모든 해도를 구입하여 소개정하여 언제라도 사용할 수 있도록 준비한다.

해설

해도는 항로와 비상 상황에 대비하기 위한 피항, 대체 항로의 해도를 보유하여야 하며, 항상 최신 상태를 유지하여야 한다.

12 선박의 위치를 구하는 위치선 중 가장 정확도가 높은 것은?

[가] 물표의 나침 방위에 의한 위치선

[나] 중시선에 의한 위치선

[사] 천체 관측에 의한 위치선

[아] 수심에 의한 위치선

해설

[나] 중시선을 이용한 위치선 : 두 물표가 일직선상에 겹쳐 보였을 때 선박은 그 일직선상에 존재한다. 특히 관측자와 가까운 물표의 거리가 두 물표 사이 거리의 3배 이내면 정확한 위치선이 된다.

[사] 천체 관측에 의한 위치선 : 주간에 태양, 달 등 천체의 고도나 박명시에 혹성, 항성의 고도를 육분의로 측정하여 얻는 위치선을 말한다.

[아] 수심에 의한 위치선 : 수심의 변화가 규칙적이고 측량이 잘된 해도를 사용하여 측심한 값과 같은 수심을 연결한 등심선을 위치선으로 한다. 수심 변화에 특징이 없고 불규칙적인 곳에서는 이용할 수 없다.

13 피험선에 대한 설명으로 옳은 것은?

[가] 위험 구역을 표시하는 등심선이다.

[나] 선박이 존재한다고 생각하는 특정한 선이다.

[사] 항의 입구 등에서 자선의 위치를 구할 때 사용한다.

[아] 항해 중에 위험물에 접근하는 것을 쉽게 탐지할 수 있다.

해설 피험선

항로 부근, 협수로 등에서 천수구역, 암초 등을 피하고 안전하게 항해하기 위하여 항로 계획 단계에서 설정하는 위험 예방선을 말한다.

14 〈보기〉에서 종이 해도에 항해 계획을 수립하는 순서를 옳게 나타낸 것은?

〈보기〉

ㄱ. 소축척 해도상에 선정한 항로를 작도하고, 대략적인 항정을 구한다.
ㄴ. 수립한 계획이 적절한지를 검토한다.
ㄷ. 대축척 해도에 항로를 작도하고, 정확한 항적을 구하여 예정 항행 계획표를 작성한다.
ㄹ. 각종 항로지 등을 이용하여 항행 해역을 조사하고 가장 적합한 항로를 선정한다.

㉮ ㄱ → ㄹ → ㄷ → ㄴ
㉯ ㄱ → ㄴ → ㄹ → ㄷ
㉰ ㄹ → ㄱ → ㄴ → ㄷ
㉱ ㄹ → ㄴ → ㄱ → ㄷ

해설

항해 계획을 수립할 시에는 계획된 항해와 관련된 모든 정보를 검토한 후 적절한 축척을 가진 해도상에 계획된 항로를 플로팅하여 검토한 후 대축척 해도에 항로를 작도하여야 하며 항해 계획을 상세히 포함하여 항해 계획표(passage plan)를 작성하여야 한다. 항해 계획은 반드시 항해 개시 전에 본선 선장의 승인을 받아야 한다.

15 선저여유수심(under keel clearance)이 충분하지 않은 수역에 대한 항해 계획을 수립할 때 고려할 요소가 아닌 것은?

㉮ 본선의 최대 흘수
㉯ 선박의 속력
㉰ 조석을 고려한 선저여유수심
㉱ 본선의 엔진 출력

해설

선저여유수심(UKC)이 충분하지 않은 천수구역을 항해할 때는 선체 침하 현상을 줄이기 위해 속력을 줄여야 한다. 또한, 밸러스트를 최대한 배출하여 흘수를 줄이고 조석이 고조일 때를 선정하여 선저여유수심을 최대 확보한 후 통항하여야 한다.

16 정박선 근처를 항행할 때의 주의사항으로 옳지 않은 것은?

㉮ 가능한 한 정박선 뒤쪽으로 지나간다.
㉯ 야간에는 정박등이 켜져 있는 정박선의 선수 쪽으로 지나가도록 한다.
㉰ 시계가 제한되어 있을 때에는 정박선의 무중신호에 유의하여 항행한다.
㉱ 정박선의 풍상 측으로 항행할 경우에는 충분한 거리와 적당한 속력을 유지하여야 한다.

해설

정박 중인 선박의 선수 방향에는 앵커 체인이 길게 뻗어 있어 선수를 통과하게 되면 여기에 걸릴 수 있다. 정박 중인 선박은 가능한 한 뒤쪽으로 지나가며 사정상 앞으로 지나가야 할 경우 멀리 떨어져 지나가야 한다.

운용

Chapter ① 선체·설비 및 속구

01 선박의 길이

① 전장(Length Over All; LOA) : 선수의 모든 돌출물 끝에서 선미까지의 수평거리로, 부두 접안이나 입거 등의 선박을 조종할 때 이용
② 수선간장(Length Between Perpendiculars; LBP) : 계획 만재 흘수선상의 선수 수선으로부터 타주(rudder post)의 후면까지의 수평거리로, 일반적인 선박의 길이
③ 수선장(Length on Water Line; LWL) : 만재 흘수선상의 선수 수선으로부터 선미 후단까지의 수평거리로, 배의 저항이나 추진력 계산 등에 이용
④ 등록장(Registered Length) : 상갑판의 보(beam)로부터 선미재 후면까지의 수평거리로, 선박 원부 및 국적 증서에 기재된 길이

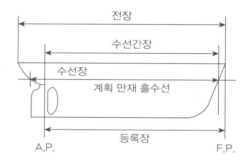

02 선박의 톤수와 흘수

(1) 용적 톤(Space Tonnage) : 선박의 용적을 1톤으로 표시한다.
    ① 총톤수(Gross Tonnage; G/T) : 선박의 밀폐된 공간의 모든 용적의 합으로 선박 통계, 각종 세금 부과, 입거료, 도선료 등의 산정 기준이며, 선박 국적 증서에 기재되는 톤수
    ② 순톤수(Net Tonnage; N/T) : 화물 및 여객의 운송에 사용되는 용적의 크기로, 총톤수에서 선원실, 기관실, 선용품 창고 등의 운항에 필요한 장소의 용적을 뺀 톤수

(2) **중량 톤(Weight Tonnage)** : 선박에 적재할 수 있는 총중량을 표시(1,000kg = 1M/T)하며, 배수 톤수, 재화 중량 톤수가 있다.

① 재화 중량 톤수(Dead Weight Tonnage; DWT) : 화물을 적재할 수 있는 최대 중량으로 만재 배수량과 경하 배수량의 차
- 상선의 매매와 용선료 산정의 기준이 된다.
- 항해에 필요한 연료유, 청수, 밸러스트, 식량, 선용품, 여객 및 선원의 소지품을 포함한다.

② 배수톤수(Displacement Tonnage) : 선체의 수면 아래 부분의 용적에 상당하는 물의 중량과 같으며, 주로 군함의 크기 표시와 화물의 적재량 계산에 이용

(3) **흘수(draft/draught) 및 건현(free board)**

① 흘수(draft) : 선박이 물속에 잠긴 부분의 깊이

② 건현(free board) : 선체 중앙의 흘수선에서부터 건현 갑판까지의 수직거리로 예비 부력을 표시하며 선체가 물에 잠기지 않은 부분의 높이

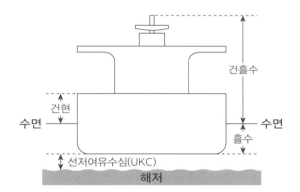

③ 만재 흘수선(load water line) : 항행의 안전상 허용된 최대의 흘수
- 원양 구역과 근해 구역을 항해하는 선박과 길이 24m 이상의 연해 구역을 항해하는 선박의 선체 중앙부의 양현에 표시한다.
- 인명과 재산 보호를 위하여 국제 만재 흘수선 조약이 제정되어 국제적으로 통일되었고 각국 정부 또는 선급 협회를 표시하는 글자만 다르다.

④ 트림(trim) : 선수 흘수와 선미 흘수의 차로 선수 트림(df > da, trim by the head), 선미 트림(df < da, trim by the stern), 등흘수(df = da, even keel)가 있다.

(1) 선체의 형상에 따른 각부 명칭

① 선체(hull) : 연돌(funnel), 마스트(mast), 키(rudder) 등을 제외한 선박의 주된 부분
② 현호(sheer) : 선수에서 선미까지의 상갑판의 만곡
  • 선수 : L/50 (L : 선체 길이)
  • 선미 : L/100 정도
  • 현호를 둔 이유 : 예비 부력, 능파성 향상, 선체의 미관에 좋음
③ 캠버(camber) : 갑판상의 배수, 선체 횡강력을 위하여 양현의 현측보다 선체의 중심선 부근이 높도록 원호를 이루고 있는데, 이 높이의 차를 캠버라 하며, 선폭의 1/50이 표준
④ 텀블 홈(tumble home) : 상갑판 부근의 선측 상부가 안쪽으로 굽은 정도
⑤ 플레어(flare) : 선측의 상부가 바깥쪽으로 굽은 정도로 텀블 홈과는 반대
⑥ 빌지(bilge) : 선저와 선측을 연결하는 만곡부, 선저 만곡부

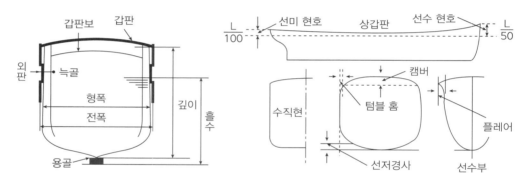

<선체의 외형에 따른 명칭>

(2) 선체의 구조에 따른 명칭

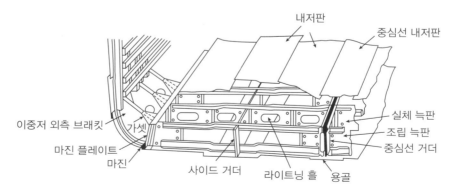

① 용골(keel) : 선체의 최하부 중심선에 있는 종강력재, 선수재로부터 선미골재까지 종방향으로 관통하는 구조부재로 척추 역할

② 선저부 구조 : 단저 구조와 이중저 구조가 있으며, 대형선은 이중저 구조를 채택함
  - 단저(single bottom) 구조 : 횡방향 늑판, 종방향의 중심선 킬슨, 사이드 킬슨으로 조립
  - 이중저(double bottom) 구조 : 상하, 좌우, 전후 구획, 다수의 상자형 구성으로, 선저 외판(bottom plate)과 내저판(inner bottom plate) 사이의 이중선각 구조로 거더(girder)와 늑판(floor)이 서로 직교되어 있으며, 내저판과 선저 외판은 공동으로 화물창 내의 화물 무게와 외부의 수압에 견디고 선체 종강도에 기여하도록 종늑골 구조로 되어 있음

③ 늑골(frame) : 좌우 선측을 구성하는 뼈대로, 용골에 직각으로 배치되고 갑판보와 늑판에 양 끝이 연결되어 선체 횡강도의 주체

④ 외판 : 수밀을 유지, 위치에 따라 현측 후판, 현측 외판, 선측 외판, 선저 외판, 용골 익판, 가장 두꺼운 것은 현측 후판임

⑤ 선수미 : 파랑의 충격, 키와 프로펠러의 작동 등에 충분히 견딜 수 있게 팬팅 구조로 되어 있음
  - 선수부 : 파랑의 충격, 충돌 시 선체 보호 필요
  - 선미부 : 후방의 파도, 선미 늑골, 키, 프로펠러 및 축 지지와 진동에 강한 구조

04 선박의 주요 설비

(1) 조타 설비

① 방향키(타, rudder) : 전진 또는 후진할 때 배를 원하는 방향으로 회전시키고, 침조를 일정하게 유지하는 장치
  - 타두재(rudder stock) : 타심재의 상부를 연결하여 조타기에 의한 회전을 타에 전달하는 것

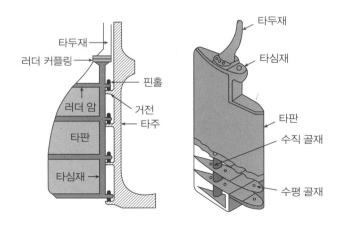

② 조타장치 : 선박의 침로를 바꾸거나 일정한 침조를 유지하기 위해서 타를 원하는 만큼 회전시키거나 일정한 각도를 유지시키는 장치로, 선박에는 해양수산 관청이 인정하는 구비 요건을 갖춘 주 조타장치 및 보조 장치를 설치해야 한다.
- 타각 제한 장치 : 선박을 선회시키기 위한 이론적 최대 타각은 45°이지만 항력의 증가와 조타기의 마력 증가 등을 고려하여 일반 선박에서는 최대 타각이 35°가 되도록 제한 장치가 설치되어 있다.

③ 사이드 스러스터(side thruster) : 입·출항이 잦은 선박의 선수 혹은 선미에 횡방향으로 물을 밀어내는 스러스터(thruster) 장치를 설치하여 예선의 도움 없이 부두에 접안 또는 이안하도록 한다.

(2) 동력 설비

① 주기관 : 선박이 전진 또는 후진할 수 있는 동력을 얻는 엔진
② 보조 기계 : 주기관과 보일러를 제외한 선내의 모든 기계(펌프, 발전기, 냉동 장치, 조수 장치, 유청정기 등)
③ 동력의 단위
- 1킬로와트(kW) ≒ 1.34마력
- 1마력(PS) = 75kgf·m/s

(3) 소방 설비

① 휴대식 소화기
- 분말(dry powder) 소화기 : 탄산수소나트륨 분말을 소화 약제로 사용하며, 고압의 이산화탄소에 의해 약제를 방사한다.
- CO_2 소화기 : 이산화탄소를 압축·액화한 소화기이다.
- 포말(foam) 소화기 : 탄산수소나트륨을 소화 약제로 사용하며, 소화 약제를 이산화탄소와 함께 거품 형태로 분사한다.

② 휴대식 소화기의 사용 방법
안전핀을 뽑는다 → 방출혼(노즐)을 뽑아 불이 난 곳으로 향한다 → 손잡이를 강하게 움켜쥔다 → 불이 난 곳으로 뿜는다

(4) 계선 설비

① 닻(anchor) : 정박지에 정박할 때 또는 좁은 수역에서 선박을 회전시키거나 긴급한 감속을 위한 보조 수단으로 사용하며, 부두에 접·이안할 때의 보조 기구로 사용한다.
- 닻채가 있는 닻(stock anchor) : 투묘할 때 파주력은 크지만 격납이 불편하다.
- 닻채가 없는 닻(stockless anchor) : 닻채가 있는 닻에 비해 파주력은 떨어지지만 투·양묘 작업이 쉽고 격납이 간단하다.

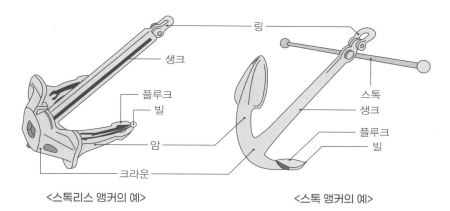

<스톡리스 앵커의 예>   <스톡 앵커의 예>

② 닻줄(anchor chain) : 선박이 정박할 때 해저에 내려진 닻과 선체를 연결하는 데 사용하며, 기준 길이 1섀클(shackle)의 길이는 25미터(미국과 영국은 27.5미터)이다.

③ 양묘기(windlass) : 닻을 바다 속으로 투하하거나 감아올릴 때 혹은 선박을 부두에 접안시킬 때 계선줄을 감아들이기 위해 사용한다.

④ 닻과 닻줄의 관리
   • 닻줄은 부식과 마모가 잘 일어나므로 각각의 고리 지름이 10% 이상 마모되면 닻줄을 교환한다.
   • 입거 시에는 고압수로 펄을 털어내고 녹을 제거하여 전체적인 손상 및 마모 상태를 확인 후 섀클 표시를 하여 수납한다.

⑤ 비트(bitt)와 볼라드(bollard) : 계선줄을 붙들어 매기 위한 기둥으로, 기둥이 1개면 비트, 2개면 볼라드라 한다.

05 ◗ 선박의 정비

(1) 로프

1) 로프의 종류

① 섬유 로프 : 섬유를 여러 가닥 꼬아서 만든 로프로, 사용하는 섬유는 크게 원료에 따라 천연섬유 로프와 합성섬유 로프로 나눈다.

> ◆ 합성섬유 로프
> 천연섬유 로프에 비해 열에 약하지만 강도가 크고 내마모성, 내식성 등이 풍부하며, 충격, 기름, 약품 등에 강하므로 현재는 섬유 로프의 주류를 이루고 있다.

② 와이어 로프 : 강선 또는 아연 도금한 강선을 모아서 여러 가닥으로 꼬아 만든 로프이다.

2) 로프의 취급

① 파단하중과 안전사용하중을 고려하여 사용한다.

② 마찰이 많은 곳에는 캔버스를 감아서 사용한다.

③ 동력으로 로프를 감아들일 때에는 무리한 장력이 걸리지 않도록 한다.

④ 블록을 통과하는 경우 대각도로 굽히면 굴곡부에 큰 힘이 걸리므로 완만하게 굽힌다.

⑤ 시일이 경과함에 따라 강도가 크게 떨어지므로 이에 주의하여야 한다.

⑥ 킹크(kink)가 생기지 않도록 주의한다.

킹크

와이어 로프가 꼬인 상태에서 장력이 가해져 로프가 비틀어져 굽혀진 손상으로, 킹크가 발생하면 절단 하중이 약 20~60% 감소한다.

⑦ 항상 건조한 상태로 보관한다.

3) 섬유 로프의 취급

① 만든 지 오래됐거나 수개월 사용한 것은 강도와 내구력이 떨어지므로, 무거운 물건을 취급할 때에는 새것을 사용한다.

② 로프가 물에 젖거나 기름이 스며들면 그 강도가 1/4 정도 감소한다.

③ 비트나 볼라드 등에 감아둘 때에는 하부에 3회 이상 감아둔다.

(2) 선체의 정비

1) 선체의 부식과 오손

① 부식 : 전기·화학적 원인에 의하여 녹이 스는 현상

② 오손 : 물에 잠겨 있는 선체에 조개류나 해조류 등이 부착하는 현상

2) 페인트

① 도장의 목적

- 방식 : 물과 공기의 접촉을 차단하여 강재의 부식을 방지한다.
- 방오 : 수선 하부의 해양 생물 부착을 방지한다.
- 장식 : 도료에 아름다운 색채를 부여하여 여객과 선원에게 쾌감을 주고, 작업 능률을 올린다.
- 청결 : 강판이나 목재의 표면을 깔끔하게 하여 선박의 청결을 유지한다.

3) 부식 방지법

① 방청용 페인트나 구리스 등을 발라서 습기의 접촉을 차단한다.

② 부식이 심한 장소의 파이프는 아연 또는 주석 도금한 것을 사용한다.

③ 프로펠러, 타(rudder) 주위에는 철보다 이온화 경향이 큰 아연판을 부착하여 이온화 침식을 방지한다.

④ 일반 화물선에서는 건조한 공기의 강제 통풍에 의하여 화물창 내의 습도를 줄인다.

⑤ 유조선에서는 탱크 내에 불활성 가스(inert gas)를 주입하여 폭발도 방지하고, 선체 방식에도 효과가 있다.

4) 오손 방지법

① 부착 생물의 습성을 이용한 방법

② 선체 표면을 매끄럽게 하여 부착을 방지하는 방법

③ 방오 도료를 이용하는 방법

④ 해양 미생물 방지기(anti-fouling system)를 설치하는 방법

⑤ 장기간 정박하는 선박은 일정 기간 경과 후 단시간 항해를 실시하는 방법

5) 퍼티(putty) : 목조 갑판 위의 틈 메우기에 쓰이는 황백색의 반고체 페인트

01 연돌, 키, 마스트, 추진기 등을 제외한 선박의 주된 부분은?

㉮ 현호   ㉯ 캠버

㉰ 빌지   **㉭ 선체**

해설 선체(hull)

기관을 제외한 배의 몸통으로 배의 주요 부분 및 상부에 있는 구조물을 총칭한다.

03 단저 구조 선박의 선저부 구조 명칭을 나타낸 아래 그림에서 ㉠은?

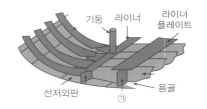

㉮ 늑골   ㉯ 늑판

㉰ 내저판   **㉭ 중심선 킬슨**

해설 킬슨(keelson, 내용골)

선저 내부에서 용골의 강도를 보충하는 종통재로, 중심선 상에 설치된 것을 중심선 킬슨이라 한다.

★★
02 아래의 선체 횡단면 그림에서 ㉠은?

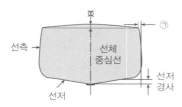

㉮ 용골   ㉯ 빌지

㉰ 캠버   **㉭ 텀블 홈**

해설
㉮ 용골 : 선체의 중심선을 따라 배 밑을 선수에서 선미까지 꿰뚫은 부재
㉯ 빌지 : 선측과 선저 사이의 굽은 부분
㉰ 캠버 : 선체 중심선 부분이 양현보다 높아 갑판이 위로 볼록하게 휘어진 형태
㉭ 텀블 홈 : 선체 측면의 상부가 안쪽으로 굽은 상태

04 단저 구조 선박의 그림에서 ③은?

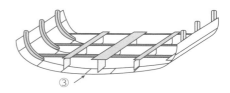

㉮ 늑판   ㉯ 늑골

㉰ 평판 용골   ㉭ 선저 외판

해설 평판 용골(keel plate)

선저부 선체의 중심선 상에 놓여 선박의 척추 역할을 하는 용골이 평판 형태로 생겨 외관의 일부를 구성하는 것으로 외관의 다른 부분보다 두꺼운 철판을 사용한다.

05 **선체 각부의 명칭을 나타낸 아래 그림에서 ㉠은?**

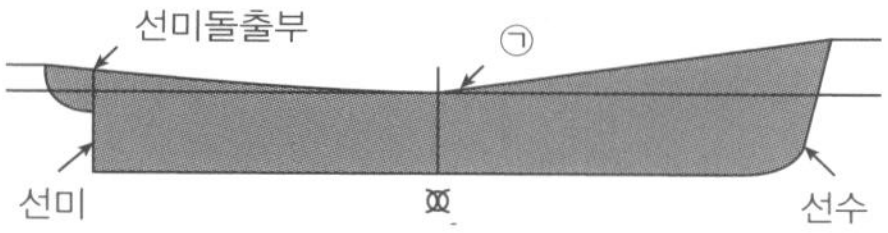

㉮ 선수현호　　㉯ 선미현호
㉴ 상갑판　　㉵ 용골

해설 상갑판

선체의 최상층에 있으면서 선수에서 선미까지 전체를 통과하는 갑판이다.

06 **선수에서 선미에 이르는 건현 갑판의 현측선이 휘어진 것은?**

㉮ 우현　　**㉯ 현호**
㉴ 선체 중앙　　㉵ 선미 돌출부

해설 현호(sheer)

선체를 측면에서 보았을 때 상갑판의 선측선이 이루고 있는 커브이다.

07 **현호의 기능이 아닌 것은?**

㉮ 예비 부력 향상
㉯ 선체 부식 방지
㉴ 능파성 향상
㉵ 미관상 좋음

해설 현호의 기능

여객선보다 화물선에서 더 크고 소형선일수록 크다. 현호는 능파성을 증대시키고, 선체에 예비 부력을 주며, 미관적으로도 좋다.

08 **보와 갑판 또는 내저판 사이에 견고하게 고착되어 보를 지지함으로써 갑판 위의 하중을 분담하는 부재로, 보의 보강, 선체의 횡강재 및 진동을 억제하는 역할을 하는 것은?**

㉮ 늑골　　**㉯ 기둥**
㉴ 용골　　㉵ 브래킷

해설 기둥

보와 갑판 또는 내저판 사이에 견고히 고착되어 보를 지지하고 갑판상의 하중을 지탱하는 부재로, 보의 보강과 아울러 선체의 횡강재 및 진동을 억제하는 역할이다.

09 **상갑판 아래의 공간을 선저에서 상갑판까지 종방향 또는 횡방향으로 나누는 부재는?**

㉮ 늑골　　**㉯ 격벽**
㉴ 종통재　　㉵ 갑판하 거더

해설 격벽

선박에서 주갑판 아래의 내부 공간을 길이 또는 너비 방향으로 칸막이하는 구조물이다.

10 **선체의 좌우 선측을 구성하는 뼈대로서 용골에 직각으로 배치되고, 갑판보와 늑판에 양쪽 끝이 연결되어 선체 횡강도의 주체가 되는 것은?**

㉮ 늑골　　㉯ 기둥
㉴ 거더　　㉵ 브래킷

해설 늑골

선측 외판을 보강하는 구조 부재로, 갑판 보 및 플로어를 결합하여 틀 구조를 만들고 선체의 횡강도를 담당한다.

11 그림과 같이 선수를 측면에서 바라본 형상을 나타내는 명칭은?

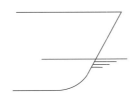

㉮ 직립형   ㉯ 경사형
㉠ 구상형   ㉡ 클리퍼형

해설 선수의 종류

12 선박의 정선미에서 선수를 향해서 보았을 때, 왼쪽을 무엇이라고 하는가?

㉮ 양현   ㉯ 건현
㉠ 우현   ㉡ 좌현

해설

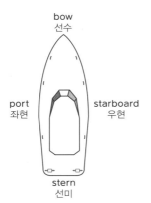

13 기관실과 일반선창이 접하는 장소 사이에 설치하는 이중수밀격벽으로 방화벽의 역할을 하는 것은?

㉮ 해치   ㉯ 코퍼 댐
㉠ 디프 탱크   ㉡ 빌지 용골

해설 코퍼 댐(coffer dam)

선박에서 청수 탱크와 유류 탱크 사이의 유밀성을 확실히 하기 위하여 설치하는 공간으로 연료유, 윤활유, 청수 등의 상호 침입을 막기 위한 공간이다.

14 갑판 개구 중에서 화물창에 화물을 적재 또는 양하하기 위한 개구는?

㉮ 탈출구   ㉯ 승강구
㉠ 해치(hatch)   ㉡ 맨홀(manhole)

해설 해치(hatch)

화물선 상갑판에서 선내에 짐을 적재하거나 또는 짐을 부리기 위한 큰 개구부이다.

★★★
15 선저판, 외판, 갑판 등에 둘러싸여 화물 적재에 이용되는 공간은?

㉮ 격벽   ㉯ 선창
㉠ 코퍼 댐   ㉡ 밸러스트 탱크

해설 선창(hold)

화물을 적부하는 상갑판 아래의 용적이다.

16 (　　)에 적합한 것은?

공선 항해 시 화물선에서 적절한 흘수를 확보하기 위하여 일반적으로 (　　)을/를 싣는다.

㉮ 목재　　㉯ 석탄

㉴ 밸러스트　　㉵ 컨테이너

[해설] 밸러스트(ballast)

공선 항해 및 황천 항해 시 감항성 및 복원력을 유지하고 적·양하 작업 시 적정 배수량을 유지하며 횡경사와 종경사를 조절하기 위해 선내에 채우는 물 또는 중량물로, 선박 평형수라 한다.

17 다음 중 선박의 주요 치수가 아닌 것은?

㉮ 폭　　㉯ 길이

㉴ 깊이　　㉵ 두께

[해설]

선박은 각종 세금의 부과, 선적화물의 중량이나 용적의 결정, 입항 및 입거 시에 그 가능성 여부의 결정 등 여러 목적에 사용하기 위하여 선박의 치수를 나타내는 일정한 표준이 필요하며 여기에는 길이, 폭, 깊이, 흘수가 있다.

18 선체에 고정적으로 부속된 모든 돌출물을 포함하여 선수의 최전단으로부터 선미의 최후단까지의 수평거리는?

㉮ 전장　　㉯ 등록장

㉴ 수선장　　㉵ 수선간장

[해설] 전장(Length Over All; L.O.A)

선박의 선수 최선단에서 선미 최후단까지의 수평거리이다.

19 안벽계류 및 입거할 때 필요한 선박의 길이는?

㉮ 전장　　㉯ 등록장

㉴ 수선장　　㉵ 수선간장

[해설]

전장은 안벽계류, 운하 통과, 조선소 수리를 위한 입거 등 조선상 필요한 치수이다. 또한 해상충돌예방규칙에서의 길이는 이 전장을 의미한다.

★★★

20 타주를 가진 선박에서 계획 만재 흘수선상의 선수재 전면으로부터 타주 후면까지의 수평거리는?

㉮ 전장　　㉯ 등록장

㉴ 수선장　　㉵ 수선간장

[해설] 타주가 없는 선박의 수선간장

계획 만재 흘수선상의 선수재 전면으로부터 타두 중심까지의 수평거리이다.

21 상갑판 보(beam) 위의 선수재 전면으로부터 선미재 후면까지의 수평거리로 선박원부에 등록되고 선박국적 증서에 기재되는 길이는?

㉮ 전장　　㉯ 수선장

㉴ 등록장　　㉵ 수선간장

[해설] 등록장(Registered Length; Lr)

상갑판 보 상의 선수재 전면으로부터 선미재(rudder post) 후면까지의 수평거리로, 통상 수선간장보다 약간 길며, 선박원부에 등록되는 길이의 기준이 된다.

22 선체의 가장 넓은 부분에 있어서 양현 외판의 외면에서 외면까지의 수평거리는?

㉮ 전폭 ㉯ 전장
㉴ 건현 ㉵ 갑판

해설 전폭(Extreme Breadth; Bex)

선체에서 가장 넓은 부분에서 측정한 외판의 외면에서 외면까지의 수평거리로, 입거 시에 이용되고 해상충돌예방규칙에서의 폭은 이 전폭을 의미한다.

23 선체의 제일 넓은 부분에 있어서 양현 늑골의 외면에서 외면까지의 수평거리는?

㉮ 전폭 **㉯ 형폭**
㉴ 건현 ㉵ 갑판

해설 형폭(Moulded Breadth; B)

선체에서 가장 넓은 부분에서 측정한 늑골(frame)의 외면에서 외면까지의 수평거리로, 강선구조 규정, 선박만재흘수선 규정 및 선박법상의 폭은 이 형폭을 의미하고, 선박원부에 등록되고 선박국적 증서에 기재된다.

24 아래 그림에서 ㉠은?

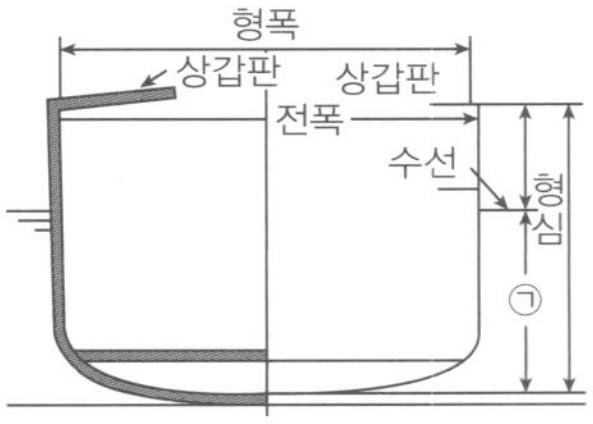

㉮ 전심 ㉯ 깊이
㉴ 흘수 ㉵ 건현

해설 흘수(draft)

어떤 선박이 물에 떠 있을 때 선박 정중앙부의 수면이 닿은 위치에서 선박의 가장 밑바닥 부분까지의 수직거리이다. 특히, 위 그림의 ㉠은 흘수 중에 선박 용골의 윗면까지의 형흘수를 나타낸다.

★★
25 여객이나 화물을 운송하기 위하여 쓰이는 용적을 나타내는 톤수는?

㉮ 총톤수 **㉯ 순톤수**
㉴ 배수 톤수 ㉵ 재화 중량 톤수

해설 순톤수

- 선박의 크기를 부피로 나타내는 용적 톤수이다.
- 선박 내부의 용적 전체에서 기관실·갑판부 등을 제외하고 선박의 직접 상행위에 사용되는 장소의 용적만을 환산하여 표시한 톤수이다.

★★★
26 타의 구조에서 ①은?

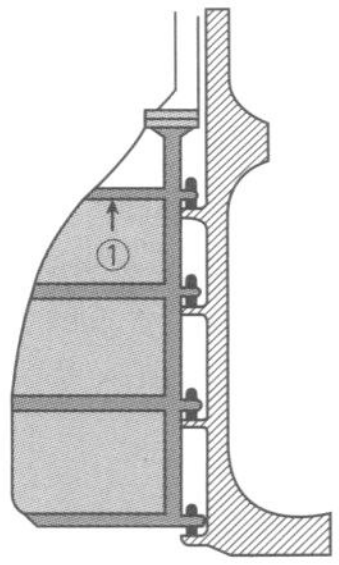

㉮ 타판 ㉯ 핀틀
㉴ 거전 **㉵ 러더 암**

해설

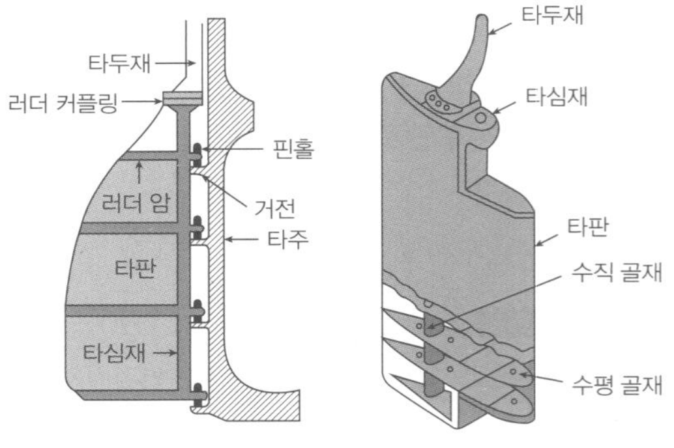

27 **전진 또는 후진 시에 배를 임의의 방향으로 회두시키고 일정한 침로를 유지하는 역할을 하는 설비는?**

㉮ 타(키) ㉯ 닻
㉴ 양묘기 ㉵ 주기관

[해설]
선박에 보침 성능과 선회 성능을 주는 장치이다. 보통은 유속이 가장 빠른 프로펠러의 뒤에 설치하는 것이 대부분이지만, 보조로 선수에 설치하는 선수타도 있다.

28 **기동성이 요구되는 군함, 여객선 등에서 사용되는 추진기로서 추진기관을 역전하지 않고 날개의 각도를 변화시켜 전후진 방향을 바꿀 수 있는 추진기는?**

㉮ 외륜 추진기
㉯ 직렬 추진기
㉴ 고정피치 프로펠러
㉵ 가변피치 프로펠러

[해설] 가변피치 프로펠러
엔진 가동 중에 프로펠러깃의 각도, 즉 피치를 자유롭게 조정할 수 있는 프로펠러이다.

29 **동력 조타장치의 제어 장치 중 주로 소형선에 사용되는 방식은?**

㉮ 기계식 ㉯ 유압식
㉴ 전기식 ㉵ 전동 유압식

[해설]
기계식은 주로 소형선에서 사용되고, 중대형선에서는 유압식 또는 전기식이 사용된다.

★★
30 **조타장치 취급 시의 주의사항으로 옳지 않은 것은?**

㉮ 유압펌프 및 전동기의 작동 시 소음을 확인한다.
㉯ 항상 모든 유압펌프가 작동되고 있는지 확인한다.
㉴ 수동 조타 및 자동 조타의 변환을 위한 장치가 정상적으로 작동하는지 확인한다.
㉵ 작동부에서 그리스의 주입이 필요한 곳에 일정 간격으로 주입되었는지 확인한다.

[해설]
조타장치의 유압펌프는 2대가 설치되어 있는 경우 입·출항이나 협수로 통항 시 등의 경우에만 2대를 작동하고 일반 항해 중에는 두 대 중 한 대씩만 교대로 작동시킨다.

31 **키의 실제 회전량을 표시해 주는 장치로 조타 위치에서 잘 보이는 곳에 설치되어 있는 것은?**

㉮ 경사계 **㉯ 타각 지시기**
㉴ 선회율 지시기 ㉵ 회전수 지시기

[해설]
조타 각도를 나타내는 계기판으로 현재 타의 좌 또는 우로 기운 정도를 선교에서 보기 쉽도록 나타낸 항해기기이다.

32 선수의 방위가 주어진 침로에서 벗어나면 자동적으로 편각을 검출하여 편각이 없어지도록 직접 키를 제어하여 침로를 유지하는 장치는?

㉮ 양묘기 ㉯ 오토 파일럿

㉰ 비상 조타장치 ㉱ 사이드 스러스터

해설 오토 파일럿(auto pilot)

설정한 침로를 항행하도록 자동으로 조타하는 장치로, 파랑이나 조류 등의 영향을 받기 쉬운 선박의 침로를 정확하게 유지한다.

★★★
33 스톡 앵커의 각부 명칭을 나타낸 아래 그림에서 ㉠은?

앵커 링
㉠
플루크
크라운

㉮ 암 ㉯ 섕크

㉰ 빌 ㉱ 스톡

34 닻의 구성품이 아닌 것은?

㉮ stock(스톡)

㉯ end link(엔드 링크)

㉰ crown(크라운)

㉱ anchor ring(앵커 링)

해설 엔드 링크(end link)

앵커 섀클(anchor shackle)과 스위블(swivel)을 연결하는 부분으로 앵커 체인의 구성요소이다.

35 앵커 체인의 섀클 명칭이 아닌 것은?

㉮ 스톡(stock)

㉯ 엔드 링크(end link)

㉰ 커먼 링크(common link)

㉱ 조이닝 섀클(joining shackle)

해설

스톡은 닻의 한 부분으로 닻이 해저에서 거꾸로 되는 것을 방지하고, 파주효율을 향상시키기 위한 부분이다.

★★
36 다음 중 합성섬유 로프가 아닌 것은?

㉮ 마닐라 로프

㉯ 폴리프로필렌 로프

㉰ 나일론 로프

㉱ 폴리에틸렌 로프

해설

마닐라 로프는 마닐라삼 섬유를 원료로 해서 만든 식물섬유 로프이다.

★★
37 일반적으로 섬유 로프의 무게는 어떻게 나타내는가?

㉮ 1미터의 무게 ㉯ 1사리의 무게

㉰ 10미터의 무게 ㉱ 1발의 무게

해설 로프의 무게 단위

• 섬유 로프 : 1사리(200미터)
• 와이어 로프 : 1미터

38 나일론 로프의 장점이 아닌 것은?

[가] 열에 강하다.
[나] 흡습성이 낮다.
[사] 파단력이 크다.
[아] 충격에 대한 흡수율이 좋다.

[해설]
합성섬유(나일론) 로프는 열에 약하고, 신장에 대하여 복원이 늦으며, 마찰에 약하다.

39 섬유 로프 취급 시 주의사항으로 옳지 않은 것은?

[가] 항상 건조한 상태로 보관한다.
[나] 산성이나 알칼리성 물질에 접촉되지 않도록 한다.
[사] 로프에 기름이 스며들면 강해지므로 그대로 둔다.
[아] 마찰이 심한 곳에는 캔버스를 감아서 보호한다.

[해설]
로프가 물에 젖거나 기름이 스며들면 그 강도가 1/4 정도 감소한다.

★★
40 와이어 로프와 비교한 섬유 로프의 성질에 대한 설명으로 옳지 않은 것은?

[가] 물에 젖으면 강도가 변화한다.
[나] 열에 약하지만 가볍고 취급이 간편하다.
[사] 땋은 섬유 로프는 킹크가 잘 일어나지 않는다.
[아] 선박에서는 습기에 강한 식물성 섬유 로프가 주로 사용된다.

[해설]
식물섬유 로프는 강도가 약하여 와이어 로프나 합성섬유 로프를 주로 사용한다.

41 와이어 로프의 취급에 대한 설명으로 옳지 않은 것은?

[가] 사리를 옮길 때 나무판 위에서 굴리면 안 된다.
[나] 급격한 압착은 킹크와 거의 같은 피해를 주기 때문에 피하도록 한다.
[사] 녹이 슬지 않도록 백납과 그리스의 혼합액을 발라 두는 것이 좋다.
[아] 사용하지 않을 때는 와이어 릴에 감고 캔버스 덮개를 덮어둔다.

[해설]
와이어 로프 사리(드럼)를 운반할 때는 무거워서 반드시 나무판 위에서 굴리거나 크레인으로 들어 올려서 옮겨야 하며, 떨어뜨려서는 안 된다.

42 접·이안 시 계선줄을 이용하는 목적이 아닌 것은?

[가] 선박의 전진속력 제어
[나] 접안 시 선용품 선적
[사] 이안 시 선미가 떨어지도록 작용
[아] 선박이 부두에 가까워지도록 작용

[해설]
- 선용품은 계선줄을 사용하여 선적하지 않으므로 관계가 없다.
- [사] : 선박을 이안시킬 때 한 개의 계류삭만을 남기고 모든 계류삭을 풀어주는 싱글 업(single up)을 이용하여 선미가 부두에서 멀어지도록 한다.

★★
43 전기 화재의 소화에 적합하고, 분사 가스가 매우 낮은 온도이므로 사람을 향해서 분사하여서는 아니 되며 반드시 손잡이를 잡고 분사하여 동상을 입지 않도록 주의해야 하는 휴대용 소화기는?

㉮ 폼 소화기

㉯ 분말 소화기

㉰ 할론 소화기

㉱ 이산화탄소 소화기

해설

이산화탄소 소화기는 약제로 이산화탄소를 사용하며, 유류·전기 화재에 알맞다.

44 휴대식 이산화탄소 소화기의 사용 순서로 옳은 것은?

① 안전핀을 뽑는다.
② 불이 난 곳으로 뿜는다.
③ 손잡이를 강하게 움켜쥔다.
④ 방출혼(노즐)을 뽑아 불이 난 곳으로 향한다.

㉮ ① → ④ → ② → ③

㉯ ① → ④ → ③ → ②

㉰ ② → ① → ④ → ③

㉱ ② → ① → ③ → ④

해설

안전핀을 뽑는다. 바람을 등지고 서서 호스를 불쪽으로 향하게 잡는다. 손잡이를 꽉 움켜쥐고 불을 향해 분사한다. 이때 빗자루로 쓸듯이 뿌린다.

45 고정식 소화 장치 중에서 화재가 발생하면 자동으로 작동하여 물을 분사하는 장치는?

㉮ 고정식 포말 소화 장치

㉯ 자동 스프링클러 장치

㉰ 고정식 분말 소화 장치

㉱ 고정식 이산화탄소 소화 장치

해설

스프링클러 헤드에서 자동 방수하여 소화하는 고정식의 소화 설비이다.

46 화재의 종류 중 전기 화재가 속하는 것은?

㉮ A급 화재

㉯ B급 화재

㉰ C급 화재

㉱ D급 화재

47 연소 후 재가 남지 않는 가연성 액체의 화재는?

㉮ A급 화재 ㉯ B급 화재

㉰ C급 화재 ㉱ D급 화재

해설

㉮ A급 화재(일반 화재) : 목재, 종이 등 고체 가연물의 화재
㉯ B급 화재(기름 화재) : 인화성 액체의 화재
㉰ C급 화재(전기 화재) : 통전되고 있는 전기 설비의 화재
㉱ D급 화재(금속 화재) : 마그네슘, 나트륨, 칼륨과 같은 금속 화재

48 크레인식 하역 장치의 구성요소가 아닌 것은?

㉮ 카고 훅　　　㉯ 데릭 붐
㉰ 토핑 윈치　　㉱ 선회 윈치

해설 데릭 붐(derrick boom)
데릭에서 화물을 들어올리는 동작 부분을 말한다.

49 강선의 선체 외판을 도장하는 목적이 아닌 것은?

㉮ 장식　　　㉯ 방식
㉰ 방염　　　㉱ 방오

해설 도장의 목적
• 방식 : 녹 발생 방지
• 방오 : 오손(선저에 해양 생물이 붙는 것)을 방지
• 장식 : 미관상 아름답게 유지
• 청결 유지

★★
50 선박에서 선체나 설비 등의 부식을 방지하기 위한 방법으로 옳지 않은 것은?

㉮ 방청용 페인트를 칠해서 습기의 접촉을 차단한다.
㉯ 아연 또는 주석 도금을 한 파이프를 사용한다.
㉰ 아연으로 제작된 타판을 사용한다.
㉱ 선체 외판에 아연판을 붙여 이온화 경향에 의한 부식을 막는다.

해설
타판의 녹 발생을 방지하기 위해 철제 타판에 아연을 부착하기는 하지만 아연만으로 타판을 제작하지는 않는다.

★★★
51 선체에 페인트를 칠하기에 가장 좋은 때는?

㉮ 따뜻하고 습도가 낮을 때
㉯ 서늘하고 습도가 낮을 때
㉰ 따뜻하고 습도가 높을 때
㉱ 서늘하고 습도가 높을 때

해설
페인트는 따뜻하고 습도가 낮으며 바람이 강하지 않은 날에 칠하는 것이 좋다.

52 선박 외판을 도장할 때 해조류 부착에 따른 오손을 방지하기 위해 칠하는 도료의 명칭은?

㉮ 광명단
㉯ 방오 도료
㉰ 수중 도료
㉱ 방청 도료

해설
배 밑바닥에 따개비, 홍합, 다시마 등의 해양 생물이 부착하는 것을 방지하는 도료를 방오 도료(A/F paint)라고 한다.

53 목조 갑판의 틈 메우기에 쓰이는 황백색의 반 고체는?

㉮ 흑연　　　㉯ 타르
㉰ 퍼티　　　㉱ 시멘트

해설
'빠데'라고 많이 부르며 균열, 구멍난 부분을 메워 표면을 편평하게 하는 데 사용하는 살붙임용 도료이다.

54 희석제(thinner)에 대한 설명으로 옳지 않은 것은?

㉮ 많은 양을 희석하면 도료의 점도가 높아진다.

㉯ 인화성이 강하므로 화기에 유의하여야 한다.

㉰ 도료에 첨가하는 양은 최대 10% 이하가 좋다.

㉱ 도료의 성분을 균질하게 하여 도막을 매끄럽게 한다.

해설 희석제, 시너(thinner)

도장을 할 때 도료의 점성도를 낮추기 위해 사용하는 혼합용제이다.

55 다음 중 페인트를 칠하는 용구는?

㉮ 철솔

㉯ 스크레이퍼

㉰ 그리스 건

㉱ 스프레이 건

해설 스프레이 건(spray gun)

압축공기를 이용하여 선체에 페인트를 분사하는 장치로 넓은 구역을 작업하기에 용이하며 분사된 표면이 매끄럽고 균일한 장점이 있다.

㉮ 철솔, ㉯ 스크레이퍼 : 녹을 제거하기 위한 도구이다.

㉰ 그리스 건 : 베어링과 같이 윤활이 필요한 부분에 그리스(윤활유)를 주입하기 위해 사용하는 도구이다.

56 선박안전법에 의하여 선체, 기관, 설비, 속구, 만재흘수선, 무선 설비 등에 대하여 5년마다 실행하는 정밀검사는?

㉮ 임시검사

㉯ 중간검사

㉰ 특수선검사

㉱ 정기검사

해설 선박검사

• 제조검사 : 선박 건조에 착수한 때부터 건조 완료 시까지 전 과정에 걸쳐 안전성 등을 검사하는 정밀한 검사

• 정기검사 : 최초로 항행에 사용할 때 및 매 5년마다 행하는 정밀한 검사

• 제1종 중간검사 : 정기검사 후 매 3년째에 행하는 검사 단, 여객선 및 선령 20년 이상 유조선은 매년 실시한다. (중간검사라 부르기도 한다.)

• 제2종 중간검사 : 정기검사 또는 제1종 중간검사 후 매 1년마다 행하는 검사 (연차검사라 부르기도 한다.)

• 임시검사 : 선박의 개조 또는 수리 시 행하는 검사

01 구명설비와 신호장치

(1) 구명설비

명칭	IMO 심볼	설명
구명정		• 선박 조난 시 인명 구조를 목적으로 특별하게 제작된 소형선박 • 규격, 정원 수, 소속된 선박 및 선적항 등이 표시
구명뗏목		• 나일론 등과 같은 합성 섬유로 된 포지를 고무로 가공해서 뗏목으로 제작한 것 • 자동 이탈 장치 : 선박이 침몰하여 수심 약 3미터 정도에 이르면 수압에 의해 작동하여 구명뗏목을 부상시킴
구명부환		• 개인용 구명설비 • 수중의 생존자가 구조될 때까지 잡고 떠 있게 하는 도넛 모양의 물체
구명조끼		• 부력재로 만든 것으로, 조난 또는 비상 시 착용하며, 해상에 떨어졌을 경우 머리를 물 위로 내 놓고 떠 있을 수 있게 해 줌 • 구명동의라고도 함 • 선박에는 최대 승선 인원수와 동등 이상의 구명조끼를 의무적으로 비치해야 함
방수복		• 물이 스며들지 않아 수온이 낮은 물속에서 체온을 보호할 수 있는 옷 • 2분 이내에 도움 없이 착용할 수 있어야 함
구명줄 발사기		• 로켓 또는 탄환이 구명줄을 끌고 날아가게 하는 장치 • 선박이 조난을 당한 경우 조난선과 구조선 또는 조난선과 육상 간에 연결용 줄을 보내는 데 사용함
구명부기		• 선박 조난 시 구조를 기다릴 때 사용하는 인명 구조 장비 • 사람이 타지 않고 손으로 밧줄을 붙잡고 있도록 만든 것

(2) 신호장치

명칭	장비	설명	
자기점화등		수면에 투하하면 자동으로 발광하는 신호등으로 주로 야간에 구명부환의 위치를 알리는 데 사용한다.	
자기발연부 신호		물 위에 부유할 경우 오렌지색 연기를 15분 이상 연속 발할 수 있어야 하며 수중에 10초간 완전히 잠긴 후에도 계속 연기를 발해야 한다. 구명부환에 연결한 뒤 바다에 투하하면, 자동적으로 격발되면서 연막이 발생한다.	
로켓 낙하산 신호		공중에 발사되면 낙하산이 퍼져 천천히 떨어지면서 불꽃을 낸다.	
신호 홍염		손잡이를 잡고 불을 붙이면 붉은색의 불꽃을 낸다.	
발연부 신호		물 위에 부유하면서 잘 보이는 오렌지 색깔의 연기를 3분 이상 발생시킨다.	

02 통신장비

(1) 해상통신
① 해상통신 : 육상 또는 항공기에서 이루어지는 통신을 제외한 해상에서 이루어지는 기호, 신호, 문언, 영상, 음향, 정보의 송·수신 또는 전송 행위를 말한다.

② 해상통신의 종류
- 시각통신 : 수기, 깃발, 발광 등
- 음향통신 : 기적, 사이렌 등
- 전파통신 : 무선 전신, 전화, 팩스, 텔렉스 등

③ 해상이동업무 식별부호(MMSI)
- 선박국, 해안국 및 집단 호출을 유일하게 식별하기 위해 사용되는 부호로 9개의 숫자로 구성되어 있다.
- MMSI는 주로 DSC, AIS, 비상위치표시용 무선표지설비(EPIRB)에서 선박 식별부호로 사용되며 국제 항해, 국내 항해 선박 모두에 적용된다.
- 우리나라 선박은 440 또는 441로 시작된다.

(2) 초단파대 무선 전화(VHF)의 운용
① 선박과 선박, 선박과 육상국 사이의 통신에 주로 초단파대 무선 전화(VHF)를 사용하고 있다.

② VHF의 송신 최대 출력은 25W이고 항만에 접안하여 경우에 따라서는 1W로 낮추기도 한다.

③ 채널 16번은 조난, 긴급 및 안전에 관한 통신에만 이용하거나 상대국의 호출용으로만 사용한다.

④ 채널 70번에 의한 DSC 청수 당직을 계속 유지할 수 있는 장치가 있어야 하며, 다른 채널로 일반 무선통신도 가능하다.

⑤ 조난 경보 버튼을 눌렀을 때 4분(4±0.5분) 간격으로 조난 신호가 자동으로 반복하여 발신된다.

(3) 비상위치지시용 무선표지설비(EPIRB)
① 선박이나 항공기가 조난 상태에 있고 수신시설도 이용할 수 없음을 표시하는 것으로, 선박이 침몰 시에 자동으로 부양될 수 있도록 윙브릿지(조타실 양현) 또는 톱브릿지(조타실 옥상)와 같은 개방된 장소에 설치한다.

② 수색과 구조 작업 시 생존자의 위치 결정을 쉽게 하도록 무선표지 신호를 발신하는 무선설비이다.

③ 조건
- 색상은 눈에 잘 띄는 오렌지색이나 노란색일 것
- 20미터 높이에서 투하 시 손상되지 않을 것
- 10미터의 수심에서 5분 이상 수밀될 것
- 48시간 이상 작동될 수 있을 것
- 수심 4미터 이내에서 수압에 의하여 자동 이탈 장치가 작동할 것

(4) 국제신호기

국제신호서에 규정된 신호기에는 영문자기, 숫자기, 대표기 및 회답기가 있다.

① 영문자기 일자신호의 의미

신호기	의미	
A	본선에서 잠수부가 활동 중이다. 천천히 통과하라.	
B	위험물을 하역 또는 운송 중이다.	
D	본선을 피하라, 본선은 조종이 곤란하다.	
F	조종 불능선	
G	도선사를 요청한다.	
H	본선은 도선사가 승선해 있다.	
L	귀선은 즉시 항행을 정지하라. 항구에서의 경우 : 이 선박은 격리되어 있다.	
O	사람이 물에 빠졌다.	

② 국제신호기를 숫자와 함께 사용할 경우의 의미

신호기	의미	
A	방위각 또는 방위	
D	날짜	
G	경도	
L	위도	
S	선박의 속도	
T	현지 시각	

01 ★★★ 체온을 유지할 수 있도록 열전도율이 낮은 방수 물질로 만들어진 포대기 또는 옷을 의미하는 구명설비는?

㉮ 구명조끼
㉯ 구명부기
㉰ 방수복
㉱ 보온복

해설

선박의 구명정, 구조정 또는 구명뗏목에 비치되는 의장품의 하나로 착용자의 몸에서 대류 및 증발에 의한 열 손실이 감소되는 구조로 체온을 유지할 수 있게 해 준다.

02 보온복(thermal protective aids)에 대한 설명으로 옳지 않은 것은?

㉮ 구명조끼 위에 착용하여 전신을 덮을 수 있어야 한다.
㉯ 낮은 열 전도성을 가진 방수물질로 만들어진 포대기 또는 옷이다.
㉰ 구명정이나 구조정에서는 혼자 착용이 불가능하므로 퇴선 시 착용한다.
㉱ 만약 수영을 하는 데 지장이 있다면, 착용자가 2분 이내에 수중에서 벗어 버릴 수 있어야 한다.

해설

보온복은 안면을 제외한 몸 전체를 씌울 수 있어야 하며, 아무 도움 없이 풀어서 쉽게 착용할 수 있어야 한다. 또한 섭씨 영하 30도 내지 섭씨 20도 범위에서 사용할 수 있어야 한다.

03 물이 스며들지 않아 수온이 낮은 물속에서 체온을 보호할 수 있는 것으로 2분 이내에 혼자서 착용 가능하여야 하는 것은?

㉮ 구명동의
㉯ 구명부환
㉰ 방수복
㉱ 방화복

04 ★★★ 다음 그림과 같이 표시되는 장치는?

㉮ 신호 홍염
㉯ 구명줄 발사기
㉰ 줄사다리
㉱ 자기 발연 신호

해설

선박이 조난을 당한 경우에 조난선과 구조선 또는 육상 간에 연결용 줄을 보내는데 사용되며 230m 이상의 줄을 보낼 수 있다.

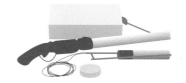

05 아래 그림과 같은 심벌이 표시된 곳에 보관된 구명설비는?

㉮ 구명조끼　　　　㉯ **방수복**
㉰ 구명부환　　　　㉱ 노출 보호복

해설 방수복(immersion suit)

물에서 체온이 떨어지는 것을 방지하기 위한 방호복으로, 충분한 보온성을 가지기 위하여 안면을 제외한 신체 전체를 덮을 수 있다.

***
06 자기 점화등과 같은 목적으로 구명부환과 함께 수면에 투하되면 자동으로 오렌지색 연기를 내는 것은?

㉮ 신호 홍염
㉯ **자기 발연 신호**
㉰ 신호 거울
㉱ 로켓 낙하산 화염 신호

해설

주간에 구명부환의 위치를 알려주는 조난신호장비로, 물에 들어가면 자동으로 오렌지색 연기를 낸다.

**
07 불을 붙여 물에 던지면 해면 위에서 연기를 내는 조난신호장비로서 방수 용기로 포장되어 잔잔한 해면에서 3분 이상 잘 보이는 색깔의 연기를 내는 것은?

㉮ 신호 홍염　　　　㉯ 신호 거울
㉰ 자기 점화등　　　　㉱ **발연부 신호**

해설

주간용 신호장비로서 점화하여 물 위에 투하하면 수면에 떠서 오렌지색의 연기를 3분 이상 연속하여 발생한다.

08 야간에 구명부환의 위치를 알려 주는 것으로 구명부환과 함께 수면에 투하되면 자동으로 점등되는 것은?

㉮ 신호 홍염
㉯ 발연부 신호
㉰ **자기 점화등**
㉱ 로켓 낙하산 화염 신호

해설

물 위에 투하하는 경우 즉시 자동으로 발광되고 풍랑 중에도 똑바로 자세를 유지해야 하며 2간델라 이상의 흰색 빛을 2시간 이상 연속하여 발할 수 있어야 한다.

09 다음 조난신호 중 수면상 가장 멀리서 볼 수 있는 것은?

㉮ 신호 홍염
㉯ 기류신호
㉰ 발연부 신호
㉱ **로켓 낙하산 화염 신호**

해설

야간용 신호장비로서 로켓 작용에 의하여 공중에 높이 상승하여 천천히 낙하하면서 붉은색의 불꽃을 40초 이상 발생한다.

★★★
10 퇴선 시 여러 사람이 붙들고 떠 있을 수 있는 부체는?

㉮ 페인터 ㉯ 구명부기
㉠ 구명줄 ㉰ 부양성 구조고리

해설

조난선이 조난신호를 발사하고 구조선이 현장에 도착할 때까지 장시간, 다수의 조난자를 부양하고 떠 있도록 하는 장비이다.

★★★
11 구명정에 비하여 항해 능력은 떨어지지만 손쉽게 강하시킬 수 있고 선박의 침몰 시 자동으로 이탈되어 조난자가 탈 수 있는 구명설비는?

㉮ 구조정 ㉯ 구명부기
㉠ 구명뗏목 ㉰ 고속구조정

해설 구명뗏목(life raft)

선박이 침몰하여 수면 아래 4미터 정도에 이르면 수압에 의하여 선박에서 자동 이탈되어 조난자가 탈 수 있도록 압축가스에 의해 펼쳐지는 구명설비이다.

12 수중의 생존자가 구조될 때까지 잡고 떠 있게 하는 것으로, 자기 점화등, 발연부 신호와 함께 바다에 던지는 것은?

㉮ 구조정 ㉯ 구명뗏목
㉠ 방수복 **㉰ 구명부환**

해설

구명부표라고도 하며 해상에서의 구난을 위해 사용되는 부력을 지닌 도구로, 일반적으로 원형으로 생겼다.

13 구명뗏목 본체와 적재대의 링에 고정되어 구명뗏목과 본선의 연결 상태를 유지하는 것은?

㉮ 연결줄(painter)
㉯ 자동줄(release cord)
㉠ 자동이탈장치(hydraulic release unit)
㉰ 위크링크(weak link)

해설

㉯ 자동줄 : 구명뗏목을 팽창시키는 역할을 하는 줄이다.
㉠ 자동이탈장치 : 본선 침몰 시에 수심 4m 이내의 수압에서 작동하여 구명뗏목을 본선으로부터 자동으로 이탈시키는 장치이다.
㉰ 위크링크 : 본선이 침몰할 때 구명뗏목 자체의 부력으로 인하여 일정 장력에 도달하면 끊어져 본선과 분리되도록 하는 장치이다.

14 끝부분이 이산화탄소 용기 커터장치에 연결되어 구명뗏목을 팽창시키는 역할을 하는 장치는?

㉮ 구명줄   ㉯ 자동줄

㉰ 자동이탈장치   ㉱ 스케이트

해설 자동줄

이산화탄소 용기의 커터 장치에서 빠지며 구명뗏목을 팽창시키는 역할을 하는 줄이다.

★★
15 해상에서 사용되는 신호 중 시각에 의한 통신이 아닌 것은?

㉮ 수기신호   ㉯ 기류신호

㉰ 기적신호   ㉱ 발광신호

해설

기적신호는 음향신호로 청각에 의한 통신이다.

★★★
16 팽창식 구명뗏목에 대한 설명으로 옳지 않은 것은?

㉮ 모든 해상에서 30일 동안 떠 있어도 견딜 수 있도록 제작되어야 한다.

㉯ 선박이 침몰할 때 자동으로 이탈되어 조난자가 탈 수 있다.

㉰ 구명정에 비해 항해 능력은 떨어지지만 손쉽게 강하할 수 있다.

㉱ 수압 이탈 장치의 작동 수심 기준은 수면 아래 10미터이다.

해설

수압 이탈 장치의 작동 수심 기준은 수면 아래 4미터 이내이다.

17 조난신호를 위한 구명뗏목의 의장품이 아닌 것은?

㉮ 신호용 호각   ㉯ 신호 홍염

㉰ 신호 거울   ㉱ 중파(MF) 무선설비

해설 구명뗏목 의장품

구명부륜, 나이프, 베일러, 스폰지, 씨앵커, 노, 수리 용구, 충기펌프, 구난식량, 음료수, 컵, 응급 의료구, 배멀미 방지약, 깡통따개, 호각, 낚시도구, 생존지도서, 수명신호 설명서, 낙하산붙이신호, 신호홍염, 수밀전기등, 일광신호거울

18 국제신호기를 이용하여 혼돈의 염려가 있는 방위신호를 할 때 최상부에 게양하는 기류는?

㉮ A기   ㉯ B기

㉰ C기   ㉱ D기

해설

국제신호기를 숫자기와 함께 사용할 경우 의미는 다음과 같다.
- A기 : 방위각 또는 방위
- D기 : 날짜
- G기 : 경도
- L기 : 위도
- S기 : 선박의 속도
- T기 : 현지 시각

19 선박에서 잠수부가 물속에서 프로펠러를 수리하고 있을 때 게양하는 기는?

㉮ A기 ㉯ B기
㉰ G기 ㉺ L기

해설

㉮ A기 : 본선에서 잠수부가 활동 중이다. 천천히 통과하라.
㉯ B기 : 위험물 운반 또는 하역 중이다.
㉰ G기 : 도선사를 요청한다.
㉺ L기 : 귀선은 즉시 항행을 정지하라. 항구에서의 경우 '이 선박은 격리되어 있다.'

20 국제 기류신호 'G'기는 무슨 의미인가?

㉮ 사람이 물에 빠졌다.
㉯ 나는 위험물을 하역 중 또는 운송 중이다.
㉰ 나는 도선사를 요청한다.
㉺ 나를 피하라, 나는 조종이 자유롭지 않다.

해설

㉮ O기 : 사람이 물에 빠졌다.
㉯ B기 : 위험물 운반 또는 하역 중
㉺ F기 : 조종 불능선
 ※ 조종성능을 제한하는 작업에 종사하고 있어 다른 선박의 진로를 피할 수 없는 조종 제한선의 경우에는 'D'기를 사용한다.

21 다음 중 선박이 조난을 당하였을 경우에 조난의 사실과 원조의 필요성을 알리는 조난신호로 옳지 않은 것은?

㉮ 국제 신호기 'B'기의 게양
㉯ 무중 신호 기구에 의해 계속되는 음향 신호
㉰ 1분간 1회의 발포 또는 기타 폭발에 의한 신호
㉺ 좌우로 벌린 팔을 천천히 올렸다 내렸다 하는 신호

해설

신호기 'B'는 '나는 위험물을 하역 중 또는 운송 중이다.'를 의미한다.

22 국제신호서상 등화 및 음향신호에 이용되는 것은?

㉮ 문자기 ㉯ 모스부호
㉰ 숫자기 ㉺ 무선전화

해설

국제신호서상 등화 및 음향신호에 이용되는 것은 모스부호이다.

23 국제신호서상 등화신호 및 음향신호의 규칙으로 옳지 않은 것은?

㉮ 단부의 길이를 1 기준단위로 한다.
㉯ 장부는 기준단위의 3배(3단위)로 한다.
㉰ 등화신호의 표준 속도는 1분간 70자로 한다.
㉺ 한 부호에서 장부 또는 단부의 간격은 1 기준단위로 한다.

해설

등화신호의 표준 속도는 1분간 40자이다.

24 다음 중 조난신호가 아닌 것은?

㉮ 약 1분간을 넘지 아니하는 간격의 총포 신호

㉯ 발연부 신호

㉰ 로켓 낙하산 화염 신호

㉱ 지피에스 신호

GPS는 지상에서 위치를 결정하기 위한 위성 항법 장치를 말하므로 조난신호와 관련이 없다.

25 다음 중 무선전화에 의한 PANPAN 3회와 관계있는 것은?

㉮ 경고통신   ㉯ **긴급통신**

㉰ 안전통신   ㉱ 조난통신

㉯ 긴급통신 : PANPAN 3회
㉰ 안전통신 : SECURITE 3회
㉱ 조난통신 : MAYDAY 3회

★★
26 수신된 조난신호의 내용 중에서 시각이 '05 : 30 UTC'라고 표시되었다면, 우리나라 시각은?

㉮ 한국 시각 05시 30분

㉯ **한국 시각 14시 30분**

㉰ 한국 시각 15시 30분

㉱ 한국 시각 17시 30분

한국은 UTC+9.0 시간대를 사용하고 있으므로 5시 30분에 9시간을 더한 14시 30분이다.

27 GMDSS의 항행 구역 구분에서 육상에 있는 초단파(VHF) 무선설비 해안국의 통신 범위 내의 해역은?

㉮ **A1 해역**   ㉯ A2 해역

㉰ A3 해역   ㉱ A4 해역

A1 해역은 초단파(VHF) 무선설비 해안국의 무선전화 통신이 가능한 범위(약 20~30마일)의 해역이다.

28 GMDSS 해역별 무선설비 탑재요건에서 A1 해역을 항해하는 선박이 탑재하지 않아도 되는 장비는?

㉮ **중파(MF) 무선설비**

㉯ 초단파(VHF) 무선설비

㉰ 수색구조용 레이더 트랜스폰더(SART)

㉱ 비상위치지시 무선표지(EPIRB)

구역	거리	조난신호 수신 가능 장비
A1	20~50NM	HF · MF · VHF DSC, SART, EPIRB
A2	50~250NM	HF · MF, SART, EPIRB
A3	76°N~76°S	MF DSC, SART, EPIRB
A4	전세계	SART, EPIRB

29 평수 구역을 항해하는 총톤수 2톤 이상의 소형선박에 반드시 설치해야 하는 무선통신 설비는?

㉮ **초단파(VHF) 무선설비**

㉯ 중단파(MF/HF) 무선설비

㉰ 위성통신설비

㉱ 수색구조용 레이더 트랜스폰더(SART)

선박안전법에 따라 평수 구역을 항행하는 선박은 초단파(VHF) 무선설비 1대를 설치하여야 한다.

30 우리나라 연해 구역을 항해하는 총톤수 10톤인 소형선박에 반드시 설치해야 하는 무선통신 설비는?

㉮ 초단파(VHF) 무선설비 및 EPIRB

㉯ 중단파(MF/HF) 무선설비 및 EPIRB

㉰ 초단파(VHF) 무선설비 및 SART

㉱ 중단파(MF/HF) 무선설비 및 SART

해설

선박안전법에 따라 연해 구역을 항해하는 총톤수 10톤인 소형선박은 DSC가 가능한 초단파(VHF) 무선설비와 위성 EPIRB를 반드시 설치하여야 한다.

★★
31 가까운 거리의 선박이나 연안국에 조난통신을 송신할 경우 가장 유용한 통신장비는?

㉮ 중파(MF) 무선설비

㉯ 단파(HF) 무선설비

㉰ 초단파(VHF) 무선설비

㉱ 위성통신설비

해설

DSC 수신과 무선전화 송수신 그리고 조난 경보 발신을 할 수 있는 통신장비로 사용 방법과 장비가 간단하며 연안에서 약 20~30마일까지 통신이 가능하여 많이 사용된다.

32 조난 시 퇴선하여 구조선이나 인근의 선박 또는 조난 선박의 구명정 또는 구명뗏목과의 통신을 위해 준비된 것으로 500톤 이하의 경우 2대를 갖추어야 하는 것은?

㉮ Beacon

㉯ EPIRB

㉰ SART

㉱ 2-way VHF 무선 전화

해설

'양방향 초단파 무선통신기'라고도 하며 퇴선 시 본선과 구명정 그리고 타선박 등과 교신할 수 있도록 하는 통신장비이다.

33 해상이동업무 식별번호(MMSI number)에 대한 설명으로 옳지 않은 것은?

㉮ 9자리 숫자로 구성된다.

㉯ 소형선박에는 부여되지 않는다.

㉰ 초단파(VHF) 무선설비에도 입력되어 있다.

㉱ 우리나라 선박은 440 또는 441로 시작된다.

해설 해상이동업무 식별번호(MMSI)

• 선박국, 해안국 및 집단 호출을 식별하기 위해 사용되는 부호로 9개의 숫자로 구성되어 있다.
• 국제 항해, 국내 항해 선박 모두에 적용된다.

34 선박의 비상위치지시 무선표지(EPIRB)에서 발사된 조난신호가 위성을 거쳐서 전달되는 곳은?

㉮ 해경 함정

㉯ 조난 선박 소유회사

㉰ 주변 선박

㉱ 수색구조조정본부

해설 구조조정본부(Rescue Coordination Center; RCC)

수색 및 구조 업무의 효율적인 조직화를 촉진하고 수색 및 구조 구역 내에서 수색 및 구조활동의 실시를 조정하는 책임을 지는 기관이다.

35 수신된 조난신호의 내용 중에서 해상이동업무 식별부호에서 앞의 3자리가 '441'이라고 표시된 조난 선박의 국적은?

㉮ 한국　　　　㉯ 일본

㉰ 중국　　　　㉱ 러시아

해설

우리나라 선박은 440 또는 441로 시작된다.

36 선박이 침몰할 경우 자동으로 조난신호를 발신할 수 있는 무선설비는?

㉮ 레이더(RADAR)

㉯ NAVTEX 수신기

㉰ 초단파(VHF) 무선설비

㉱ 비상위치지시 무선표지(EPIRB)

해설

EPIRB는 수동으로 작동하는 것 이외에도 긴급한 상황에 대비해 침몰 후 수심 1.5~4미터에 도달하면 자동으로 부양하여 작동하게 된다.

37 비상위치지시용 무선표지설비(EPIRB)에 대한 설명으로 옳지 않은 것은?

㉮ 선박이 침몰할 때 떠올라서 조난신호를 발신한다.

㉯ 위성으로 조난신호를 발신한다.

㉰ 자동 작동 또는 수동 작동 모두 가능하다.

㉱ 선교 안에 설치되어 있어야 한다.

해설

EPIRB는 침몰 시에 자동으로 떠오를 수 있도록 선교 밖에 설치한다.

★★★
38 초단파(VHF) 무선설비의 최대 출력은?

㉮ 10W　　㉯ 15W

㉰ 20W　　㉱ 25W

해설

VHF의 송신 최대 출력은 25W이고 항만에 접안하여 경우에 따라서는 1W로 낮추기도 한다.

39 비상위치지시 무선표지(EPIRB)의 수압 이탈 장치가 작동되는 수압은?

㉮ 수심 0.1~1미터 사이의 수압

㉯ 수심 1.5~4미터 사이의 수압

㉰ 수심 5~6.5미터 사이의 수압

㉱ 수심 10~15미터 사이의 수압

해설

EPIRB는 침몰 후 수심 1.5~4미터에 도달하면 자동으로 부양하여 작동하게 된다.

40 조난 경보 신호를 보내기 위한 VHF 무선전화의 채널 설정 방법으로 옳은 것은?

㉮ 무선전화의 채널은 반드시 09번에 맞추어야 한다.

㉯ 무선전화의 채널은 반드시 16번에 맞추어야 한다.

㉰ 무선전화의 채널은 반드시 70번에 맞추어야 한다.

㉱ 무선전화의 채널은 특별히 맞출 필요가 없다.

해설

조난 경보 신호는 어떤 채널에서건 DISTRESS 버튼을 3~4초간 누르면 조난 경보가 전송된다. 수신 중이 오면 채널 16번에서 조난 호출 및 통보를 전송하면 된다.

41 초단파(VHF) 무선설비로 타 선박을 호출할 때의 호출 절차에 대한 설명으로 옳은 것은?

㉮ 상대선 선명, 여기는 본선 선명 순으로 호출한다.

㉯ 상대선 선명, 여기는 상대선 선명 순으로 호출한다.

㉰ 본선 선명, 여기는 상대선 선명 순으로 호출한다.

㉱ 본선 선명, 여기는 본선 선명 순으로 호출한다.

★★
42 본선 선명은 '동해호'이다. 상대 선박 '서해호'를 호출하는 방법으로 옳은 것은?

㉮ 동해호, 여기는 서해호, 감도 있습니까?

㉯ 동해호, 여기는 서해호, VHF 있습니까?

㉰ 서해호, 여기는 동해호, 감도 있습니까?

㉱ 서해호, 여기는 동해호, VHF 있습니까?

해설

상대선 선명을 먼저 부른 후 본선 선명을 이야기하고 '감도 있습니까?'를 붙여 호출한다.

01 선체의 운동

(1) 선체의 6자유도 운동

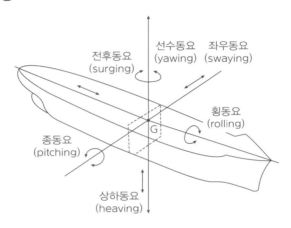

운동 방향	명칭	설명
진동운동	전후동요(surging)	선체의 진행 방향 전후로 진동운동
	좌우동요(swaying)	선체의 횡방향으로 진동운동
	상하동요(heaving)	선체의 상하 방향으로 진동운동
회전운동	횡동요(rolling)	선체의 종축을 중심으로 회전운동
	종동요(pitching)	선체의 횡축을 중심으로 회전운동
	선수동요(yawing)	선체의 수직축을 중심으로 회전운동

02 선박의 복원성

선박이 파도나 바람 등의 외력에 의하여 어느 한쪽으로 기울었을 때 원래의 위치로 되돌아오려는 성질을 복원성(stability), 그 힘을 복원력이라고 한다.

(1) 중심, 부심 및 경심

① 중심(G; center of gravity) : 선박 전체의 무게가 한 점에 작용하고 있다고 생각할 수 있는 점으로 그 물체의 기하학적 중심

② 부심(B; center of buoyance) : 부력이 한 점에서 작용한다고 생각되는 점으로 물속에 잠겨 있는 선체 용적의 기하학적 중심

③ 경심(M; metacenter) : 선박이 똑바로 떠 있을 때의 부력 작용선과 경사된 때의 부력 작용선이 만나는 점

(2) 배수량(displacement)

선박의 무게는 그 선박의 수면 아래 용적이 밀어낸 물의 무게와 같다.

배수량($\varDelta$) = 선박의 수면하 용적(V) × 물의 비중(ρ)

(3) 선박의 안정성과 $\overline{GM}$

안정상태	중립평형상태	불안정상태
$\overline{GM} > 0$	$\overline{GM} = 0$	$\overline{GM} < 0$
원래 위치로 돌아가려 함	기운 채 정지함	기운 쪽으로 더 경사함

(4) 이상적인 $\overline{GM}$의 값

① $\overline{GM}$ 값이 과대한 경우 : 선체의 횡요 증가로 선체 및 화물 손상

② $\overline{GM}$ 값이 너무 작은 경우 : 황천 항해 시 전복될 수 있음

③ 선종에 따른 적당한 $\overline{GM}$ 값 : 여객선은 선폭의 약 2%, 일반화물선은 약 5%, 유조선은 약 8%의 값

03 ▶ 키(타, rudder)

(1) **역할** : 배를 임의의 방향으로 회전시키고 일정한 침로를 유지시킨다.

① 추종성 : 조타에 대한 선체 회두의 추종 여부

② 침로 안정성(방향 안정성) : 정해진 침로를 따라 직진하는 성질

③ 선회성 : 일정한 타각에 대한 선회 반응 속도

(2) **조건** : 수류의 저항과 파도의 충격에 견디고, 조종이 쉽고 충분한 타효를 가져야 하며, 항주 중에 저항이 작아야 한다.

(3) 타각 제한 장치

이론적 최대 유효 타각은 45°이나 항력의 증가, 조타기의 마력의 증가로 실제 최대 유효 타각은 35°이며, 타각 제한 장치는 타를 35°에 정지시키는 역할을 한다.

(4) 항해 중 타판에 작용하는 압력

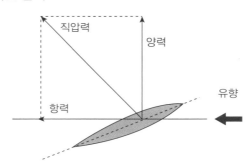

항력	• 타판에 작용하는 힘 중에서 선수미방향의 분력 • 힘의 방향은 진행 방향의 반대 방향으로 전진선속을 감속시키는 저항력으로 작용
직압력	• 타판에 직각 방향으로 작용하는 힘으로 수류에 의하여 타에 작용하는 전체 압력
양력	• 타판에 작용하는 힘 중에서 선체의 정횡방향의 분력 • 선미를 횡방향으로 미는 작용을 하여 선박의 진행 방향을 바꿈

(5) 키 및 추진기에 의한 선체 운동

① 정지에서의 전진

- 키중앙 : 초기에는 횡압력으로 선수 좌회두하나 전진속력 증가시 횡압력 영향으로 선수는 우회두한다.
- 우타각 : 배출류로 선미는 좌회두, 선수는 우회두가 강해진다.
- 좌타각 : 횡압력, 배출류로 선미 좌편향시켜 선수는 강하게 우회두한다.

② 정지에서 후진

- 키중앙 : 횡압력, 배출류의 측압작용으로 선미 좌편향하며 선수는 우회두한다.
- 우타각 : 횡압력, 배출류는 좌편향, 흡입류에 의한 직압력은 우편향시켜 평형상태이며, 후진 속력이 커지며 선수는 좌회두한다.
- 좌타각 : 횡압력, 배출류, 흡입류 모두 선미 좌편향, 선수는 강하게 우회두한다.

(6) 타력의 종류

① 발동타력 : 정지 중인 선박이 주 기관을 전진전속을 발동하여 출력에 해당하는 일정한 속력이 될 때까지의 타력

② 정지타력 : 일정한 속력으로 전진 중인 선박이 기관을 정지하여 선체가 정지할 때까지의 타력

③ 반전타력 : 전진전속 중에 기관을 후진전속으로 걸어서 선체가 정지할 때까지의 타력

④ 회두타력
- 변침회두타력 : 선박이 일정 속력으로 항주하다가 타각을 주면 회두를 시작하는데, 이와 같은 타각을 주어서 일정 각도를 회두하는 데 요하는 시간, 진출거리, 각 변위량 등으로 나타낼 때의 타력
- 정침회두타력 : 선박이 일정한 각도를 회두한 후 어떤 침로에 정침하기 위하여 타를 중앙으로 하였을 때, 선박이 회두를 멈추고 일정 침로의 직선상에 정침하게 될 때의 회두타력

(7) 선체의 저항

① 조와저항 : 선체로부터 떨어져나가 형성된 소용돌이로 인해 발생한 저항이다.

② 마찰저항 : 선체가 수중을 진행할 때 선체와 물이 접하고 있는 모든 면에 물의 부착력이 작용하여 선박의 진행을 방해하는 힘으로, 마찰저항은 저속선은 전체 저항의 70~80%, 고속선은 40~50%를 차지할 정도로 전체 저항 중에 가장 큰 비율을 차지한다.

③ 조파저항 : 마찰저항이 선체 표면에 접하는 방향의 저항이라면, 조파저항은 선체 표면에 수직 방향으로 작용하는 저항이다.

④ 공기저항 : 선박이 항해 중에 수면 상부의 선체 및 갑판 상부의 구조물이 공기의 흐름에 부딪쳐서 생기는 저항으로, 보통 때는 무시하나 황천 항해 시 커지므로 유의한다.

04 묘박법

(1) 단묘박

선박에 장착되어 있는 양현 앵커 중에서 어느 하나를 선택하여 놓는 묘박법을 말한다. 묘박 후에 선박의 회전 반경이 넓으므로 비교적 넓은 수역에서 행해진다. 투묘 조작과 취급이 간단하고 응급조치를 취하기 쉬운 장점이 있다.

(2) 쌍묘박

좁은 수역에서 선체의 회전반경을 줄일 수 있는 장점이 있는 반면에 투묘 조작이 복잡하고 장기간 묘박 시에 엉킴 현상(foul cable)이 생기기 쉽고 황천 등에 대한 응급조치를 취하는데 어려움이 있다.

(3) 이묘박

선박에 장착되어 있는 양현의 두 앵커의 사이각이 120° 이내가 되도록 한 묘박법을 말한다. 황천이나 조류가 강한 지역에서는 강한 파주력을 얻는데 이용한다. 이묘박에는 두 앵커의 각을 50~60°로 하여 선체 스윙도 줄이고 상하운동의 완충효과를 크게 하는 방법과 한쪽 앵커를 1~2섀클로 짧게 내어 선체 스윙을 굴레(bridle)시켜 주는 방법이 있다.

> **♦ 쌍묘박과 이묘박의 구분**
>
> 2개의 닻을 사용한다는 점에서 쌍묘박과 이묘박은 같지만, 쌍묘박의 경우 2개의 닻줄이 이루는 각도가 최소 120° 이상을 이루는 둔각을 사용하는 것에 비해 이묘박은 2개의 닻줄이 이루는 각도가 120°보다 작다.
>
>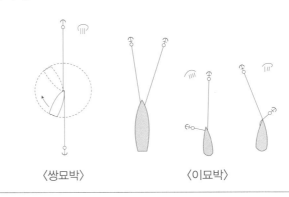
>
> 〈쌍묘박〉　　　　　　〈이묘박〉

(4) 투묘법

① 전진투묘법

- 좁은 수역에서 강한 바람이나 조류를 옆에서 받고 투묘할 때 많이 사용하는 방법이다.
- 보침과 선체 자세의 조종이 쉬워 예정지에 정확히 투하할 수 있고, 외력을 받으며 투하 시 많이 이용한다.
- 단점은 앵커체인과 선체의 마찰에 의한 손상과 전진타력이 강할 시 절단될 우려가 있다.

② 후진투묘법

- 예정 정박지를 향하여 저속의 전진타력으로 접근하다가 예정 지점을 지날 즈음에 후진을 걸어 후진타력이 생기면 앵커를 투하하는 방법이다.
- 선체에 무리가 없고 안전하게 투하할 수 있고, 일반 선박에서 가장 많이 사용하는 방법이다.
- 단점은 선체 조종과 보침이 어렵고 외력의 영향으로 정확한 위치에 투묘가 어렵다.

③ 심해투묘법

수심 25미터 이상에서 선박을 정지시킨 후 양묘기를 역전시켜 수심 정도까지 체인을 물속으로 내려서 앵커를 투하하는 방법이다.

01 선박이 정해진 침로를 따라 직진하는 성질은?

㉮ 정지성 ㉯ 선회성

㉰ 추종성 **㉷ 침로 안정성**

해설 침로 안전성

선박이 정해진 진로상을 직진하는 침로를 유지하는 성질로, 보침성이라고도 한다.

02 선박의 조종성을 나타내는 요소 중 어선에서 일반화물선보다 중요시하는 성능은?

㉮ 정지성 **㉯ 선회성**

㉰ 추종성 ㉷ 침로 안정성

해설 선회성

일정 타각을 주었을 때 선박이 얼마의 각속도로 선회하는가를 나타낸다.

03 ★★ 선체운동을 나타낸 그림에서 ⑤는?

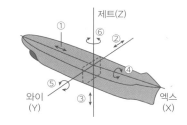

㉮ 종동요 ㉯ 횡동요

㉰ 선수동요 ㉷ 좌우동요

04 선체운동 중에서 선수 및 선미가 상하로 교대로 회전하는 종경사운동은?

㉮ 종동요(pitching)

㉯ 횡동요(rolling)

㉰ 선수동요(yawing)

㉷ 선체좌우이동(swaying)

05 선체의 이동운동 중 선수미 방향의 왕복운동은?

㉮ 부상(float) **㉯ 서지(surge)**

㉰ 횡표류(drift) ㉷ 스웨이(sway)

해설 선체의 운동

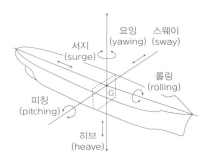

06 ★★★ 선체횡동요(rolling)운동으로 발생하는 위험이 아닌 것은?

㉮ 선체 전복이 발생할 수 있다.

㉯ 화물의 이동을 가져올 수 있다.

㉰ 슬래밍(slamming)의 원인이 된다.

㉷ 유동수가 있는 경우 복원력 감소를 가져온다.

해설

슬래밍은 선수부 선저의 비교적 평탄한 선체 부분이 수면 밖으로 노출되었다가 수면에 재돌입하는 피칭(pitching) 과정에서 발생한다.

07 전속으로 항행 중인 선박에서 타를 사용하여 전타하였을 때 나타나는 현상이 아닌 것은?

㉮ 횡경사 ㉯ 선체 회두
㉰ 선미 킥 현상 ㉱ 선속의 증가

해설

타를 사용하는 경우 항력이 발생하여 선속은 감소하게 된다.

08 전속전진 중에 최대 타각으로 전타하였을 때 발생하는 현상이 아닌 것은?

㉮ 키 저항력의 감소
㉯ 추진기 효율의 감소
㉰ 선회 원심력의 증가
㉱ 선체경사로 인한 선체저항의 증가

해설

타각이 커질수록 저항력은 커지게 된다.

09 타판에 작용하는 힘 중에서 작용하는 방향이 선수미선 방향인 분력은?

㉮ 항력 ㉯ 양력
㉰ 마찰력 ㉱ 직압력

해설 항력

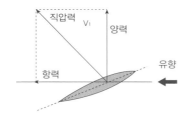

힘의 방향은 진행 방향의 반대 방향으로 전진선속을 감속시키는 저항력으로 작용한다.

10 선박이 항진 중에 타각을 주었을 때, 타판의 표면에 작용하는 물의 점성에 의해 발생하는 힘은?

㉮ 양력 ㉯ 항력
㉰ 마찰력 ㉱ 직압력

해설

타판을 둘러싸고 있는 물의 점성에 의하여 타판 표면에 작용하는 힘을 말한다. 다른 힘에 비하여 극히 작은 값을 가지므로 일반적으로 생략한다.

11 선체의 뚱뚱한 정도를 나타내는 것은?

㉮ 등록장 ㉯ 의장수
㉰ 방형계수 ㉱ 배수톤수

해설

방형계수가 1인 경우 정사각형이고 작을수록 날렵한 형상이 되고 선회경이 커진다.

12 ( )에 순서대로 적합한 것은?

> ( )는 선체의 뚱뚱한 정도를 나타내는 계수로서, 이 값이 큰 비대형의 선박은 이 값이 작은 홀쭉한 선박보다 선회권이 ( )

㉮ 방형계수, 작아진다.
㉯ 방형계수, 커진다.
㉰ 파주계수, 작아진다.
㉱ 파주계수, 커진다.

해설

선폭에 비하여 그 길이가 짧은 뚱뚱한 선형일수록 방형계수가 크고 선회권은 작아진다.

13 **전타를 시작한 최초의 위치에서 최종 선회지름의 중심까지의 거리를 원침로상에서 잰 거리는?**

㉮ 킥　　㉯ **리치**
㉴ 선회경　　㉵ 신침로 거리

해설

조타에 대한 추종성을 나타낸다. 타효가 좋은 선박일수록 리치가 짧고, 일반적으로 선체 길이의 1~2배 정도이다.

14 **선박의 선회권에서 선체가 원침로로부터 180도 회두된 곳까지 원침로에서 직각 방향으로 잰 거리는?**

㉮ 킥　　㉯ 리치
㉴ **선회경**　　㉵ 선회횡거

해설 선회경

선박의 기동성을 나타내며, 선박이 전속 전진 상태에서 선체 길이의 약 3~4배 정도이며, 선회종거의 1.25배 정도이다.

15 **선체회두가 90도 된 곳까지 원침로에서 직각 방향으로 잰 거리는?**

㉮ 킥　　㉯ 리치
㉴ 선회종거　　㉵ **선회횡거**

해설

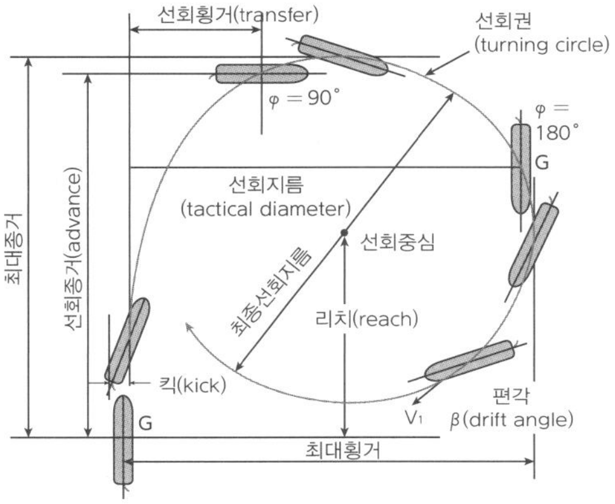

16 **(　　)에 적합한 것은?**

> 선체는 선회 초기에 원침로로부터 타각을 준 반대쪽으로 약간 벗어나는데, 이러한 원침로상에서 횡방향으로 벗어난 거리를 (　　)(이)라고 한다.

㉮ 횡거　　㉯ 종거
㉴ **킥(kick)**　　㉵ 신침로 거리

해설 킥(kick)

- 선체는 선회 초기에 원침로로부터 타각을 준 바깥쪽으로 약간 밀리는데, 이때 원침로상에서 횡방향으로 이동한 거리를 말한다.
- 선박 길이의 약 1/7~1/4 정도로 커서, 익수자 인명구조 또는 장애물 회피 시 이용한다.

★★
17 **선박이 선회 중 나타나는 일반적인 현상으로 옳지 않은 것은?**

㉮ 선속이 감소한다.
㉯ 횡경사가 발생한다.
㉴ **선회 가속도가 감소한다.**
㉵ 선미 킥이 발생한다.

해설

선회 가속도는 증가한다.

18 **(　　)에 순서대로 적합한 것은?**

> 일반적으로 직진 중인 배수량을 가진 선박에서 전타를 하면 선체는 선회 초기에 선회하려는 방향의 (　　)으로 경사하고 후기에는 (　　)으로 경사한다.

㉮ 안쪽, 안쪽　　㉯ **안쪽, 바깥쪽**
㉴ 바깥쪽, 안쪽　　㉵ 바깥쪽, 바깥쪽

해설

타를 사용하면 짧은 순간 사용하는 쪽으로 내방 경사가 발생하고 이후에는 외방 경사가 발생하여 정상 선회가 이루어지면 일정 외방 경사가 유지된다.

19 ★★★ 선박 조종에 영향을 주는 요소가 아닌 것은?

㉮ 바람

㉯ 파도

㉠ 조류

㉚ 기온

해설

선박의 조종에 기온은 영향을 주는 주된 요소가 아니다.

20 ★★ 파도가 심한 해역에서 선속을 저하시키는 요인이 아닌 것은?

㉮ 바람

㉯ 풍랑(wave)

㉠ 기압

㉚ 너울(swell)

해설

기압은 선속을 저하시키는 요인과 관계가 없다.

21 ★★ (　　　)에 순서대로 적합한 것은?

> 우선회 고정피치 스크루 프로펠러 1개가 장착된 선박이 정지상태에서 전진할 때, 타가 중앙이면 추진기가 회전을 시작하는 초기에는 횡압력이 커서 선수가 (　　　)하고, 전진 속력이 증가하면 배출류가 강해져서 선수가 (　　　)하려는 경향이 있다.

㉮ 우회두, 우회두　　㉯ 우회두, 좌회두

㉠ 좌회두, 좌회두　　㉚ **좌회두, 우회두**

해설

정지상태에서 선박이 타를 중앙에 두고 전진을 할 경우 선체는 횡압력에 의하여 선수는 좌회두를 할 것이나 이내 그 효과는 반류의 영향으로 인해 곧바로 우회두를 시작할 것이다.

22 우선회 가변피치 스크루 프로펠러 1개가 장착된 선박이 타가 중앙이고 정지상태에서 기관을 후진상태로 작동시키면 일어나는 현상은?

㉮ 배출류가 선미를 좌현으로 밀기 때문에 선수는 우현으로 회두한다.

㉯ 배출류가 선미를 좌현으로 밀기 때문에 선수는 좌현으로 회두한다.

㉠ **배출류가 선미를 우현으로 밀기 때문에 선수는 좌현으로 회두한다.**

㉚ 배출류가 선미를 우현으로 밀기 때문에 선수는 우현으로 회두한다.

해설 배출류의 측압작용

가변피치 스크루 프로펠러 1개가 장착된 선박이 타가 중앙이고 정지상태에서 기관을 후진으로 작동시키면 배출류는 선미를 우현으로 밀어 선미가 우편향되고 선수는 좌현으로 회두하게 된다. 이에 반해 고정피치 프로펠러가 장착된 경우 정지상태에서 후진을 하면 선미는 좌편향하고 선수는 우회두하게 된다.

23 ★★ 선박 후진 시 선수회두에 가장 큰 영향을 끼치는 수류는?

㉮ 반류

㉯ 흡입류

㉠ **배출류**

㉚ 추적류

24 선회권의 크기에 대한 내용으로 옳지 않은 것은?

㉮ 프로펠러가 수면상에 드러난 공선상태에 비해 만재상태일 때가 크다.

㉯ 선미트림상태에 비해 선수트림상태일 때가 크다.

㉺ 작은 타각 사용에 비해 큰 타각 사용 시 크다.

㉵ 깊은 수심보다 얕은 수심에서 크다.

🚢 해설

천수구역에서는 타효가 나빠지게 되어 선회권이 커지게 된다.

25 우선회 고정피치 단추진기 선박의 흡입류와 배출류에 대한 설명으로 옳지 않은 것은?

㉮ 측압작용의 영향은 스크루 프로펠러가 수면 위에 노출되어 있을 때 뚜렷하게 나타난다.

㉯ 기관 전진 중 스크루 프로펠러가 수중에서 회전하면 앞쪽에서는 스크루 프로펠러에 빨려드는 흡입류가 있다.

㉺ 기관을 전진상태로 작동하면 키의 하부에 작용하는 수류는 수면 부근에 위치한 상부에 작용하는 수류보다 강하여 선미를 좌현 쪽으로 밀게 된다.

㉵ 기관을 후진상태로 작동시키면 선체의 우현 쪽으로 흘러가는 배출류는 우현 선미 측벽에 부딪치면서 측압을 형성한다.

🚢 해설

측압작용은 프로펠러가 충분히 물에 잠겨 있을 때 더 크게 나타난다.

26 (　　)에 순서대로 적합한 것은?

타각을 크게 하면 할수록 타에 작용하는 압력이 커져서 선회우력은 (　　) 선회권은 (　　)

㉮ 커지고, 커진다.

㉯ 작아지고, 커진다.

㉺ 커지고, 작아진다.

㉵ 작아지고, 작아진다.

🚢 해설

선회우력은 양력과 비례하므로 타각이 커질수록 선회우력은 커지게 되고 선회권은 작아진다.

27 스크루 프로펠러가 회전할 때 물속에 깊이 잠긴 날개에 걸리는 반작용력이 수면 부근의 날개에 걸리는 반작용력보다 크게 되어 그 힘의 크기 차이로 발생하는 것은?

㉮ 측압작용　　　**㉯ 횡압력**

㉺ 종압력　　　㉵ 역압력

🚢 해설

프로펠러의 상부보다 하부가 수압이 더 크기 때문에 큰 압력이 걸리게 된다. 횡압력은 추진 초기에는 영향이 있으나 어느 정도 이후에는 그 영향이 작다.

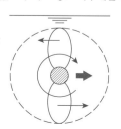

28 스크루 프로펠러로 추진되는 선박을 조종할 때 천수의 영향에 대한 대책으로 옳지 않은 것은?

㉮ 천수역을 고속으로 통과한다.

㉯ 가능하면 흘수를 얕게 조정한다.

㉠ 천수역 통항에 필요한 여유수심을 확보한다.

㉰ 가능한 한 고조 상태일 때 천수역을 통과한다.

해설

수심이 얕은 곳을 항해 시에는 저속으로 항행하여야 한다. 또한, 가능한 수심이 깊어지는 고조시를 선택하여 여유수심을 확보하고 등흘수로 항행하는 것이 좋다.

29 천수효과(shallow water effect)에 대한 설명으로 옳지 않은 것은?

㉮ 선회성이 좋아진다.

㉯ 트림의 변화가 생긴다.

㉠ 선박의 속력이 감소한다.

㉰ 선체 침하 현상이 생긴다.

해설

수심이 얕은 곳에서 항행 중에는 선저부와 해저 사이 공간이 좁아서 그 사이의 유속이 빨라지고 압력이 낮아져 선체가 침하한다. 또한, 수면하 선체의 면적이 넓어져 선체 저항이 증가하고 속력이 감소한다.

30 수역은 충분하지만 수심이 얕은 해역에서 항주 시에 나타나는 현상이 아닌 것은?

㉮ 선체 침하   ㉯ 보침성 향상

㉠ 속력 감소   ㉰ 선회성 저하

해설

보침성은 선박이 정해진 항로를 따라서 직진하는 성질로 천수구역에서는 보침성이 향상되지는 않는다.

31 닻의 역할이 아닌 것은?

㉮ 침로 유지에 사용된다.

㉯ 좁은 수역에서 선회하는 경우에 이용된다.

㉠ 선박을 임의의 수면에 정지 또는 정박시킨다.

㉰ 선박의 속력을 급히 감소시키는 경우에 사용된다.

해설

닻은 항행 중에는 사용하지 않으며 침로를 유지하기 위해 사용되는 것은 조타설비이다.

32 접·이안 시 닻을 사용하는 목적이 아닌 것은?

㉮ 전진속력의 제어

㉯ 후진 시 선수의 회두 방지

㉠ 선회 보조 수단

㉰ 추진기관의 보조

해설

닻은 추진력을 감소시키는 역할을 하므로 추진기관을 보조하는 역할을 한다는 설명은 옳지 않다.

33 다음 중 닻이 끌릴 가능성이 가장 작은 경우는?

㉮ 파주력이 클 때

㉯ 저질이 부적합할 때

㉠ 파주상태가 불량할 때

㉰ 묘쇄의 신출량이 적을 때

해설

닻은 해저바닥을 파고 들어가 바닥으로부터 떨어지지 않으려는 힘이 발생하는데 이것을 파주력이라 한다. 파주력이 클수록 닻이 끌릴 가능성은 낮아진다. 파주력을 강하게 하기 위해서는 묘쇄의 신출량을 길게 한다.

34 다음 중 정박지로서 가장 좋은 저질은?

㉮ 뻘 ㉯ 자갈

㉰ 모래 ㉱ 조개껍질

해설

선박의 정박지로 가장 좋은 저질은 뻘 또는 점토이다.

★★
35 근접하여 운항하는 두 선박의 상호 간섭 작용에 대한 설명으로 옳지 않은 것은?

㉮ 선속을 감속하면 영향이 줄어든다.

㉯ 두 선박 사이의 거리가 멀어지면 영향이 줄어든다.

㉰ 소형선은 선체가 작아 영향을 거의 받지 않는다.

㉱ 마주칠 때보다 추월할 때 상호 간섭작용이 오래 지속되어 위험하다.

해설

• 대형선박 상호 간섭작용의 힘이 크긴 하지만 소형선박이 선체가 작다고 해서 두 선박의 상호간섭이 없는 것은 아니므로 주의해야 한다.
• 두 선박이 서로 평행하게 항해할 때 상호간섭 작용 시간이 길기 때문에 추월할 때보다 영향이 크다.

★★★
36 좁은 수로를 항해할 때 유의사항으로 옳지 않은 것은?

㉮ 순조 때에는 타효가 나빠진다.

㉯ 변침할 때는 소각도로 여러 차례 변침하는 것이 좋다.

㉰ 선수미선과 조류의 유선이 직각을 이루도록 조종하는 것이 좋다.

㉱ 언제든지 닻을 사용할 수 있도록 준비된 상태에서 항행하는 것이 좋다.

해설 협수로 항해 시 유의사항

• 소각도로 나누어 여러 차례 변침하는 것이 좋다.
• 선수미선과 조류의 유선이 일치되도록 조종한다.
• 조류는 역조 때에는 정침이 잘되나 순조 때에는 정침이 어렵다.
• 언제든지 닻을 사용할 수 있도록 준비해준다.

37 ( )에 순서대로 적합한 것은?

> 선박이 수심이 깊은 해역에서 항주 시에는 선수와 선미 부근의 수중압력이 ( ), 선체 중앙 부근의 수중압력이 ( ) 수압분포가 이루어진다.

㉮ 낮아지고, 낮아지는

㉯ 낮아지고, 높아지는

㉰ 높아지고, 낮아지는

㉱ 높아지고, 높아지는

해설

선수부에서는 물을 밀어 나감으로 융기하고 이것은 현측으로 돌아 흐르며 수압이 낮아지기 때문에 수면은 낮아진다.

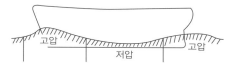

고압 저압 고압

38 접·이안 조종에 대한 설명으로 옳은 것은?

㉮ 닻은 사용하지 않으므로 단단히 고박한다.

㉯ 이안 시는 일반적으로 선미를 먼저 뗀다.

㉰ 부두 접근 속력은 고속의 전진 타력이 필요하다.

㉱ 하역작업을 위하여 최소한의 인원만을 입·출항 부서에 배치한다.

해설

이안 시에는 제어가 어려운 선수부를 먼저 떼어낸 후 선미를 뗀다.

39 선박에서 최대 한도까지 화물을 적재한 상태는?

㉮ 공선상태

㉯ 만재상태

㉰ 경하상태

㉱ 선미트림상태

해설

㉮ 공선상태 : 적재한 화물이 없는 상태

㉰ 경하상태 : 선박 자체의 무게만을 나타내는 상태

㉱ 선미트림상태 : 선미 흘수가 선수 흘수보다 큰 상태

★★
40 선박의 조종에 관한 설명으로 옳지 않은 것은?

㉮ 키의 역할은 선박의 양호한 조종성을 확보하는 것이다.

㉯ 침로 안정성은 선박이 정해진 침로를 따라 직진하는 성질을 말한다.

㉰ 복원성은 조타에 대한 선체 회두의 추종이 빠른지 또는 늦은지를 나타내는 것이다.

㉱ 선회성은 일정한 타각을 주었을 때 선박이 어떤 각속도로 움직이는지를 나타낸 것이다.

해설 **복원성**

선박이 물 위에 떠 있는 상태에서 외부로부터 힘을 받아서 경사하려고 할 때의 저항이나 또는 경사한 상태에서 그 외력을 제거하였을 때 원래의 상태로 돌아오려는 성질을 나타낸 것이다.

41 선박의 복원력에 관한 내용으로 옳지 않은 것은?

㉮ 복원력의 크기는 배수량의 크기에 비례한다.

㉯ 황천 항해 시 갑판에 올라온 해수가 즉시 배수되지 않으면 복원력이 감소될 수 있다.

㉰ 항해의 경과로 연료유와 청수 등의 소비, 유동수의 발생으로 인해 복원력이 감소될 수 있다.

㉱ 겨울철 항해 중 갑판상에 있는 구조물에 얼음이 얼면 배수량의 증가로 인하여 복원력이 좋아진다.

해설

갑판에 고인 물이나 결빙은 무게중심을 올려 복원력이 감소하는 효과를 가져온다.

42 화물선에서 복원성을 증가시키기 위한 방법이 아닌 것은?

㉮ 선체의 길이 방향으로 갑판 화물을 배치한다.

㉯ 선저부의 탱크에 평형수를 적재한다.

㉰ 가능하면 높은 곳의 중량물을 아래쪽으로 옮긴다.

㉱ 연료유나 청수를 무게중심 아래에 위치한 탱크에 공급받는다.

해설

선박의 복원성을 증가시키기 위해서는 무게중심을 낮춰야 한다.

• 상부 화물창이나 상갑판에 중량물이 집중하는 경우 선저에 밸러스트를 실어 배의 중심을 낮춘다.

• 상부 화물창의 중량물을 하부 화물창으로 옮긴다.

• 위급 시에는 갑판상에 적재된 화물을 버린다.

43 지엠(GM)이 작은 선박이 선회 중 나타나는 현상과 그 조치사항으로 옳지 않은 것은?

㉮ 선속이 빠를수록 경사가 커진다.

㉯ 타각을 크게 할수록 경사가 커진다.

㉰ 내방경사보다 외방경사가 크게 나타난다.

㉱ 경사가 커지면 즉시 타를 반대로 돌린다.

해설

복원성이 작은 선박이 경사할 때 선박을 바로 세우기 위하여 타를 경사 반대현으로 돌리거나 타 중앙으로 하면 더욱 경사가 심해지게 된다. 이때는 즉시 선속을 줄이고 타를 소각도로 서서히 줄여야 한다.

01 황천 항해

(1) 태풍(열대성 저기압)

① **발생 및 진로** : 필리핀 부근 남·북위 5° 이상에서 바닷물의 온도가 26℃ 이상의 열대바다에서 발생한다.

② **명칭** : 열대저기압은 강도에 따라 열대폭풍 혹은 태풍이라 불리게 되며 바람의 강도가 초속 17m/s 이상이면 태풍으로 분류된다. 북태평양, 남서해양은 태풍, 인도양은 사이클론, 호주 부근은 윌리윌리, 북대서양의 카리브해 멕시코만은 허리케인이라 한다.

③ **위험 반원과 가항 반원** : 태풍이 이동하고 있을 때는 진행 방향 오른쪽 바람은 강해지고, 왼쪽 바람은 약해진다. 태풍의 오른쪽 반원을 위험 반원, 왼쪽 반원을 가항 반원이라 한다.

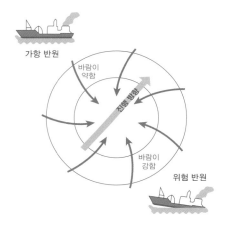

<북반구의 위험 반원과 가항 반원>

(2) 항해 중 황천 항해 준비사항

① 선체의 개구부를 밀폐하고 이동물을 고박한다.

② 배수구와 방수구를 청소하고 정상적인 기능을 가지도록 정비한다.

③ 탱크 내의 기름이나 물은 가득 채우거나 비워서 유동수에 의한 복원 감소를 막는다.

④ 중량물은 최대한 낮은 위치로 이동 적재한다.

⑤ 빌지펌프 등 배수설비를 점검하고 기능을 확인한다.

(3) 태풍 피항법

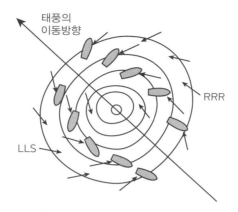

① RRR 법칙 : 풍향이 우전하면 본선은 우반원에 있고, 바람을 우현선수 2~3포인트에서 받으며 피항한다.(heave to 조선법)
② LLS 법칙 : 풍향이 좌전하면 본선은 좌반원에 있고, 바람을 우현선미로 받으며 피항한다. (scudding 조선법)
③ 풍향이 변하지 않을 때 : 본선은 진로상에 있으므로 풍랑을 우현선미로 받고 조반원으로 피항한다.
④ 중심에 들어갔을 때 : 자력 탈출이 불가하므로 중심이 통과할 때까지 기다리며 갑자기 강한 풍랑과 바람이 올 수 있으므로 특히 주의한다.

02 ▶ 해양 사고 비상 대응

(1) 충돌하였을 때의 조치
① 다른 선박의 현측에 자선의 선수가 충돌했을 때는 기관을 후진시키지 말고, 주기관을 정지시킨 후 두 선박을 밀착시킨 상태로 밀리도록 한다.
② 자선과 타선의 절박한 위험이 있을 때는 음향신호 등으로 구조를 요청한다.
③ 충돌 시의 선수 방위, 선위, 시각, 충돌 각도 등을 기록해 둔다.
④ 선명, 선적항, 선박 소유자, 출항지, 도착지 등을 서로 알린다.
⑤ 자선과 타선의 인명 구조에 임한다.
⑥ 선체의 손상과 침수 정도를 파악한다.
⑦ 두 선박이 침몰할 가능성이 없다고 판단되면, 두 선박의 손상이 확대되지 않도록 루프로 두 선박의 자세를 고정시킨 후 방수와 배수 작업을 실시한다.

(2) 좌초 시의 조치

① 즉시 기관을 정지한다.

② 손상 부위와 정도를 파악한다.

③ 선저부의 손상 정도는 확인하기 어려우므로, 빌지탱크를 측심하여 추정한다.

④ 후진 기관의 사용은 손상 부위가 확대될 수 있으므로 신중을 기해야 한다.

⑤ 본선의 기간을 사용하여 이초가 가능한지를 파악한다.

⑥ 자력 이초가 불가능하면 가까운 육지에 협조를 요청한다.

⑦ 좌초 시 선체를 고정시키는 방법(securing) : 선박이 일단 좌초되어 자력 이초가 곤란하다고 판단될 때, 조류나 풍랑에 의하여 더 이상 선체가 동요되지 않도록 그 자리에 선체를 고정시키는 것을 선체 고박(securing)이라 한다.

⑧ 임의 좌주(beaching) : 선박의 충돌사고 등으로 인해 침몰 직전에 이르렀을 때 고의로 해안에 좌초시키는 것

(3) 화재 발생 시의 조치

① 화재 구역의 통풍과 전기를 차단한다.

② 어떤 물질이 타고 있는지를 알아내고 적절한 소화 방법을 강구한다.

③ 소화 작업자의 안전에 유의하여 위험한 가스가 있는지 확인하고 호흡구를 준비한다.

④ 모든 소화 기구를 집결하여 적절히 진화한다.

⑤ 작업자를 구출할 준비를 하고 대기한다.

⑥ 불이 확산되지 않도록 인접한 격벽에 물을 뿌리거나 가연성 물질을 제거한다.

01 선박의 안정성에 대한 설명으로 옳지 않은 것은?

㉮ 배의 중심은 적하상태에 따라 이동한다.

㉯ 유동수로 인하여 복원력이 감소할 수 있다.

㉰ 배의 무게중심이 낮은 배를 보통 헤비(bottom heavy) 상태라 한다.

㉱ 배의 무게중심이 높은 경우에는 파도를 옆에서 받고 조선하도록 한다.

해설

파도를 횡으로 받는 경우 선체가 갑자기 대각도로 경사하는 러칭(lurching) 현상이 발생하여 화물과 선체의 손상을 일으킬 수 있다.

02 황천 항해 중 선수 2~3점(point)에서 파랑을 받으면서 조타가 가능한 최소의 속력으로 전진하는 방법은?

㉮ 표주(lie to)법

㉯ 순주(scudding)법

㉰ **거주(heave to)법**

㉱ 진파기름(storm oil)의 살포

해설 거주(heave to) 조선법

조타 가능한 최소속력으로 줄이고 풍랑을 선수 좌우현으로 받으며 황천을 돌파하는 방법이다.

03 북반구에서 태풍이 접근할 때 풍향이 오른쪽으로 변화를 하는 경우 피항하는 안전한 방법은?

㉮ **풍랑을 우현 선수에서 받도록 한다.**

㉯ 풍랑을 좌현 선수에서 받도록 한다.

㉰ 풍랑을 우현 선미에서 받도록 한다.

㉱ 풍랑을 좌현 선미에서 받도록 한다.

해설 R.R.R 법칙

북반구에서 풍향이 우전하면 선박은 태풍의 우측 반원에 위치한다. 이때는 바람을 우현선수로 받으면서(heave to 조선) 조선하여 태풍 중심에서 멀어진다.

04 황천 항해 방법 중 풍랑을 선미 쿼터(quarter)에서 받으며, 파에 쫓기는 자세로 항주하는 방법은?

㉮ 히브 투(heave to)

㉯ **스커딩(scudding)**

㉰ 라이 투(lie to)

㉱ 러칭(lurching)

해설 스커딩(scudding)

풍랑을 선미쿼터에서 받으며 파도에 쫓기는 자세로 항해하는 방법으로, 선체가 받는 충격이 적고, 상당한 속력을 유지할 수 있어 적극적인 이탈이 가능한 장점이 있다.

05 황천 중 선박이 선수파를 받고 고속 항주할 때 선수선저부에 강한 선수파의 충격으로 급격한 선체진동을 유발하는 현상은?

㉮ slamming(슬래밍)

㉯ scudding(스커딩)

㉰ broaching to(브로칭 투)

㉱ pooping down(푸핑 다운)

> **해설** 슬래밍(slamming)
>
> 파를 선수에서 받으며 항주하면 선수 선저부는 강한 파의 충격을 받아 선체는 짧은 주기로 급격히 진동하는데 이런 파의 충격을 슬래밍이라 한다. 과도한 선체 스트레스와 선수선저부의 손상을 유발한다.

06 파랑 중에서 항해할 때 선체의 대각도 횡경사(lurching)를 발생시키는 경우가 아닌 것은?

㉮ 적화물 또는 유동수의 이동이 있을 경우

㉯ 횡요운동 때 횡방향으로 돌풍을 받을 경우

㉰ 파랑 중에 대각도 변침을 할 경우

㉱ 선박의 복원력이 클 경우

> **해설** 러칭(lurching) 현상
>
> 선체가 횡동요 중에 옆에서 돌풍을 받거나 파랑 중에서 대각도 조타를 하면 선체는 갑자기 큰 각도로 경사하게 된다.

★★
07 황천 항해 중 선박 조종법이 아닌 것은?

㉮ 라이 투(lie to)

㉯ 히브 투(heave to)

㉰ 서징(surging)

㉱ 스커딩(scudding)

> **해설** 서징(surging)
>
> 선체의 6자유도 운동 중 선체 선수미 방향으로 진동운동하는 것을 말한다.

08 황천 항해 조선법의 하나인 스커딩(scudding)에 대한 설명으로 옳지 않은 것은?

㉮ 파에 의한 선수부의 충격작용이 가장 심하다.

㉯ 브로칭(broaching) 현상이 일어날 수 있다.

㉰ 선미추파에 의하여 해수가 선미 갑판을 덮칠 수 있다.

㉱ 침로 유지가 어려워진다.

> **해설**
>
> 선미 방향으로부터 추종파를 받고 항주할 때는 선수파에 비하여 파의 충격력은 작으나 선박과 파의 상대속력차가 작으므로 파가 선체를 통과한 시간이 길어짐에 따라 선미가 해수가 침입할 가능성이 높아진다.

09 선수부 좌우현의 급격한 요잉(yawing) 현상과 타효상실 등으로 선체가 선미파에 가로눕게 되어 발생하는 대각도 횡경사 현상은?

㉮ 슬래밍(slamming)

㉯ 히브 투(heave to)

㉰ 브로칭 투(broaching to)

㉱ 푸핑 다운(pooping down)

> **해설**
>
> 스커딩 조선 중에는 선미에 해수가 침입하여 선수부가 급격히 요잉(yawing)하여 타효가 상실되거나 선체의 횡경사가 발생하는데, 이를 브로칭(broaching)이라 하며 이를 주의해야 한다.

10 황천 항해 중 고정피치 스크루 프로펠러의 공회전(racing)을 줄이는 방법이 아닌 것은?

㉮ 선미트림을 증가시킨다.

㉯ 기관의 회전수를 증가시킨다.

㉰ 침로를 변경하여 피칭(pitching)을 줄인다.

㉱ 선속을 줄인다.

해설 공회전(racing)

프로펠러가 수면 밖으로 노출되어 회전하는 것으로 심각한 기관 손상을 유발할 수 있다. 공회전을 줄이기 위해서는 선속을 줄이고 파도를 정선수가 아닌 선수 좌현 또는 우현 쪽으로 입사각을 크게 하여 파도를 넓게 받아야 한다.

11 황천 속에서 기관이 정지하게 되면 선체는 일반적으로 어떤 자세가 되는가?

㉮ 선수가 파랑이 오는 방향으로 향하게 된다.

㉯ 선미가 파랑이 오는 방향으로 향하게 된다.

㉰ 선수미선이 파랑의 진행 방향과 직각이 된다.

㉱ 선수미선이 파랑의 진행 방향과 약 45도 정도로 된다.

해설

황천 항해 중 기관이 정지하게 되면 선체가 파랑 방향과 평행이 되어 파랑의 진행 방향과 선수미선은 직각이 된다.

12 항해 중 황천에 대비하여 선박의 복원력을 증가시키기 위한 방법이 아닌 것은?

㉮ 비어 있는 선저 밸러스트 탱크를 채운다.

㉯ 하나의 탱크에 가득 찬 청수를 2개의 탱크에 나누어 절반 정도씩 싣는다.

㉰ 탱크의 중간 정도 차 있는 연료유는 다른 탱크로 옮기고 비운다.

㉱ 갑판상 선외 배출구가 막힌 곳이 없도록 확인한다.

해설

가득차지 않은 탱크의 움직이는 액체는 선체 움직임에 따라 흔들리며 무게중심을 높이는 효과를 가져와 복원력을 감소시킨다.

13 황천에 대비하여 탱크 내의 기름이나 물을 가득 채우거나 비우는 이유가 아닌 것은?

㉮ 유체 이동에 의한 선체 손상을 막는다.

㉯ 탱크 내 자유표면효과로 인한 복원력 감소를 줄인다.

㉰ 선저 밸러스트 탱크를 가득 채우면 복원성이 좋아진다.

㉱ 기름 탱크를 가득 채우면 연료유로 사용하기 쉽기 때문이다.

해설

황천 항해 중 탱크 내에서 기름이나 물이 흔들리는 경우 무게중심이 올라가 복원력을 감소시키고 심한 경우 탱크 천정면을 가격하여 탱크 손상을 야기하기도 한다.

14 **황천 항해에 대비하여 갑판상 배수구를 청소하는 이유는?**

㉮ 복원력 감소를 방지하기 위하여
㉯ 선박의 트림을 조정하기 위하여
㉴ 선박의 선회성을 증대시키기 위하여
㉵ 프로펠러 공회전을 방지하기 위하여

[해설]
갑판상에 물이 고이는 경우 물의 무게 때문에 무게중심이 올라가 복원력이 감소하게 된다.

15 **황천 항해에 대비하여 선창에 화물을 실을 때 주의사항으로 옳지 않은 것은?**

㉮ 먼저 양하할 화물부터 싣는다.
㉯ 갑판 개구부의 폐쇄를 확인한다.
㉴ 화물의 이동에 대한 방지책을 세워야 한다.
㉵ 무거운 것은 밑에 실어 무게중심을 낮춘다.

[해설]
화물은 먼저 양하할 화물을 나중에 선적한다.

16 **다음 중 태풍이 예보되었을 때 피항하는 가장 좋은 방법은?**

㉮ 가항 반원으로 항해한다.
㉯ 위험 반원의 반대쪽으로 항해한다.
㉴ 선미 쪽에서 바람을 받도록 항해한다.
㉵ 미리 태풍의 중심으로부터 최대한 멀리 떨어진다.

[해설]
태풍 예보를 정기적으로 수신하여 태풍이 항로상에 있을 것으로 예상되는 경우 미리 피항하는 것이 가장 좋다.

17 **황천 묘박 중 발생할 수 있는 사고가 아닌 것은?**

㉮ 주묘(dragging of anchor)
㉯ 묘쇄의 절단
㉴ 좌초
㉵ 방충재(fender) 손상

[해설]
방충재(fender)는 선박 정박 시 선체와 부두 사이에서 완충재 역할을 하는 것으로 황천 항해와 관계가 없다.

18 **묘박 중 황천 준비 작업이 아닌 것은?**

㉮ 기관사용 준비
㉯ 빈 밸러스트 탱크의 주수로 흘수 증가
㉴ 충분한 길이의 앵커 체인을 인출
㉵ 앵커 부이(anchor buoy) 준비

[해설]
앵커 부이는 닻이 바닥에 닿아 있는 위치를 나타내기 위하여 닻에 가는 선을 연결해 놓은 조그마한 부표로 황천 준비 작업과 관계가 없다.

Chapter 5 비상제어 및 해난방지

01 인명 구조

(1) 구명정을 이용한 인명 구조

① 구조선은 조난선의 풍상 측에서 접근하여 수색한다.

② 풍하 현측(lee side)의 구명정을 내려서 조난선의 풍하 쪽 선미 또는 선수에 접근하여 충분한 거리를 유지하면서 계선줄을 잡은 다음 구명부환의 양단에 로프를 연결하여 조난선의 사람을 옮겨 태운다.

③ 구조선은 조난선의 풍하 쪽에서 대기하다가 구조한 구명정이 풍하 현측에 오면 사람을 옮겨 태운다.

(2) 표류 중인 조난자의 인명 구조

① 부표를 이용하여 인명 구조한다.

- 표류 중인 다수의 조난자를 구조할 때 적당한 구조이다.
- 굵기 58cm 정도, 길이 약 200m 되는 로프에 구명동의, 구명부환 등을 달고 끝에 구명뗏목 또는 드럼통을 단다.
- 구조선은 이 로프를 달고 조난자의 풍하 측에서 풍상 측으로 한 바퀴 돌아 조이면서 끌어당겨 구조한다.

② 구조선을 표류시켜 인명 구조한다.

- 구조선의 풍하 현측에 줄 또는 그물을 여러 군데 설치하고 조난자의 풍상 측에서 구조선을 표류시킨다.
- 이때 접근하는 표류자를 끌어올려 구조한다. 선박의 표류 속도가 사람의 표류 속도보다 크므로 시간이 지나면 자연스럽게 접근될 수 있다.

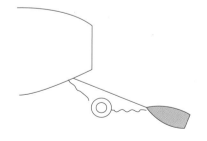

<조난선의 선미에 구명정을 접근시키는 방법>

<표류 구조법>

(3) 익수자 발생 시 긴급조치

① **선교 보고 및 구명부환 투하** : 사람이 물에 빠지는 것을 목격한 현장 발견자는 신속하게 물에 빠진 사람 가까이 구명부환을 던져주고 큰 소리로 "사람이 물에 빠졌다."를 외치거나 기타 이외의 방법으로 선교 당직자에게 그 사실을 알린다. 가능하다면 구명부환을 던져 줄 때 야간에는 자기점화등, 주간에는 자기 발연 신호를 매달아 함께 던진다.

② **기관의 정지 및 타의 전타** : 선교 당직자는 물에 빠진 사람이 프로펠러에 말려들지 않게 익수자 현측으로 방향으로 전타함과 동시에 기관을 즉시 정지시킨다.

③ **선장에게 보고 및 선내 경보** : 선장에게 보고함과 동시에 선내 경보를 올리고 구명 부서를 소집하여 구명정 진수를 준비한다.

④ **익수자 위치 확인 및 감시** : 선교 당직자는 익수자 사고 발생 위치와 시각 그리고 선속, 침로를 기록한다. 익수자의 위치를 정확하게 나타내기 위해 전자해도 표시장치에 익수자 발생 위치와 시각을 신속하게 저장하고 지시기 화면에 나타낸다. 또한 견시원을 추가로 배치하여 육안으로 익수자의 위치를 지속적으로 감시한다.

⑤ **인명 구조 조선** : 익수자 구조를 위해 선박의 특성과 외부 환경을 고려하여 본선에 적합한 익수자 구조 조선법을 신속히 결정하고 실행한다.

⑥ **추가사항** : 국제신호기 'O'기를 게양한다. 그리고 초단파 무선 전화를 이용하여 조난 통신을 하며, 선박의 주변 다른 선박에게 익수자 인명사고 사실을 즉각 알려 구조 및 수색을 요청하도록 한다.

02 ▶ 익수자 구조 조선

(1) 윌리암슨 턴(Williamson turn)

익수자가 물에 빠진 시간 및 위치가 불명확한 경우 또는 야간, 제한된 시계, 황천 등으로 익수자를 육안으로 확인할 수 없을 때 사용한다. 이 방법은 좀 더디고 시정이 좋지 않을 때에는 익수자를 육안에서 놓칠 염려가 있어 선박이 조난 장소와 멀어질 수 있다는 단점이 있다.

① 익수자 현측 방향으로 전타한다.

② 원침로에서 60° 선회하면, 그 반대 현측 방향으로 전타한다.

③ 선수가 원침로의 반대 방향에 20° 정도 못 미친 상태에서 타를 중앙 위치에 두고 선박을 선회시킨다.

④ 원침로로부터 180° 선회하여 정침하면서 적절히 감속 조치한다.

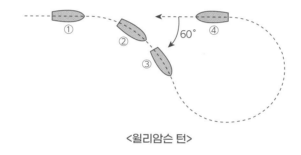

<윌리암슨 턴>

(2) 샤르노브 턴(Scharnow turn)

익수자가 물에 빠져 선미에서 멀리 떨어져 있지 않을 때 사용하는 조선법이다. 본선이 추진력을 유지한 상태에서 자선이 지나왔던 항적으로 되돌아가고자 할 때 사용하는 조선법이다.

① 익수자 현측 방향으로 전타한다.

② 원침로에서 240° 선회하면, 그 반대 현측 방향으로 전타한다.

③ 선수가 원침로의 반대 방향에 20° 정도 못 미친 상태에서 타를 중앙 위치에 두고 선박을 선회시킨다.

④ 원침로로부터 180° 선회하여 정침하면서 적절히 감속 조치한다.

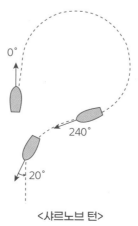

<샤르노브 턴>

(3) 싱글 턴(single turn, 1회 선회법, 앤더슨 턴)

날씨가 좋고 익수자를 육안으로 보면서 조선할 때에 사용하는 조선법이다. 이 방법은 물에 빠진 사람이 보일 때에 가장 빠른 구조 조선법이지만, 구조선이 조난자에게 접근하는 단계에서 직선으로 접근하기가 곤란하여 선박 조종에 어려움이 있다.

① 현측에 익수자가 있으면 즉시 기관을 정지하고 익수자 현측 방향으로 전타한다.

② 익수자가 선미를 벗어나면 익수자 현측 방향으로 전타한 상태를 유지하면서 기관을 전속 전진으로 조정한다.

③ 원침로로부터 250° 선회하면 타를 중앙 위치에 두고 타력으로 선박을 선회시킨다.

④ 익수자가 관측되는 방위에 선수 방위가 15° 못 미칠 때 기관을 정지한다.

⑤ 선체의 타력을 적절히 조정하여 익수자가 풍하 측에 오도록 침로를 유지하면서 접근한다.

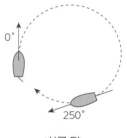

<싱글 턴>

(4) 더블 턴(double turn, 반원 2회 선회법)

어선과 같은 소형선박에서 사용되는 구조 조선법이다. 이 방법은 경험이 많은 항해사에게는 간단한 방법일 수 있으나 경험이 부족한 항해사에게는 어려운 측면이 있다.

① 현측에 익수자가 있으면 즉시 기관을 정지하고 익수자 현측 방향으로 전타한다.

② 익수자가 선미를 벗어나면 익수자 현측 방향으로 전타한 상태에서 기관을 전속 전진으로 조정한다.

③ 원침로로부터 180° 선회한 후 정침한 상태에서 기관을 중속 전진(half ahead)으로 조정한다.

④ 항주하다가 익수자가 정횡 후방 30°에서 보일 때 다시 전타해서 180° 선회하면서 기관을 미속 전진(slow ahead)으로 조정한다.

⑤ 선수 방위가 원침로가 된 이후 전진하면 익수자를 선수 부근에서 확인할 수 있다.

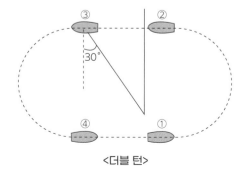

<더블 턴>

Chapter 5 비상제어 및 해난방지 **기출분석문제**

★★★
01 정박 중 선내 순찰의 목적이 아닌 것은?

㉮ 각종 설비의 이상 유무 확인

㉯ 선내 각부의 화재위험 여부 확인

㉴ 정박등을 포함한 각종 등화 및 형상물 확인

㉵ 선내 불빛이 외부로 새어 나가는지 여부 확인

[해설]

항해 중 야간에 선내 불빛이 외부로 새어 나가면 항해등과 혼동될 수도 있고 어두운 선교에서 다른 선박을 볼 수 없게 되므로 선내 순찰을 통하여 등화관제를 하지만 정박 중에는 관계가 없다.

02 선박간 충돌사고가 발생하였을 때의 조치사항으로 옳지 않은 것은?

㉮ 자선과 타선의 인명 구조에 임한다.

㉯ 자선과 타선에 급박한 위험이 있는지 판단한다.

㉴ 상대선의 항해 당직자가 누구인지 파악한다.

㉵ 퇴선 시에는 중요 서류를 반드시 지참한다.

[해설] **충돌하였을 때의 조치**

- 자선과 타선에 급박한 위험이 있는지 판단한다.
- 자선과 타선의 인명구조에 임한다.
- 선체의 손상과 침수 정도를 파악한다.
- 선명, 선적항, 선박 소유자, 출장지, 도착지 등을 서로 알린다.
- 충돌 시각, 위치, 선수 방향과 당시의 침로, 천후, 기상상태 등을 확인하여 기록한다.
- 퇴선 시에는 중요 서류를 반드시 지참하여야 한다.

★★
03 선박의 충돌 시 더 큰 손상을 예방하기 위해 취해야 할 조치사항으로 옳지 않은 것은?

㉮ 가능한 한 빨리 전진속력을 줄이기 위해 기관을 정지한다.

㉯ 전복이나 침몰의 위험이 있더라도 임의 좌주를 시켜서는 아니 된다.

㉴ 승객과 선원의 상해와 선박과 화물의 손상에 대해 조사한다.

㉵ 침수가 발생하는 경우, 침수구역 배출을 포함한 침수 방지를 위한 대응조치를 취한다.

[해설]

연안에서의 충돌 시 전복이나 침몰의 위험이 있다고 판단될 때에는 더 큰 손해를 막기 위해 임의 좌주시키는 방법도 고려해야 한다.

★★
04 충돌사고의 주요 원인인 경계 소홀에 해당하지 않는 것은?

㉮ 당직 중 졸음

㉯ 선박 조종술 미숙

㉴ 해도실에서 많은 시간 소비

㉵ 제한시계에서 레이더 미사용

[해설]

선박은 주위 상황 및 다른 선박과 충돌할 수 있는 위험성을 충분히 파악할 수 있도록 시각, 청각 및 당시의 상황에 맞게 이용할 수 있는 모든 수단을 이용하여 항상 적절한 경계를 하여야 한다. 선박 조종술 미숙은 경계 소홀과는 관계가 먼 것으로 생각된다.

05 선박간 충돌 시 일반적인 대처방법으로 옳지 않은 것은?

㉮ 충돌 직후에는 즉시 기관을 정지한다.

㉯ **충돌 직후 기관을 후진하여 두 선박을 분리한다.**

㉑ 급박한 위험이 있을 경우 구조를 요청한다.

㉔ 충돌 후 침몰이 예상될 경우 사람을 먼저 대피시킨다.

해설

충돌 직후 두 선박을 분리하는 경우 손상 부위가 확대될 수 있으며 선체 손상부로 해수가 급속히 유입되어 침몰 등의 위험을 야기할 수 있으므로 즉시 분리하지 않고 고정해 두어야 한다.

★★
06 선박의 침몰 방지를 위하여 선체를 해안에 고의적으로 얹히는 것은?

㉮ 좌초

㉯ 접촉

㉑ **임의 좌주**

㉔ 충돌

해설 임의 좌주(beaching)

선체 손상이 매우 커서 침몰 직전에 이르게 되면 선체를 적당한 해안에 고의적으로 좌초시키는 것이다.

07 다음 해저의 저질 중 임의 좌주를 시킬 때 가장 적합하지 않은 것은?

㉮ **뻘**

㉯ 모래

㉑ 자갈

㉔ 모래와 자갈이 섞인 곳

해설

뻘은 선체가 계속 빨려 들어갈 우려가 있고 프로펠러나 타에 손상을 유발할 수도 있으며 이초도 어려워 적합하지 않다.

08 자력으로 이초(refloating)할 경우 주의 사항으로 옳지 않은 것은?

㉮ 고조가 되기 직전에 이초를 시도한다.

㉯ 암초에 얹혔을 때에는 얹힌 부분의 흘수를 줄인다.

㉑ **모래에 얹혔을 때에는 얹힌 부분의 상부에 밸러스트를 적재하여 흘수를 증가시킨다.**

㉔ 모래에 얹혔을 때에는 모래가 냉각수로 흡입되어 기관 고장을 일으키기 쉬우므로 주의한다.

해설

자력으로 이초할 경우 얹힌 부분의 밸러스트를 배출하여 흘수를 줄여야 한다.

09 선박의 전복사고를 방지하기 위한 방법으로 옳지 않은 것은?

㉮ 중량물을 가급적 선체 하부에 적재한다.

㉯ 이동 물체는 단단히 고박한다.

㉑ 개구부를 완전히 폐쇄한다.

㉔ **어망을 끌면서 정횡파를 받도록 조종한다.**

해설

선박이 보침력을 상실하여 정횡파를 받아 과도한 횡요로 대각도 경사하게 되면 전복의 위험성이 높아진다.

★★★
10 물에 빠진 익수자를 구조하는 조선법이 아닌 것은?

㉮ 샤르노브 턴

㉯ **표준 턴**

㉑ 앤더슨 턴

㉔ 윌리암슨 턴

해설

표준 턴은 익수자 조선법과 관련이 없다.

11 사람이 물에 빠진 시간 및 위치가 불명확하거나 협시계, 어두운 밤 등으로 인하여 물에 빠진 사람을 확인할 수 없을 때, 그림과 같이 지나왔던 원래의 항적으로 돌아가고자 할 때 유효한 인명구조를 위한 조선법은?

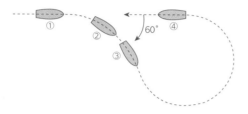

⑦ 반원 2선회법(double turn)

④ 샤르노브 턴(scharnow turn)

㉓ 윌리암슨 턴(williamson turn)

㉒ 싱글 턴 또는 앤더슨 턴(single turn or anderson turn)

> **해설** 윌리암슨 턴
>
> 기관 정지, 낙하자 측으로 전타하여 낙하자를 지나가면 전속으로 항진하여 선회가 60도 정도 이루어졌을 때 반대 전타하면 총 90도 가량 선회하였을 때 반전하기 시작한다. 이렇게 하여 원침로에서 160도 회두하였을 때 정침하여 180도 회두하여 원래 오던 항적으로 들어가게 된다.
>
> ⑦ 반원 2선회법(double turn) : 익수자를 계속하여 볼 수 있고 풍향이 침로와 직각 방향일 때 유리하며 시간적으로는 윌리암슨 턴보다 빠르나 싱글 턴보다는 늦음
>
> ④ 샤르노브 턴(scharnow turn) : 전타 후 낙수자 등에 추락 위치로 복귀할 수 없어 긴급조치 상황에서는 사용할 수 없는 단점도 있지만 다른 상황에서는 초기 침로선상으로 적절히 회항할 수 있어 회항 조선에는 매우 효과적인 방법
>
> ㉒ 싱글 턴 또는 앤더슨 턴(single turn or anderson turn) : 날씨가 좋고 익수자를 육안으로 보면서 조선할 때에 매우 신속하고 좋은 방법

12 ★★★ 잔잔한 바다에서 의식불명의 익수자를 발견하여 구조하려 할 때, 구조선의 안전한 접근방법은?

⑦ 익수자의 풍하에서 접근한다.

④ 익수자의 풍상에서 접근한다.

㉓ 구조선의 좌현 쪽에서 바람을 받으면서 접근한다.

㉒ 구조선의 우현 쪽에서 바람을 받으면서 접근한다.

> **해설**
> 익수자 구조 시에는 윌리암슨 턴 등의 방법에 의해 물에 빠진 사람의 풍상 쪽으로 접근한다.

13 해양사고 시 구조선의 운용에 관한 설명으로 옳은 것은?

⑦ 구조선은 조난선의 풍상 측에서 접근하되 바람에 의해 압류될 것을 고려하여야 한다.

④ 구조선은 조난선의 풍상 측에 대기하다가 구조한 구명정이 구조선의 풍상 측에 오면 사람을 옮겨 태운다.

㉓ 구조선은 풍상 측의 구명정을 내려서 구명정을 조난선의 풍상 측 선체 중앙부에 접근하여 계선줄을 연결한다.

㉒ 구조선의 풍상 측에 밧줄, 카고네트, 그물 등을 여러 군데 매달고 조난자의 풍상 측에서 표류시켜 표류자를 끌어올린다.

> **해설** 구명정을 이용한 구조법
> • 구조선은 조난선의 풍상 측으로 접근하되 바람에 압류될 것을 고려한다.
> • 구조선은 조난선의 풍하 쪽에서 대기하다가 구명정이 풍하 측에 오면 사람을 옮겨 태운다.

14 전기장치에 의한 화재 예방조치가 아닌 것은?

㉮ 전선이나 접점은 단단히 고정한다.

㉯ 전기장치는 유자격자가 관리하도록 한다.

㉰ 배전반과 축전지 등의 접속단자는 풀리지 않도록 하여야 한다.

㉣ 모든 전기장치는 규정 용량 이상으로 부하를 걸어 사용하여야 한다.

해설

전기장치는 규정 용량 이상의 부하를 걸어 사용하는 경우 화재가 발생할 위험성이 있으므로 규정 용량 이하로 안전하게 사용하여야 한다.

★★★
15 항해 중 선박의 우현으로 사람이 물에 빠졌을 때 당직 항해사는 즉시 기관을 정지하고 타는 어떻게 사용하여야 하는가?

㉮ 우현 전타 ㉯ 좌현 전타

㉰ 중앙 위치 ㉣ 자동 조타

해설

익수자가 발생하였을 때 선미 킥 현상을 이용하여 익수자가 프로펠러에 빨려 들어가지 않도록 익수자 현측으로 최대 전타한다.

16 초기에 화재 진압을 하지 못하면 화재 현장 진입이 어렵고, 선원이 직접 진입하여 소화작업을 하기가 가장 어려운 곳은?

㉮ 기관실 ㉯ 갑판 창고

㉰ 조타실 ㉣ 선미 창고

해설

기관실은 각종 기계가 많고 계단이 가파르기 때문에 직접 진입이 어렵다. 또한, 유류 탱크와 파이프가 많아 초기에 진압하지 못하는 경우 대형 화재로 확산된다.

17 흡연으로 인한 선박 화재 발생을 예방하기 위한 조치로 옳지 않은 것은?

㉮ 흡연구역 및 금연구역을 정하고 철저히 준수한다.

㉯ 담뱃불을 끌 때에는 선외에 버린다.

㉰ 침대에서는 금연한다.

㉣ 불연성 재떨이를 사용하고 담뱃불을 물로 끈다.

해설

담뱃불을 선외에 버리게 되면 바람에 의해 다시 선내로 돌아와 화재를 일으킬 수도 있다.

18 열 작업(hot work) 시 화재 예방을 위한 방법으로 옳지 않은 것은?

㉮ 작업 장소는 통풍이 잘 되도록 한다.

㉯ 가스 토치용 가스용기는 항상 수평으로 유지한다.

㉰ 적합한 휴대용 소화기를 작업 장소에 배치한다.

㉣ 작업장 주변의 가연성 물질은 반드시 미리 옮긴다.

해설

가스 토치용 가스용기는 위쪽의 가스가 나올 수 있도록 항상 세워서 사용하여야 한다.

★★
19 기관 손상 사고의 원인 중 인적과실이 아닌 것은?

㉮ 기관의 노후

㉯ 기기 조작 미숙

㉰ 부적절한 취급

㉣ 일상적인 점검 소홀

해설

기관의 노후는 기계 장비의 원인이지 인적과실과는 관련이 없다.

법규

Chapter 1 해사안전법

01 목적

선박의 안전 운항을 위한 안전관리 체계를 확립하여 선박 항행과 관련된 모든 위험과 장애를 제거함으로써 해사안전 증진과 선박의 원활한 교통에 이바지함을 목적으로 한다.

02 음향신호와 발광신호

(1) 기적의 종류
① 단음 : 약 1초간의 기적음을 말한다.
② 장음 : 4초~6초간의 기적음을 말한다.

(2) 조종신호와 경고신호

구분	음향신호	발광신호
변침 중 신호	우현 · 좌현 · · 후진 중 · · ·	우현 ＊ 좌현 ＊＊ 후진 중 ＊＊＊
협수도의 추월신호	우현 추월 ——· 좌현 추월 ——· · 추월동의 —·—· 굴곡부 주의환기신호 —	
의문 신호	· · · · · (단음 5회 이상)	＊ ＊ ＊ ＊ ＊ (5회 이상)

(3) 제한된 시계 안에서의 음향신호
안개, 눈, 폭우 등으로 시계가 불량한 경우, 선박 충돌 등의 사고를 예방하기 위하여 기적 또는 다이어폰 등으로 소리를 내는 신호이다.
① 대수속력이 있는 선박 : 2분을 초과하지 아니하는 간격으로 장음 1회
② 대수속력이 없는 선박 : 2분을 초과하지 아니하는 간격으로 장음 2회
③ 운전 부자유선, 조종성능 제한선, 흘수제약선, 범선, 어로종사선, 예인선 : 2분을 초과하지 아니하는 간격으로 연속 3음 즉, 장음 1회에 이어 단음 2회
④ 정박 중인 선박 : 1분을 초과하지 아니하는 간격, 연속된 3음(단음, 장음, 단음)

03 ▶ 등화와 형상물

(1) 등화의 종류

① **마스트 정부등** : 선체 종방향 중심선상에 있는 백등을 뜻하며 225°의 수평의 호를 고르게 비추고, 정선수로부터 각기 정횡 후 22.5°까지 비추도록 설치되어 있는 등화이다.

② **현등** : 우현의 녹등, 좌현의 홍등을 말하며 각기 112.5°의 수평의 호를 고르게 비추고, 정선 수로부터 각현 정횡후 22.5°까지 비추도록 설치되어 있는 등화이다. 길이 20미터 미만의 선박에 있어서는 양현등은 선체 종방향 중심선상에 있는 하나의 등각에 합칠 수 있다.

③ **선미등** : 실행 가능한 한 선미에 가깝게 놓여 있는 백등을 말하고, 135°의 수평의 호를 고르게 비추며 정선미로부터 각 현측에 67.5°를 비출 수 있도록 설치된 등화이다.

④ **예인등** : 선미등과 똑같은 특성을 가진 황색의 등화를 말한다.

⑤ **전주등** : 360°의 수평의 호를 고르게 비추는 등화를 말한다.

⑥ **섬광등** : 매분 120 또는 그 이상의 회수로 규칙적인 섬광을 발하는 등화를 말한다.

(2) 선종별 등화와 형상물의 표시

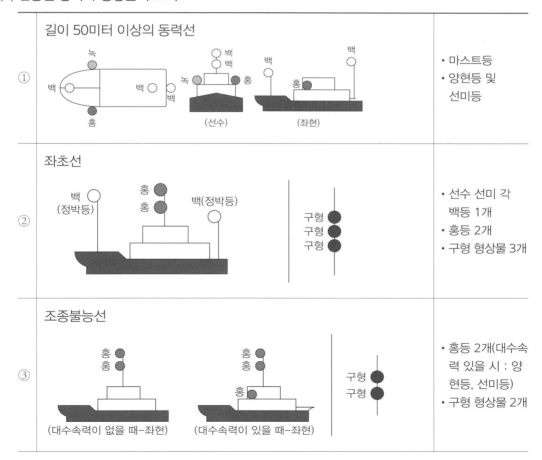

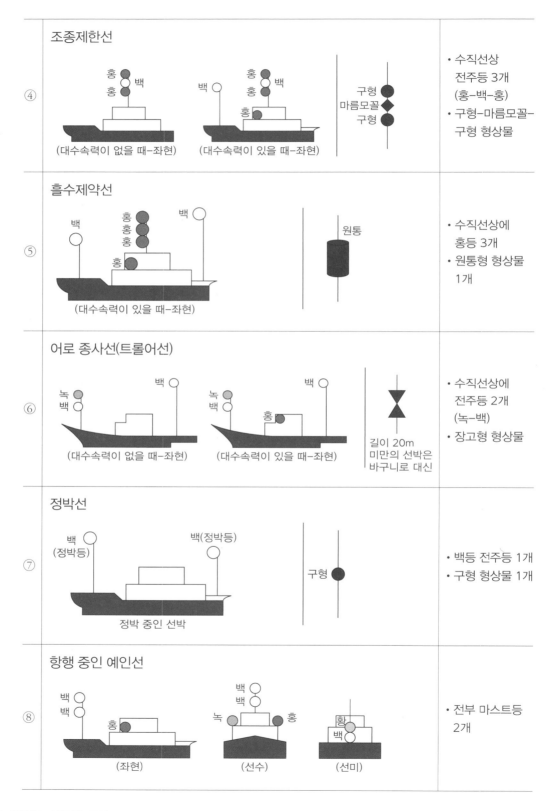

④	조종제한선 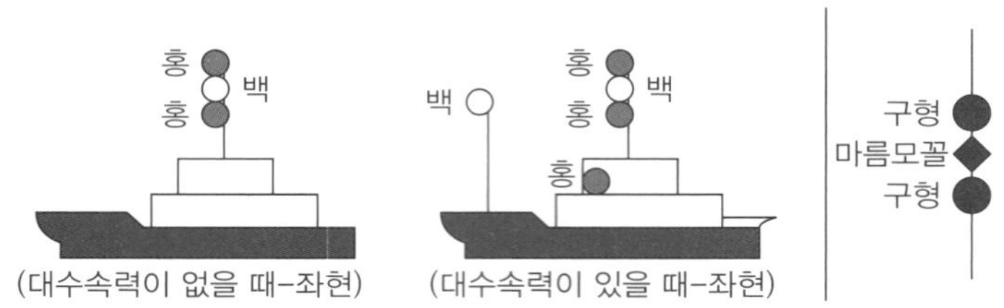 홍 백 홍 (대수속력이 없을 때–좌현) 백 홍 백 홍 홍 (대수속력이 있을 때–좌현) 구형 마름모꼴 구형	• 수직선상 전주등 3개 (홍–백–홍) • 구형–마름모꼴–구형 형상물
⑤	흘수제약선 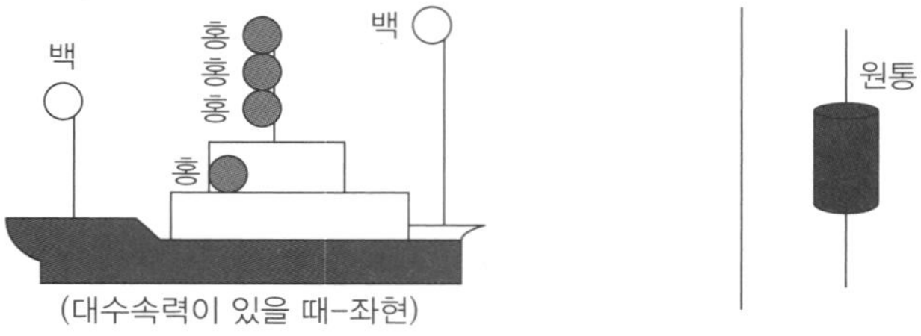 백 홍 홍 홍 백 홍 (대수속력이 있을 때–좌현) 원통	• 수직선상에 홍등 3개 • 원통형 형상물 1개
⑥	어로 종사선(트롤어선) 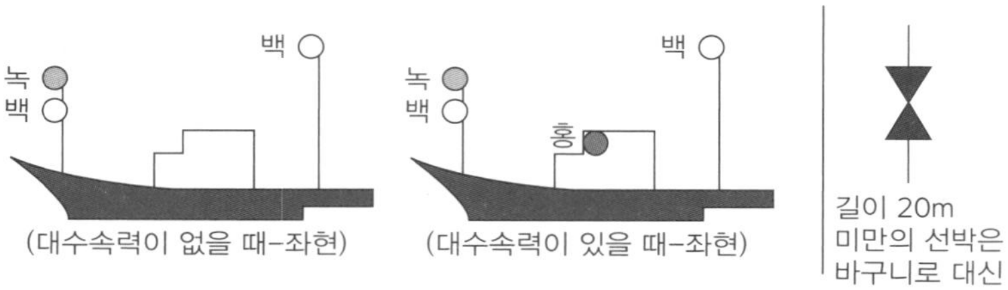 백 녹 백 (대수속력이 없을 때–좌현) 백 녹 백 홍 (대수속력이 있을 때–좌현) 길이 20m 미만의 선박은 바구니로 대신	• 수직선상에 전주등 2개 (녹–백) • 장고형 형상물
⑦	정박선 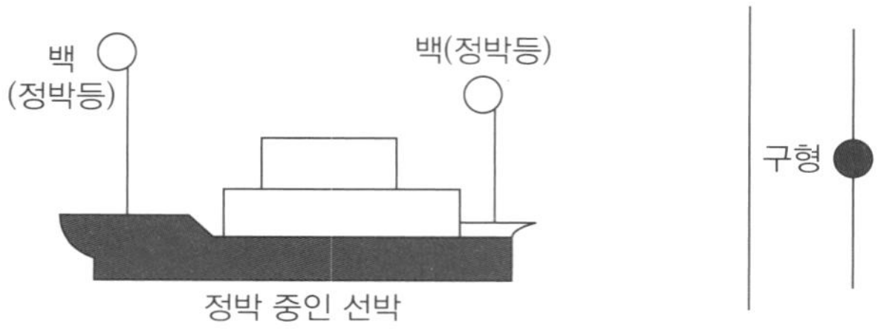 백 (정박등) 백(정박등) 정박 중인 선박 구형	• 백등 전주등 1개 • 구형 형상물 1개
⑧	항행 중인 예인선 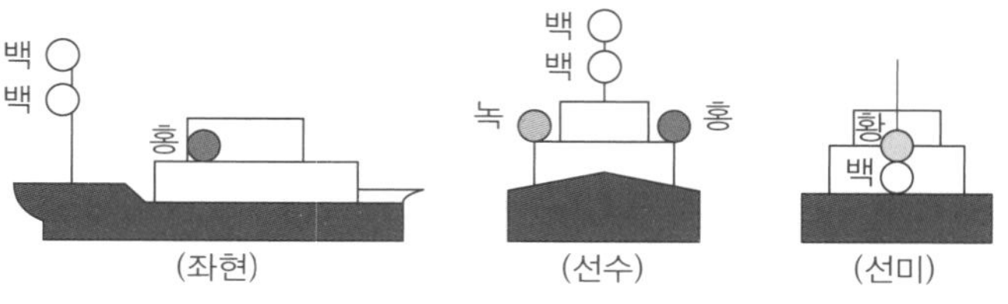 백 백 홍 (좌현) 백 백 녹 홍 (선수) 홍 백 (선미)	• 전부 마스트등 2개

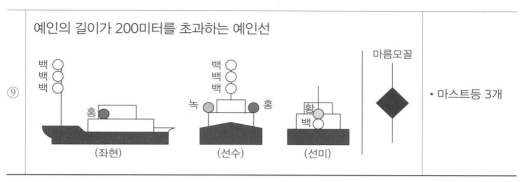

⑩ 도선선(법 제87조) : 백등 1개, 홍등 1개를 수직선상에 표시

⑪ 항만준설선 : 타선이 통과하기에 안전한 현측에 녹등 2개

⑫ 정박 중 위험물을 하역하는 선박 : 마스트에 홍등 1개

⑬ 범선 : 전부 마스트에 홍등 1개와 녹등 1개를 수직선상에 표시, 길이 7미터 미만의 범선 (휴대용 등화 사용 가능)

⑭ 공기부양선 : 전주등인 황색섬광등

(3) 등화의 사광 범위

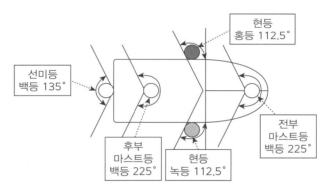

(1) 조종제한선에 해당하는 선박

① 항로표지, 해저전선 또는 해저 파이프라인의 부설·보수·인양 작업

② 준설·측량 또는 수중 작업

③ 항행 중 보급, 사람 또는 화물의 이송 작업

④ 항공기의 발착 작업

⑤ 기뢰 제거 작업

⑥ 진로에서 벗어날 수 있는 능력에 제한을 많이 받는 예인 작업

(2) 어로에 종사하고 있는 선박 : 그물, 낚싯줄, 트롤망, 그 밖에 조종성능을 제한하는 어구를 사용하여 어로 작업을 하고 있는 선박

(3) 흘수 제약선 : 선박의 흘수와 수심과의 관계에 의하여 그 진로로부터 벗어날 수 있는 능력을 매우 제한받고 있는 동력선

(4) 항행 중 : 선박이 다음 중 어느 하나에 해당하지 아니하는 상태
　① 정박
　② 항만의 안벽 등 계류시설에 매어 놓은 상태
　③ 얹혀 있는 상태

(5) 통항분리대 : 선박간의 충돌을 방지하기 위하여 입·출항 항로의 설정 등을 통하여 선박들이 한쪽 방향으로만 항행할 수 있도록 항로를 분리하는 것

(6) 정박 : 선박이 해상에서 닻을 바다 밑에 내려놓고 운항을 정지하는 것

(7) 양색등 : 선수와 선미의 중심선상에 설치된 붉은색과 녹색의 두 부분으로 된 등화로서 그 붉은색과 녹색 부분이 각각 현등의 붉은색 등 및 녹색 등과 같은 특성을 가진 등

05 ▶ 피항 순서

동력선 < 범선 < 어로에 종사 중인 선박 중 운행 중인 선박 < 조종불능선·조종제한선 < 흘수제약선

06 ▶ 충돌을 피하기 위한 동작

① 충분한 시간적 여유를 두고 적극적으로 조치를 취한다.
② 침로나 속력을 변경할 때에는 다른 선박이 그 변경을 쉽게 알아볼 수 있도록 충분히 크게 변경한다.
③ 적절한 시기에 큰 각도로 침로를 변경한다.
④ 다른 선박과의 사이에 안전한 거리를 두고 통과할 수 있도록 그 동작을 취한다.
⑤ 필요하면 속력을 줄이거나 기관의 작동을 정지하거나 후진하여 선박의 진행을 완전히 멈춘다.

07 ▶ 추월

① 추월당하고 있는 선박을 완전히 추월하거나 그 선박에서 충분히 멀어질 때까지 그 선박의 진로를 피한다.

② 다른 선박의 양쪽 현의 정횡으로부터 22.5도를 넘는 뒤쪽, 야간에는 다른 선박의 선미등만을 볼 수 있고 어느 쪽의 현등도 볼 수 없는 위치에서 그 선박을 추월하는 선박은 추월하는 배로 보고 필요한 조치를 취하여야 한다.

③ 선박은 스스로 다른 선박을 추월하고 있는지 분명하지 아니한 경우에는 추월선으로 보고 필요한 조치를 취한다.

④ 추월하는 선박은 추월이 완전히 끝날 때까지 추월당하는 선박의 진로를 피한다.

08 ▶ 횡단하는 상태

2척의 동력선이 상대의 진로를 횡단하는 경우로서 충돌의 위험이 있을 때에는 다른 선박을 우현 쪽에 두고 있는 선박이 그 다른 선박의 진로를 피하여야 한다. 이 경우 다른 선박의 진로를 피하여야 하는 선박은 부득이한 경우 외에는 그 다른 선박의 선수 방향을 횡단하여서는 아니 된다.

01 해사안전법상 조종제한선이 아닌 것은?

㉮ 기뢰 제거 작업에 종사하고 있는 선박

㉯ 수중 작업에 종사하고 있는 선박

㉰ 흘수로 인하여 제약받고 있는 선박

㉱ 항공기의 발착 작업에 종사하고 있는 선박

해설 「해사안전법」 제2조(정의)

13. "조종제한선"(操縱制限船)이란 다음 각 목의 작업과 그 밖에 선박의 조종성능을 제한하는 작업에 종사하고 있어 다른 선박의 진로를 피할 수 없는 선박을 말한다.

　가. 항로표지, 해저전선 또는 해저파이프라인의 부설·보수·인양 작업

　나. 준설(浚渫)·측량 또는 수중 작업

　다. 항행 중 보급, 사람 또는 화물의 이송 작업

　라. 항공기의 발착(發着) 작업

　마. 기뢰(機雷) 제거 작업

　바. 진로에서 벗어날 수 있는 능력에 제한을 많이 받는 예인(曳引) 작업

02 해사안전법상 서로 다른 방향으로 진행하는 통항로를 나누는 일정한 폭의 수역은?

㉮ 통항로

㉯ 분리대

㉰ 참조선

㉱ 연안통항대

해설

㉮ **통항로** : 선박의 항행 안전을 확보하기 위하여 한쪽 방향으로만 항행할 수 있도록 되어 있는 일정한 범위의 수역

㉯ **분리선(분리대)** : 서로 다른 방향으로 진행하는 통항로를 나누는 선 또는 일정한 폭의 수역

㉰ **참조선** : 방향 또는 방위각을 측정하기 위하여 참조하는 선

㉱ **연안통항대** : 통항분리수역의 육지 쪽 경계선과 해안 사이의 수역

03 해사안전법상 항로에서 금지되는 행위를 〈보기〉에서 모두 고른 것은?

〈보기〉
ㄱ. 선박의 방치
ㄴ. 어구의 설치
ㄷ. 침로의 변경
ㄹ. 항로를 따라 항행

㉮ ㄱ, ㄴ　　　　㉯ ㄴ, ㄹ

㉰ ㄱ, ㄷ, ㄹ　　㉱ ㄱ, ㄴ, ㄹ

해설 「해사안전법」 제34조(항로 등의 보전)

① 누구든지 항로에서 다음 각 호의 어느 하나에 해당하는 행위를 하여서는 아니 된다.

　1. 선박의 방치

　2. 어망 등 어구의 설치나 투기

04 ( )에 순서대로 적합한 것은?

해사안전법상 선박은 접근하여 오는 다른 선박의 ( )에 뚜렷한 변화가 일어나지 아니하면 ( )이 있다고 보고 필요한 조치를 하여야 한다.

㉮ 선수 방위, 통과할 가능성

㉯ 선수 방위, 충돌할 위험성

㉰ 나침 방위, 통과할 가능성

㉱ 나침 방위, 충돌할 위험성

해설 「해사안전법」 제65조(충돌 위험)

① 선박은 다른 선박과 충돌할 위험이 있는지를 판단하기 위하여 당시의 상황에 알맞은 모든 수단을 활용하여야 한다.

② 레이더를 설치한 선박은 다른 선박과 충돌할 위험성 유무를 미리 파악하기 위하여 레이더를 이용하여 장거리 주사(走査), 탐지된 물체에 대한 작도(作圖), 그 밖의 체계적인 관측을 하여야 한다.

③ 선박은 불충분한 레이더 정보나 그 밖의 불충분한 정보에 의존하여 다른 선박과의 충돌 위험 여부를 판단하여서는 아니 된다.

④ 선박은 접근하여 오는 다른 선박의 나침 방위에 뚜렷한 변화가 일어나지 아니하면 충돌할 위험성이 있다고 보고 필요한 조치를 하여야 한다. 접근하여 오는 다른 선박의 나침 방위에 뚜렷한 변화가 있더라도 거대선 또는 예인작업에 종사하고 있는 선박에 접근하거나, 가까이 있는 다른 선박에 접근하는 경우에는 충돌을 방지하기 위하여 필요한 조치를 하여야 한다.

★★★
05 해사안전법상 마주치는 상태가 아닌 경우는?

㉮ 선수 방향에 있는 다른 선박과 밤에는 2개의 마스트등을 일직선으로 또는 거의 일직선으로 볼 수 있거나 양쪽의 현등을 볼 수 있는 경우

㉯ 선수 방향에 있는 다른 선박과 낮에는 2척의 선박의 마스트가 선수에서 선미까지 일직선이 되거나 거의 일직선이 되는 경우

㉰ 선수 방향에 있는 다른 선박과 마주치는 상태에 있는지가 분명하지 아니한 경우

㉱ 선수 방향에 있는 다른 선박의 선미등을 볼 수 있는 경우

🚢 해설 「해사안전법」 제72조(마주치는 상태)

① 2척의 동력선이 마주치거나 거의 마주치게 되어 충돌의 위험이 있을 때에는 각 동력선은 서로 다른 선박의 좌현 쪽을 지나갈 수 있도록 침로를 우현(右舷) 쪽으로 변경하여야 한다.

② 선박은 다른 선박을 선수(船首) 방향에서 볼 수 있는 경우로서 다음 각 호의 어느 하나에 해당하면 마주치는 상태에 있다고 보아야 한다.
  1. 밤에는 2개의 마스트등을 일직선으로 또는 거의 일직선으로 볼 수 있거나 양쪽의 현등을 볼 수 있는 경우
  2. 낮에는 2척의 선박의 마스트가 선수에서 선미(船尾)까지 일직선이 되거나 거의 일직선이 되는 경우

③ 선박은 마주치는 상태에 있는지가 분명하지 아니한 경우에는 마주치는 상태에 있다고 보고 필요한 조치를 취하여야 한다.

★★
06 해사안전법상 선박의 등화 및 형상물에 관한 규정에 대한 설명으로 옳지 않은 것은?

㉮ 형상물은 낮 동안에는 표시한다.

㉯ 낮이라도 제한된 시계에서는 등화를 표시하여야 한다.

㉰ 등화의 표시 시간은 해지는 시각부터 해뜨는 시각까지이다.

㉱ 다른 선박이 주위에 없을 때에 등화를 표시하지 않아도 된다.

🚢 해설 「해사안전법」 제78조(적용)

① 이 절은 모든 날씨에서 적용한다.

② 선박은 해지는 시각부터 해뜨는 시각까지 이 법에서 정하는 등화(燈火)를 표시하여야 하며, 이 시간 동안에는 이 법에서 정하는 등화 외의 등화를 표시하여서는 아니 된다. 다만, 다음 각 호의 어느 하나에 해당하는 등화는 표시할 수 있다.
  1. 이 법에서 정하는 등화로 오인되지 아니할 등화
  2. 이 법에서 정하는 등화의 가시도(可視度)나 그 특성의 식별을 방해하지 아니하는 등화
  3. 이 법에서 정하는 등화의 적절한 경계(警戒)를 방해하지 아니하는 등화

③ 이 법에서 정하는 등화를 설치하고 있는 선박은 해뜨는 시각부터 해지는 시각까지도 제한된 시계에서는 등화를 표시하여야 하며, 필요하다고 인정되는 그 밖의 경우에도 등화를 표시할 수 있다.

④ 선박은 낮 동안에는 이 법에서 정하는 형상물을 표시하여야 한다.

07 해사안전법상 동력선이 시계가 제한된 수역을 항행할 때의 항법으로 옳은 것은?

㉮ 가급적 속력 증가

㉯ 기관 즉시 조작 준비

㉰ 후진 기관 사용 금지

㉱ 레이더만으로 다른 선박이 있는 것을 탐지하고 변침만으로 피항동작을 할 경우 선수 방향에 있는 선박을 좌현 변침으로 충돌 회피

해설 「해사안전법」 제77조(제한된 시계에서 선박의 항법)

① 이 조는 시계가 제한된 수역 또는 그 부근을 항행하고 있는 선박이 서로 시계 안에 있지 아니한 경우에 적용한다.

② 모든 선박은 시계가 제한된 그 당시의 사정과 조건에 적합한 안전한 속력으로 항행하여야 하며, 동력선은 제한된 시계 안에 있는 경우 기관을 즉시 조작할 수 있도록 준비하고 있어야 한다.

③ 선박은 제1절에 따라 조치를 취할 때에는 시계가 제한되어 있는 당시의 상황에 충분히 유의하여 항행하여야 한다.

④ 레이더만으로 다른 선박이 있는 것을 탐지한 선박은 해당 선박과 얼마나 가까이 있는지 또는 충돌할 위험이 있는지를 판단하여야 한다. 이 경우 해당 선박과 매우 가까이 있거나 그 선박과 충돌할 위험이 있다고 판단한 경우에는 충분한 시간적 여유를 두고 피항동작을 취하여야 한다.

08 ( )에 적합한 것은?

> 해사안전법상 선박은 주위의 상황 및 다른 선박과 충돌할 수 있는 위험성을 충분히 파악할 수 있도록 ( ) 및 당시의 상황에 맞게 이용할 수 있는 모든 수단을 이용하여 항상 적절한 경계를 하여야 한다.

㉮ 시각·청각 ㉯ 청각·후각

㉰ 후각·미각 ㉱ 미각·촉각

해설 「해사안전법」 제63조(경계)

선박은 주위의 상황 및 다른 선박과 충돌할 수 있는 위험성을 충분히 파악할 수 있도록 시각·청각 및 당시의 상황에 맞게 이용할 수 있는 모든 수단을 이용하여 항상 적절한 경계를 하여야 한다.

09 해사안전법상 예인선열의 길이가 200미터를 초과하면, 예인 작업에 종사하는 동력선이 표시하여야 하는 형상물은?

㉮ 마름모꼴 형상물 1개

㉯ 마름모꼴 형상물 2개

㉰ 마름모꼴 형상물 3개

㉱ 마름모꼴 형상물 4개

해설 「해사안전법」 제82조(항행 중인 예인선)

① 동력선이 다른 선박이나 물체를 끌고 있는 경우에는 다음 각 호의 등화나 형상물을 표시하여야 한다.

　1. 제81조제1항제1호에 따라 앞쪽에 표시하는 마스트등을 대신하여 같은 수직선 위에 마스트등 2개. 다만, 예인선의 선미로부터 끌려가고 있는 선박이나 물체의 뒤쪽 끝까지 측정한 예인선열의 길이가 200미터를 초과하면 같은 수직선 위에 마스트등 3개를 표시하여야 한다.

　2. 현등 1쌍

　3. 선미등 1개

　4. 선미등의 위쪽에 수직선 위로 예선등 1개

　5. 예인선열의 길이가 200미터를 초과하면 가장 잘 보이는 곳에 마름모꼴의 형상물 1개

10 ( )에 적합한 것은?

> 해사안전법상 노도선은 ( )의 등화를 표시할 수 있다.

㉮ 항행 중인 어선

㉯ 항행 중인 범선

㉰ 흘수제약선

㉱ 항행 중인 예인선

해설 「해사안전법」 제83조(항행 중인 범선 등)

① 항행 중인 범선은 다음 각 호의 등화를 표시하여야 한다.

　1. 현등 1쌍

　2. 선미등 1개

⑤ 노도선(櫓櫂船)은 이 조에 따른 범선의 등화를 표시할 수 있다.

11 해사안전법상 얹혀 있는 길이 12미터 이상의 선박이 낮에 수직으로 표시하는 형상물은?

㉮ 둥근꼴 형상물 1개

㉯ 둥근꼴 형상물 2개

㉠ 둥근꼴 형상물 3개

㉡ 둥근꼴 형상물 4개

▸해설 「해사안전법」 제88조(정박선과 얹혀 있는 선박)

④ 얹혀 있는 선박은 제1항이나 제2항에 따른 등화를 표시하여야 하며, 이에 덧붙여 가장 잘 보이는 곳에 다음 각 호의 등화나 형상물을 표시하여야 한다.
  1. 수직으로 붉은색의 전주등 2개
  2. 수직으로 둥근꼴의 형상물 3개
⑥ 길이 12미터 미만의 선박이 얹혀 있는 경우에는 제4항에 따른 등화나 형상물을 표시하지 아니할 수 있다.

12 ( )에 적합한 것은?

> 해사안전법상 항행 중인 동력선이 ( )에 있는 경우에 그 침로를 변경하거나 그 기관을 후진하여 사용할 때에는 기적신호를 행하여야 한다.

㉮ 평수구역

㉯ 서로 상대 시계 안

㉠ 제한된 시계

㉡ 무역항의 수상구역 안

▸해설 「해사안전법」 제92조(조종신호와 경고신호)

① 항행 중인 동력선이 서로 상대의 시계 안에 있는 경우에 이 법의 규정에 따라 그 침로를 변경하거나 그 기관을 후진하여 사용할 때에는 다음 각 호의 구분에 따라 기적신호를 행하여야 한다.
  1. 침로를 오른쪽으로 변경하고 있는 경우 : 단음 1회
  2. 침로를 왼쪽으로 변경하고 있는 경우 : 단음 2회
  3. 기관을 후진하고 있는 경우 : 단음 3회

13 해사안전법상 통항분리수역에서의 항법으로 옳지 않은 것은?

㉮ 통항로는 어떠한 경우에도 횡단할 수 없다.

㉯ 통항로 안에서는 정하여진 진행 방향으로 항행하여야 한다.

㉠ 통항로의 출입구를 통하여 출입하는 것을 원칙으로 한다.

㉡ 분리선이나 분리대에서 될 수 있으면 떨어져서 항행하여야 한다.

▸해설 「해사안전법」 제68조(통항분리제도)

② 선박이 통항분리수역을 항행하는 경우에는 다음 각 호의 사항을 준수하여야 한다.
  1. 통항로 안에서는 정하여진 진행 방향으로 항행할 것
  2. 분리선이나 분리대에서 될 수 있으면 떨어져서 항행할 것
  3. 통항로의 출입구를 통하여 출입하는 것을 원칙으로 하되, 통항로의 옆쪽으로 출입하는 경우에는 그 통항로에 대하여 정하여진 선박의 진행 방향에 대하여 될 수 있으면 작은 각도로 출입할 것

14 해사안전법상 등화에 사용되는 등색이 아닌 것은?

㉮ 붉은색   ㉯ 녹색

㉠ 흰색   ㉡ 청색

▸해설
등화는 붉은색, 녹색, 흰색을 사용한다.

★★★
15 (　　)에 순서대로 적합한 것은?

> 해사안전법상 제한된 시계 안에서 항행 중인 동력선은 정지하여 대수속력이 없는 경우에는 (　　)을 넘지 아니하는 간격으로 장음을 (　　) 울려야 한다.

[가] 1분, 1회　　**[나] 2분, 2회**
[사] 1분, 2회　　[아] 2분, 1회

[해설] 「해사안전법」 제93조(제한된 시계 안에서의 음향신호)

① 시계가 제한된 수역이나 그 부근에 있는 모든 선박은 밤낮에 관계없이 다음 각 호에 따른 신호를 하여야 한다.
 1. 항행 중인 동력선은 대수속력이 있는 경우에는 2분을 넘지 아니하는 간격으로 장음을 1회 울려야 한다.
 2. 항행 중인 동력선은 정지하여 대수속력이 없는 경우에는 장음 사이의 간격을 2초 정도로 연속하여 장음을 2회 울리되, 2분을 넘지 아니하는 간격으로 울려야 한다.

16 해사안전법의 목적으로 옳은 것은?

[가] 해상에서의 인명구조
[나] 해사안전 증진과 선박의 원활한 교통에 기여
[사] 우수한 해기사 양성과 해기인력 확보
[아] 해양주권의 행사 및 국민의 해양권 확보

[해설] 「해사안전법」 제1조(목적)

이 법은 선박의 안전운항을 위한 안전관리체계를 확립하여 선박항행과 관련된 모든 위험과 장해를 제거함으로써 해사안전(海事安全) 증진과 선박의 원활한 교통에 이바지함을 목적으로 한다.

★★
17 해사안전법상 선미등의 수평사광범위와 등색은?

[가] 135도, 붉은색　　[나] 225도, 붉은색
[사] 135도, 흰색　　[아] 225도, 흰색

[해설] 선미등

135도에 걸치는 수평의 호를 비추는 흰색 등으로, 그 불빛이 정선미 방향으로부터 양쪽 현의 67.5도까지 비출 수 있도록 선미 부분 가까이에 설치된 등이다.

18 (　　)에 적합한 것은?

> 해사안전법상 (　　)에서는 어망 또는 그 밖에 선박의 통항에 영향을 주는 어구 등을 설치하거나 양식업을 하여서는 아니 된다.

[가] 연해구역
[나] 교통안전특정해역
[사] 통항분리수역
[아] 무역항의 수상구역

[해설] 「해사안전법」 제12조(어업의 제한 등)

① 교통안전특정해역에서 어로 작업에 종사하는 선박은 항로지정제도에 따라 그 교통안전특정해역을 항행하는 다른 선박의 통항에 지장을 주어서는 아니 된다.
② 교통안전특정해역에서는 어망 또는 그 밖에 선박의 통항에 영향을 주는 어구 등을 설치하거나 양식업을 하여서는 아니 된다.
③ 교통안전특정해역으로 정하여지기 전에 그 해역에서 면허를 받은 어업권·양식업권을 행사하는 경우에는 해당 어업면허 또는 양식업 면허의 유효기간이 끝나는 날까지 제2항을 적용하지 아니한다.
④ 특별자치도지사·시장·군수·구청장(자치구의 구청장을 말한다)이 교통안전특정해역에서 어업면허, 양식업 면허, 어업허가 또는 양식업 허가(면허 또는 허가의 유효기간 연장을 포함한다)를 하려는 경우에는 미리 해양경찰청장과 협의하여야 한다.

★★
19 **해사안전법상 해양경찰청 소속 경찰공무원의 음주 측정에 대한 설명으로 옳지 않은 것은?**

[가] 술에 취한 상태의 기준은 혈중알코올농도 0.01퍼센트 이상으로 한다.

[나] 다른 선박의 안전운항을 해칠 우려가 있는 경우 측정할 수 있다.

[사] 술에 취한 상태에서 조타기를 조작할 것을 지시하였을 경우 측정할 수 있다.

[아] 측정 결과에 불복하는 경우 동의를 받아 혈액채취 등의 방법으로 다시 측정할 수 있다.

해설 「해사안전법」 제41조(술에 취한 상태에서의 조타기 조작 등 금지)

② 해양경찰청 소속 경찰공무원은 다음 각 호의 어느 하나에 해당하는 경우에는 운항을 하기 위하여 조타기를 조작하거나 조작할 것을 지시하는 사람(이하 "운항자"라 한다) 또는 제1항에 따른 도선을 하는 사람(이하 "도선사"라 한다)이 술에 취하였는지 측정할 수 있으며, 해당 운항자 또는 도선사는 해양경찰청 소속 경찰공무원의 측정 요구에 따라야 한다. 다만, 제3호에 해당하는 경우에는 반드시 술에 취하였는지를 측정하여야 한다.

1. 다른 선박의 안전운항을 해치거나 해칠 우려가 있는 등 해상교통의 안전과 위험방지를 위하여 필요하다고 인정되는 경우
2. 제1항을 위반하여 술에 취한 상태에서 조타기를 조작하거나 조작할 것을 지시하였거나 도선을 하였다고 인정할 만한 충분한 이유가 있는 경우
3. 해양사고가 발생한 경우

③ 제2항에 따라 술에 취하였는지를 측정한 결과에 불복하는 사람에 대하여는 해당 운항자 또는 도선사의 동의를 받아 혈액채취 등의 방법으로 다시 측정할 수 있다.

⑤ 제1항에 따른 술에 취한 상태의 기준은 혈중알코올농도 0.03퍼센트 이상으로 한다.

★★★
20 **해사안전법상 '안전한 속력'을 결정할 때 고려하여야 할 사항이 아닌 것은?**

[가] 선박의 흘수와 수심과의 관계

[나] 본선의 조종성능

[사] 해상교통량의 밀도

[아] 활용 가능한 경계원의 수

해설 「해사안전법」 제64조(안전한 속력)

① 선박은 다른 선박과의 충돌을 피하기 위하여 적절하고 효과적인 동작을 취하거나 당시의 상황에 알맞은 거리에서 선박을 멈출 수 있도록 항상 안전한 속력으로 항행하여야 한다.

② 제1항에 따른 안전한 속력을 결정할 때에는 다음 각 호(레이더를 사용하고 있지 아니한 선박의 경우에는 제1호부터 제6호까지)의 사항을 고려하여야 한다.

1. 시계의 상태
2. 해상교통량의 밀도
3. 선박의 정지거리·선회성능, 그 밖의 조종성능
4. 야간의 경우에는 항해에 지장을 주는 불빛의 유무
5. 바람·해면 및 조류의 상태와 항행장애물의 근접상태
6. 선박의 흘수와 수심과의 관계
7. 레이더의 특성 및 성능
8. 해면상태·기상, 그 밖의 장애요인이 레이더 탐지에 미치는 영향
9. 레이더로 탐지한 선박의 수·위치 및 동향

21 ★★★ 해사안전법상 2척의 범선이 서로 접근하여 충돌할 위험이 있는 경우에 각 범선이 다른 쪽 현에 바람을 받고 있는 경우에 항행 방법으로 옳은 것은?

㉮ 대형 범선이 소형 범선을 피항한다.

㉯ 바람이 불어오는 쪽의 범선이 바람이 불어가는 쪽의 범선의 진로를 피한다.

㉱ 우현에서 바람을 받는 범선이 피항선이다.

㉯ 좌현에 바람을 받고 있는 범선이 다른 범선의 진로를 피한다.

🚢 **해설** 「해사안전법」제70조(범선)

① 2척의 범선이 서로 접근하여 충돌할 위험이 있는 경우에는 다음 각 호에 따른 항행방법에 따라 항행하여야 한다.

　1. 각 범선이 다른 쪽 현(舷)에 바람을 받고 있는 경우에는 좌현(左舷)에 바람을 받고 있는 범선이 다른 범선의 진로를 피하여야 한다.

　2. 두 범선이 서로 같은 현에 바람을 받고 있는 경우에는 바람이 불어오는 쪽의 범선이 바람이 불어가는 쪽의 범선의 진로를 피하여야 한다.

　3. 좌현에 바람을 받고 있는 범선은 바람이 불어오는 쪽에 있는 다른 범선을 본 경우로서 그 범선이 바람을 좌우 어느 쪽에 받고 있는지 확인할 수 없는 때에는 그 범선의 진로를 피하여야 한다.

② 제1항을 적용할 때에 바람이 불어오는 쪽이란 종범선(縱帆船)에서는 주범(主帆)을 펴고 있는 쪽의 반대쪽을 말하고, 횡범선(橫帆船)에서는 최대의 종범(縱帆)을 펴고 있는 쪽의 반대쪽을 말하며, 바람이 불어가는 쪽이란 바람이 불어오는 쪽의 반대쪽을 말한다.

22 ( )에 순서대로 적합한 것은?

> 해사안전법상 밤에는 다른 선박의 ( )만을 볼 수 있고 어느 쪽의 ( )도 볼 수 없는 위치에서 그 선박을 앞지르는 선박은 앞지르기 하는 배로 보고 필요한 조치를 취하여야 한다.

㉮ 선수등, 현등

㉯ 선수등, 전주등

㉱ 선미등, 현등

㉯ 선미등, 전주등

🚢 **해설** 「해사안전법」제71조(앞지르기)

② 다른 선박의 양쪽 현의 정횡(正橫)으로부터 22.5도를 넘는 뒤쪽[밤에는 다른 선박의 선미등(船尾燈)만을 볼 수 있고 어느 쪽의 현등(舷燈)도 볼 수 없는 위치를 말한다]에서 그 선박을 앞지르는 선박은 앞지르기 하는 배로 보고 필요한 조치를 취하여야 한다.

23 ★★★ 해사안전법상 항행 중인 길이 20미터 미만의 범선이 현등 1쌍과 선미등을 대신하여 표시할 수 있는 등화는?

㉮ 양색등　　　㉯ 삼색등

㉱ 섬광등　　　㉯ 흰색 전주등

🚢 **해설**

• 전주등 : 360도에 걸치는 수평의 호를 비추는 등화. 다만, 섬광등은 제외한다.

• 선미등 : 135도에 걸치는 수평의 호를 비추는 흰색 등으로서 그 불빛이 정선미 방향으로부터 양쪽 현의 67.5도까지 비출 수 있도록 선미 부분 가까이에 설치된 등

• 양색등 : 선수와 선미의 중심선상에 설치된 붉은색과 녹색의 두 부분으로 된 등화로서 그 붉은색과 녹색 부분이 각각 현등의 붉은색 등 및 녹색 등과 같은 특성을 가진 등

• 삼색등 : 해사안전법상 항행 중인 길이 20미터 미만의 범선이 현등 1쌍과 선미등을 대신하여 표시할 수 있는 등화로, 흰색, 녹색, 붉은색으로 구성됨

★★★
24 해사안전법상 제한된 시계에서 길이 12 미터 이상인 선박이 레이더만으로 자선의 양쪽 현의 정횡 앞쪽에 충돌할 위험이 있는 다른 선박을 발견하였을 때 취할 수 있는 조치로 옳지 않은 것은? (단, 선박에 대한 경우는 제외한다.)

㉮ 무중신호의 취명 유지

㉯ 안전한 속력의 유지

㉰ 동력선은 기관을 즉시 조작할 수 있도록 준비

㉱ 침로 변경만으로 피항동작을 할 경우 좌현 변침

✚ 해설 「해사안전법」 제77조(제한된 시계에서 선박의 항법)

① 이 조는 시계가 제한된 수역 또는 그 부근을 항행하고 있는 선박이 서로 시계 안에 있지 아니한 경우에 적용한다.

② 모든 선박은 시계가 제한된 그 당시의 사정과 조건에 적합한 안전한 속력으로 항행하여야 하며, 동력선은 제한된 시계 안에 있는 경우 기관을 즉시 조작할 수 있도록 준비하고 있어야 한다.

③ 선박은 제1절에 따라 조치를 취할 때에는 시계가 제한되어 있는 당시의 상황에 충분히 유의하여 항행하여야 한다.

④ 레이더만으로 다른 선박이 있는 것을 탐지한 선박은 해당 선박과 얼마나 가까이 있는지 또는 충돌할 위험이 있는지를 판단하여야 한다. 이 경우 해당 선박과 매우 가까이 있거나 그 선박과 충돌할 위험이 있다고 판단한 경우에는 충분한 시간적 여유를 두고 피항동작을 취하여야 한다.

⑤ 제4항에 따른 피항동작이 침로를 변경하는 것만으로 이루어질 경우에는 될 수 있으면 다음 각 호의 동작은 피하여야 한다.

　　1. 다른 선박이 자기 선박의 양쪽 현의 정횡 앞쪽에 있는 경우 좌현 쪽으로 침로를 변경하는 행위(앞지르기당하고 있는 선박에 대한 경우는 제외한다)

　　2. 자기 선박의 양쪽 현의 정횡 또는 그곳으로부터 뒤쪽에 있는 선박의 방향으로 침로를 변경하는 행위

⑥ 충돌할 위험성이 없다고 판단한 경우 외에는 다음 각 호의 어느 하나에 해당하는 경우 모든 선박은 자기 배의 침로를 유지하는 데에 필요한 최소한으로 속력을 줄여야 한다. 이 경우 필요

하다고 인정되면 자기 선박의 진행을 완전히 멈추어야 하며, 어떠한 경우에도 충돌할 위험성이 사라질 때까지 주의하여 항행하여야 한다.

　　1. 자기 선박의 양쪽 현의 정횡 앞쪽에 있는 다른 선박에서 무중신호(霧中信號)를 듣는 경우

　　2. 자기 선박의 양쪽 현의 정횡으로부터 앞쪽에 있는 다른 선박과 매우 근접한 것을 피할 수 없는 경우

★★★
25 다음 중 해사안전법상 항행장애물이 아닌 것은?

㉮ 침몰이 임박한 선박

㉯ 정박지에 묘박 중인 선박

㉰ 좌초가 충분히 예견되는 선박

㉱ 선박으로부터 수역에 떨어진 물건

✚ 해설

「해사안전법」 제2조(정의)

17. 항행장애물이란 선박으로부터 떨어진 물건, 침몰·좌초된 선박 또는 이로부터 유실된 물건 등 해양수산부령으로 정하는 것으로서 선박항행에 장애가 되는 물건을 말한다.

「해사안전법 시행규칙」 제4조(항행장애물)

1. 선박으로부터 수역에 떨어진 물건

2. 침몰·좌초된 선박 또는 침몰·좌초되고 있는 선박

3. 침몰·좌초가 임박한 선박 또는 침몰·좌초가 충분히 예견되는 선박

4. 제2호 및 제3호의 선박에 있는 물건

5. 침몰·좌초된 선박으로부터 분리된 선박의 일부분

• 항행장애물 제거 책임자(선장, 선박소유자, 선박운항자)는 항행장애물이 다른 선박의 항행 안전을 저해할 우려가 있는 경우에는 지체 없이 항행장애물에 위험성을 나타내는 표시를 하거나 다른 선박에게 알리기 위한 조치를 하여야 한다. 또한 항행장애물 제거 책임자는 항행장애물을 제거해야 한다.

26 해사안전법상 장음과 단음에 대한 설명으로 옳은 것은?

㉠ 단음 : 1초 정도 계속되는 고동소리

㉡ 단음 : 3초 정도 계속되는 고동소리

㉣ 장음 : 8초 정도 계속되는 고동소리

㉤ 장음 : 10초 정도 계속되는 고동소리

해설 「해사안전법」 제90조(기적의 종류)

"기적"(汽笛)이란 다음 각 호의 구분에 따라 단음(短音)과 장음(長音)을 발할 수 있는 음향신호장치를 말한다.
1. 단음 : 1초 정도 계속되는 고동소리
2. 장음 : 4초부터 6초까지의 시간 동안 계속되는 고동소리

27 해사안전법상 '섬광등'의 정의는?

㉠ 선수 쪽 225도의 수평사광범위를 갖는 등

㉡ 360도에 걸치는 수평의 호를 비추는 등화로서 일정한 간격으로 1분에 30회 이상 섬광을 발하는 등

㉣ 360도에 걸치는 수평의 호를 비추는 등화로서 1분에 60회 이상 섬광을 발하는 등

㉤ 360도에 걸치는 수평의 호를 비추는 등화로서 일정한 간격으로 1분에 120회 이상 섬광을 발하는 등

해설 섬광등

360도에 걸치는 수평의 호를 비추는 등화로, 일정한 간격으로 1분에 120회 이상 섬광을 발하는 등이다.

28 해사안전법상 다른 선박과 충돌을 피하기 위한 선박의 동작에 대한 설명으로 옳지 않은 것은?

㉠ 침로나 속력을 변경할 때에는 소폭으로 연속적으로 변경하여야 한다.

㉡ 피항동작을 취할 때에는 그 동작의 효과를 다른 선박이 완전히 통과할 때까지 주의 깊게 확인하여야 한다.

㉣ 필요하면 속력을 줄이거나 기관의 작동을 정지하거나 후진하여 선박의 진행을 완전히 멈추어야 한다.

㉤ 침로를 변경할 경우에는 될 수 있으면 충분한 시간적 여유를 두고 다른 선박이 그 변경을 쉽게 알아볼 수 있도록 충분히 크게 변경하여야 한다.

해설 「해사안전법」 제66조(충돌을 피하기 위한 동작)

② 선박은 다른 선박과 충돌을 피하기 위하여 침로(針路)나 속력을 변경할 때에는 될 수 있으면 다른 선박이 그 변경을 쉽게 알아볼 수 있도록 충분히 크게 변경하여야 하며, 침로나 속력을 소폭으로 연속적으로 변경하여서는 아니 된다.

③ 선박은 넓은 수역에서 충돌을 피하기 위하여 침로를 변경하는 경우에는 적절한 시기에 큰 각도로 침로를 변경하여야 하며, 그에 따라 다른 선박에 접근하지 아니하도록 하여야 한다.

④ 선박은 다른 선박과의 충돌을 피하기 위하여 동작을 취할 때에는 다른 선박과의 사이에 안전한 거리를 두고 통과할 수 있도록 그 동작을 취하여야 한다. 이 경우 그 동작의 효과를 다른 선박이 완전히 통과할 때까지 주의 깊게 확인하여야 한다.

⑤ 선박은 다른 선박과의 충돌을 피하거나 상황을 판단하기 위한 시간적 여유를 얻기 위하여 필요하면 속력을 줄이거나 기관의 작동을 정지하거나 후진하여 선박의 진행을 완전히 멈추어야 한다.

⑥ 이 법에 따라 다른 선박의 통항이나 통항의 안전을 방해하여서는 아니 되는 선박은 다음 각 호의 사항을 준수하고 유의하여야 한다.
1. 다른 선박이 안전하게 지나갈 수 있는 여유 수역이 충분히 확보될 수 있도록 조기에 동작을 취할 것
2. 다른 선박에 접근하여 충돌할 위험이 생긴 경우에는 그 책임을 면할 수 없으며, 피항동작(避航動作)을 취할 때에는 이 장(章)에서 요구하는 동작에 대하여 충분히 고려할 것

★★★
29 ( )에 순서대로 적합한 것은?

> 해사안전법상 횡단하는 상태에서 충돌의 위험이 있을 때 유지선은 피항선이 적절한 조치를 취하고 있지 아니하다고 판단하면 침로와 속력을 유지하여야 함에도 불구하고 스스로의 조종만으로 피항선과 충돌하지 아니하도록 조치를 취할 수 있다. 이 경우 ( )은 부득이하다고 판단하는 경우 외에는 ( ) 쪽에 있는 선박을 향하여 침로를 ( )으로 변경하여서는 아니 된다.

㉮ 피항선, 다른 선박의 좌현, 오른쪽
㉯ 피항선, 자기 선박의 우현, 왼쪽
㉴ 유지선, 자기 선박의 좌현, 왼쪽
㉵ 유지선, 다른 선박의 좌현, 오른쪽

해설 「해사안전법」 제75조(유지선의 동작)

① 2척의 선박 중 1척의 선박이 다른 선박의 진로를 피하여야 할 경우 다른 선박은 그 침로와 속력을 유지하여야 한다.
② 제1항에 따라 침로와 속력을 유지하여야 하는 선박[이하 "유지선"(維持船)이라 한다]은 피항선이 이 법에 따른 적절한 조치를 취하고 있지 아니하다고 판단하면 제1항에도 불구하고 스스로의 조종만으로 피항선과 충돌하지 아니하도록 조치를 취할 수 있다. 이 경우 유지선은 부득이하다고 판단하는 경우 외에는 자기 선박의 좌현 쪽에 있는 선박을 향하여 침로를 왼쪽으로 변경하여서는 아니 된다.
③ 유지선은 피항선과 매우 가깝게 접근하여 해당 피항선의 동작만으로는 충돌을 피할 수 없다고 판단하는 경우에는 제1항에도 불구하고 충돌을 피하기 위하여 충분한 협력을 하여야 한다.
④ 제2항과 제3항은 피항선에게 진로를 피하여야 할 의무를 면제하는 것은 아니다.

30 해사안전법상 형상물의 색깔은?

㉮ 흑색 ㉯ 흰색
㉴ 황색 ㉵ 붉은색

해설

형상물은 흑색의 구이다.

★★
31 해사안전법상 도선업무에 종사하고 있는 선박이 항행 중 표시하여야 하는 등화로 옳은 것은?

㉮ 마스트의 꼭대기나 그 부근에 수직선 위쪽에는 붉은색 전주등, 아래쪽에는 흰색 전주등 각 1개
㉯ 마스트의 꼭대기나 그 부근에 수직선 위쪽에는 흰색 전주등, 아래쪽에는 붉은색 전주등 각 1개
㉴ 현등 1쌍과 선미등 1개, 마스트의 꼭대기나 그 부근에 수직선 위쪽에는 흰색 전주등, 아래쪽에는 붉은색 전주등 각 1개
㉵ 현등 1쌍과 선미등 1개, 마스트의 꼭대기나 그 부근에 수직선 위쪽에는 붉은색 전주등, 아래쪽에는 흰색 전주등 각 1개

해설 「해사안전법」 제87조(도선선)

① 도선업무에 종사하고 있는 선박은 다음 각 호의 등화나 형상물을 표시하여야 한다.
  1. 마스트의 꼭대기나 그 부근에 수직선 위쪽에는 흰색 전주등, 아래쪽에는 붉은색 전주등 각 1개
  2. 항행 중에는 제1호에 따른 등화에 덧붙여 현등 1쌍과 선미등 1개

★★★
32 **해사안전법상 길이 12미터 이상인 '얹혀 있는 선박'이 가장 잘 보이는 곳에 표시하여야 하는 형상물은?**

[가] 수직으로 원통형 형상물 2개
[나] 수직으로 원통형 형상물 3개
[사] 수직으로 둥근꼴 형상물 2개
[아] 수직으로 둥근꼴 형상물 3개

해설 **「해사안전법」 제88조(정박선과 얹혀 있는 선박)**

④ 얹혀 있는 선박은 제1항이나 제2항에 따른 등화를 표시하여야 하며, 이에 덧붙여 가장 잘 보이는 곳에 다음 각 호의 등화나 형상물을 표시하여야 한다.
1. 수직으로 붉은색의 전주등 2개
2. 수직으로 둥근꼴의 형상물 3개

★★
33 **(　　)에 적합한 것은?**

해사안전법상 2척의 동력선이 상대의 진로를 횡단하는 경우로서 충돌의 위험이 있을 때에는 다른 선박을 (　　) 쪽에 두고 있는 선박이 그 다른 선박의 진로를 피하여야 한다.

[가] 좌현　　**[나] 우현**
[사] 정횡　　[아] 정면

해설 **「해사안전법」 제72조(마주치는 상태)**

① 2척의 동력선이 마주치거나 거의 마주치게 되어 충돌의 위험이 있을 때에는 각 동력선은 서로 다른 선박의 좌현 쪽을 지나갈 수 있도록 침로를 우현(右舷) 쪽으로 변경하여야 한다.

★★★
34 **해사안전법상 선박의 항행안전에 필요한 항로표지·신호·조명 등 항행보조시설을 설치하고 관리·운영하여야 하는 주체는?**

[가] 선장　　[나] 해양경찰청장
[사] 선박소유자　　**[아] 해양수산부장관**

해설 **「해사안전법」 제44조(항행보조시설의 설치와 관리)**

① 해양수산부장관은 선박의 항행안전에 필요한 항로표지·신호·조명 등 항행보조시설을 설치하고 관리·운영하여야 한다.

35 **해사안전법상 연안통항대를 따라 항행하여서는 아니 되는 선박은?**

[가] 범선
[나] 길이 30미터인 선박
[사] 급박한 위험을 피하기 위한 선박
[아] 연안통항대 안에 있는 해양시설에 출입하는 선박

해설 **「해사안전법」 제68조(통항분리제도)**

④ 선박은 연안통항대에 인접한 통항분리수역의 통항로를 안전하게 통과할 수 있는 경우에는 연안통항대를 따라 항행하여서는 아니 된다. 다만, 다음 각 호의 선박의 경우에는 연안통항대를 따라 항행할 수 있다.
1. 길이 20미터 미만의 선박
2. 범선
3. 어로에 종사하고 있는 선박
4. 인접한 항구로 입항·출항하는 선박
5. 연안통항대 안에 있는 해양시설 또는 도선사의 승하선(乘下船) 장소에 출입하는 선박
6. 급박한 위험을 피하기 위한 선박

★★★
36 **해사안전법상 선박의 출항을 통제하는 목적은?**

㉮ 국적선의 이익을 위해

㉯ 선박의 효율적 통제를 위해

[사] 항만의 무리한 운영을 막으려고

[아] 선박의 안전운항에 지장을 줄 우려가 있어서

[해설] **「해사안전법」 제38조(선박 출항통제)**

① 해양수산부장관은 해상에 대하여 기상특보가 발표되거나 제한된 시계 등으로 선박의 안전운항에 지장을 줄 우려가 있다고 판단할 경우에는 선박소유자나 선장에게 선박의 출항통제를 명할 수 있다.

★★
37 **해사안전법상 선박의 등화에 대한 설명으로 옳지 않은 것은?**

㉮ 해지는 시각부터 해뜨는 시각까지 항행 시에는 항상 등화를 표시하여야 한다.

㉯ 해뜨는 시각부터 해지는 시각까지도 제한된 시계에서는 등화를 표시하여야 한다.

[사] 현등의 색깔은 좌현은 녹색 등, 우현은 붉은색 등이다.

[아] 해지는 시각부터 해뜨는 시각까지 접근하여 오는 선박의 진행 방향은 등화를 관찰하여 알 수 있다.

[해설] **현등(舷燈)**

정선수 방향에서 양쪽 현으로 각각 112.5도에 걸치는 수평의 호를 비추는 등화로서 그 불빛이 정선수 방향에서 좌현 정횡으로부터 뒤쪽 22.5도까지 비출 수 있도록 좌현에 설치된 붉은색 등과 그 불빛이 정선수 방향에서 우현 정횡으로부터 뒤쪽 22.5도까지 비출 수 있도록 우현에 설치된 녹색 등이다.

38 **해사안전법상 항행 중인 동력선이 진로를 피하지 않아도 되는 선박은?**

㉮ 항행 중인 조종제한선

㉯ 항행 중인 조종불능선

[사] 비행 중인 수상항공기

[아] 어로에 종사하고 있는 선박

[해설] **「해사안전법」 제76조(선박 사이의 책무)**

② 항행 중인 동력선은 다음 각 호에 따른 선박의 진로를 피하여야 한다.
1. 조종불능선
2. 조종제한선
3. 어로에 종사하고 있는 선박
4. 범선

★★
39 **해사안전법상 선박교통관제구역에 진입하기 전 통신기기 관리에 대한 설명으로 옳은 것은?**

㉮ 조난채널은 관제통신 채널을 대신한다.

㉯ 진입 전 호출응답용 관제통신 채널을 청취한다.

[사] 관제통신 채널 청취만으로는 항만 교통상황을 알기 어렵다.

[아] 선박교통관제사는 선박이 호출하기 전에는 어떠한 말도 하지 않는다.

[해설]

선박교통관제센터는 선박교통의 안전 및 효율성을 증진하고 해양환경과 해양시설을 보호하기 위하여 선박의 위치를 탐지하고 선박과 통신할 수 있는 설비를 설치 및 운영함으로써 선박의 동정을 관찰하며 선박에 대하여 안전에 관한 정보를 제공한다.

40 ★★★ 해사안전법상 서로 시계 안에 있는 선박이 접근하고 있을 경우, 다른 선박의 동작을 이해할 수 없을 때 울리는 의문신호는?

㉮ 장음 5회 이상으로 표시

㉯ 단음 5회 이상으로 표시

㉰ 장음 5회, 단음 1회의 순으로 표시

㉱ 단음 5회, 장음 1회의 순으로 표시

해설 「해사안전법」 제92조(조종신호와 경고신호)

⑤ 서로 상대의 시계 안에 있는 선박이 접근하고 있을 경우에는 하나의 선박이 다른 선박의 의도 또는 동작을 이해할 수 없거나 다른 선박이 충돌을 피하기 위하여 충분한 동작을 취하고 있는지 분명하지 아니한 경우에는 그 사실을 안 선박이 즉시 기적으로 단음을 5회 이상 재빨리 울려 그 사실을 표시하여야 한다. 이 경우 의문신호(疑問信號)는 5회 이상의 짧고 빠르게 섬광을 발하는 발광신호로써 보충할 수 있다.

41 해사안전법상 선박의 등화에 대한 설명으로 옳지 않은 것은?

㉮ 야간 항행 시에는 항상 등화를 표시하여야 한다.

㉯ 주간에도 제한된 시계에서는 등화를 표시하여야 한다.

㉰ 현등의 색깔은 좌현은 녹색 등, 우현은 붉은색 등이다.

㉱ 야간에 접근하여 오는 선박의 진행 방향은 등화를 관찰하여 알 수 있다.

해설 현등(舷燈)

정선수 방향에서 양쪽 현으로 각각 112.5도에 걸치는 수평의 호를 비추는 등화로서 그 불빛이 정선수 방향에서 좌현 정횡으로부터 뒤쪽 22.5도까지 비출 수 있도록 좌현에 설치된 붉은색 등과 그 불빛이 정선수 방향에서 우현 정횡으로부터 뒤쪽 22.5도까지 비출 수 있도록 우현에 설치된 녹색 등이다.

42 ★★ ( )에 적합한 것은?

> 해사안전법상 길이 12미터 미만의 동력선은 항행 중인 동력선에 따른 등화를 대신하여 ( ) 1개와 현등 1쌍을 표시할 수 있다.

㉮ 황색 전주등   ㉯ 흰색 전주등

㉰ 붉은색 전주등   ㉱ 녹색 전주등

해설 「해사안전법」 제81조(항행 중인 동력선)

④ 길이 12미터 미만의 동력선은 제1항에 따른 등화를 대신하여 흰색 전주등 1개와 현등 1쌍을 표시할 수 있다.

43 ( )에 순서대로 적합한 것은?

> 해사안전법상 좁은 수로등의 굽은 부분에 접근하는 선박은 ( )의 기적 신호를 울리고, 그 기적 신호를 들은 선박은 ( )의 기적 신호를 울려 이에 응답하여야 한다.

㉮ 단음 1회, 단음 2회

㉯ 장음 1회, 단음 2회

㉰ 단음 1회, 단음 1회

㉱ 장음 1회, 장음 1회

해설 「해사안전법」 제92조(조종신호와 경고신호)

⑥ 좁은 수로등의 굽은 부분이나 장애물 때문에 다른 선박을 볼 수 없는 수역에 접근하는 선박은 장음으로 1회의 기적신호를 울려야 한다. 이 경우 그 선박에 접근하고 있는 다른 선박이 굽은 부분의 부근이나 장애물의 뒤쪽에서 그 기적신호를 들은 경우에는 장음 1회의 기적신호를 울려 이에 응답하여야 한다.

44 해사안전법상 원유 20,000킬로리터를 실은 유조선이 항행하다 유조선통항금지해역에서 선박으로부터 인명구조 요청을 받은 경우 적절한 조치는?

㉮ 인명구조에 임한다.

㉯ 인명구조 요청을 거절한다.

㉬ 정선하여 상황을 지켜본다.

㉠ 가능한 빨리 유조선통항금지해역에서 벗어난다.

해설 「해사안전법」 제14조(유조선의 통항제한)

③ 유조선은 다음 각 호의 어느 하나에 해당하면 제1항에도 불구하고 유조선통항금지해역에서 항행할 수 있다.
 1. 기상상황의 악화로 선박의 안전에 현저한 위험이 발생할 우려가 있는 경우
 2. 인명이나 선박을 구조하여야 하는 경우
 3. 응급환자가 생긴 경우
 4. 항만을 입항·출항하는 경우. 이 경우 유조선은 출입해역의 기상 및 수심, 그 밖의 해상상황 등 항행여건을 충분히 헤아려 유조선통항금지해역의 바깥쪽 해역에서부터 항구까지의 거리가 가장 가까운 항로를 이용하여 입항·출항하여야 한다.

45 ( )에 적합한 것은?

> 해사안전법상 고속여객선이란 속력 ( ) 이상으로 항행하는 여객선을 말한다.

㉮ 10노트 ㉯ 15노트
㉬ 20노트 ㉠ 30노트

해설 「해사안전법」 제2조(정의)

8. "고속여객선"이란 시속 15노트 이상으로 항행하는 여객선을 말한다.

46 해사안전법상 허가 없이 해양시설 부근 해역의 보호수역에 입역할 수 있는 선박은?

㉮ 외국적 선박

㉯ 항행 중인 유조선

㉬ 어로에 종사하고 있는 선박

㉠ 인명을 구조하는 선박

해설 「해사안전법」 제9조(보호수역의 입역)

① 제8조제2항에도 불구하고 다음 각 호의 어느 하나에 해당하면 해양수산부장관의 허가를 받지 아니하고 보호수역에 입역할 수 있다.
 1. 선박의 고장이나 그 밖의 사유로 선박 조종이 불가능한 경우
 2. 해양사고를 피하기 위하여 부득이한 사유가 있는 경우
 3. 인명을 구조하거나 또는 급박한 위험이 있는 선박을 구조하는 경우
 4. 관계 행정기관의 장이 해상에서 안전 확보를 위한 업무를 하는 경우
 5. 해양시설을 운영하거나 관리하는 기관이 그 해양시설의 보호수역에 들어가려고 하는 경우

47 해사안전법상 동력선의 등화에 덧붙여 붉은색 전주등 3개를 수직으로 표시하거나 원통형 형상물 1개를 표시하는 선박은?

㉮ 도선선

㉯ 흘수제약선

㉬ 좌초선

㉠ 조종불능선

해설 「해사안전법」 제86조(흘수제약선)

흘수제약선은 제81조에 따른 동력선의 등화에 덧붙여 가장 잘 보이는 곳에 붉은색 전주등 3개를 수직으로 표시하거나 원통형의 형상물 1개를 표시할 수 있다.

48 (   )에 적합한 것은?

> 해사안전법상 길이 20미터 미만의 선박이나 (   )은 좁은 수로등의 안쪽에서만 안전하게 항행할 수 있는 다른 선박의 통행을 방해하여서는 아니 된다.

㉮ 어선

㉯ 범선

㉰ 소형선

㉱ 작업선

해설 「해사안전법」 제67조(좁은 수로등)

② 길이 20미터 미만의 선박이나 범선은 좁은 수로등의 안쪽에서만 안전하게 항행할 수 있는 다른 선박의 통행을 방해하여서는 아니 된다.

★★
49 해사안전법상 국제항해에 종사하지 않는 여객선에 대한 출항통제권자는?

㉮ 시·도지사

㉯ 해양경찰서장

㉰ 지방해양수산청장

㉱ 해양수산부장관

해설 「해사안전법」 시행규칙 별표10 (선박출항통제의 기준 및 절차)

1. 국제항해에 종사하지 않는 여객선 및 여객용 수면비행선박
   가. 적용선박 :「해운법」 제2조제1호의2에 따른 여객선 중 국제항해에 종사하지 않는 여객선 및 여객용 수면비행선박
   나. 출항통제권자 : 해양경찰서장

50 해사안전법상 항행 중인 동력선이 야간에 표시하여야 할 등화로 옳지 않은 것은?

㉮ 선폭등

㉯ 현등

㉰ 마스트등

㉱ 선미등

해설

동력선은 야간 항행 중에 마스트등, 현등 1쌍, 선미등을 표시해야 한다. 선폭등은 선박에서 가장 넓은 부분을 잰 폭을 표시하는 등이다.

★★
51 해사안전법상 교통안전특정해역의 안전을 위해 고속여객선의 운항을 제한할 수 있는 조치는?

㉮ 속력의 제한

㉯ 추월의 지시

㉰ 입항의 금지

㉱ 선장의 변경

해설 「해사안전법」 제11조(거대선 등의 항행 안전확보 조치)

해양경찰서장은 거대선, 위험화물운반선, 고속여객선, 그 밖에 해양수산부령으로 정하는 선박이 교통안전특정해역을 항행하려는 경우 항행안전을 확보하기 위하여 필요하다고 인정하면 선장이나 선박소유자에게 다음 각 호의 사항을 명할 수 있다.

1. 통항시각의 변경
2. 항로의 변경
3. 제한된 시계의 경우 선박의 항행 제한
4. 속력의 제한
5. 안내선의 사용
6. 그 밖에 해양수산부령으로 정하는 사항

52 해사안전법상 마스트등은 그 불빛이 정
선수 방향으로부터 양쪽 현의 정횡으로
부터 뒤쪽 몇 도까지 비출 수 있는 흰색
등을 말하는가?

㉮ 22.5도   ㉯ 120도

㉰ 180도   ㉑ 225도

해설 마스트등

선수와 선미의 중심선상에 설치되어 225도에 걸치
는 수평의 호(弧)를 비추되, 그 불빛이 정선수 방향
으로부터 양쪽 현의 정횡으로부터 뒤쪽 22.5도까
지 비출 수 있는 흰색 등(燈)이다.

53 해사안전법상 거대선이란?

㉮ 폭 30미터 이상의 선박

㉯ 길이 200미터 이상의 선박

㉰ 만재흘수 8미터 이상의 선박

㉑ 총톤수 20,000톤 이상의 선박

해설 거대선

길이 200미터 이상의 선박을 말한다.

54 해사안전법상 해양사고가 일어난 경우의
조치에 대한 설명으로 옳지 않은 것은?

㉮ 해양사고의 발생 사실과 조치 사실을
지체 없이 해양경찰서장이나 지방해
양수산청장에게 신고하여야 한다.

**㉯ 해양경찰서장은 선박의 안전을 위해
취해진 조치가 적당하지 않다고 인정
하는 경우에는 직접 조치할 수 있다.**

㉰ 해양경찰서장은 해양사고가 일어난
선박이 위험하게 될 우려가 있는 경우
필요하면 구역을 정하여 다른 선박에
대하여 이동·항행제한 또는 조업정지
를 명할 수 있다.

㉑ 선장이나 선박소유자는 해양사고가 일
어난 선박이 위험하게 되거나 다른 선박
의 항행안전에 위험을 줄 우려가 있는
경우에는 위험을 방지하기 위하여 신속
하게 필요한 조치를 취하여야 한다.

해설 「해사안전법」 제43조(해양사고가 일어
난 경우의 조치)

① 선장이나 선박소유자는 해양사고가 일어나 선
박이 위험하게 되거나 다른 선박의 항행안전
에 위험을 줄 우려가 있는 경우에는 위험을 방
지하기 위하여 신속하게 필요한 조치를 취하
고, 해양사고의 발생 사실과 조치 사실을 지체
없이 해양경찰서장이나 지방해양수산청장에게
신고하여야 한다.

② 지방해양수산청장은 제1항에 따른 신고를 받
으면 지체 없이 그 사실을 해양경찰서장에게
통보하여야 한다.

③ 해양경찰서장은 선장이나 선박소유자가 제1항
에 따라 신고한 조치 사실을 적절한 수단을 사
용하여 확인하고, 조치를 취하지 아니하였거나
취한 조치가 적당하지 아니하다고 인정하는 경
우에는 그 선박의 선장이나 선박소유자에게 해
양사고를 신속하게 수습하고 해상교통의 안전
을 확보하기 위하여 필요한 조치를 취할 것을
명하여야 한다.

④ 해양경찰서장은 해양사고가 일어나 선박이 위
험하게 되거나 다른 선박의 항행안전에 위험을
줄 우려가 있는 경우 필요하면 구역을 정하여
다른 선박에 대하여 선박의 이동·항행 제한 또
는 조업중지를 명할 수 있다.

55 해사안전법상 조타기가 고장나서 다른 선박의 진로를 피할 수 없는 선박이 표시해야 하는 것은?

㉮ 흰색의 기를 달아야 한다.

㉯ **밤에는 가장 잘 보이는 곳에 수직으로 붉은색 전주등 2개를 달아야 한다.**

㉰ 낮에는 가장 잘 보이는 곳에 수직으로 둥근꼴이나 그와 비슷한 형상물 1개를 달아야 한다.

㉱ 밤에는 가장 잘 보이는 곳에 수직으로 흰색 전주등 2개를 달아야 한다.

해설 「해사안전법」 제85조(조종불능선과 조종제한선)

① 조종불능선은 다음 각 호의 등화나 형상물을 표시하여야 한다.

1. 가장 잘 보이는 곳에 수직으로 붉은색 전주등 2개
2. 가장 잘 보이는 곳에 수직으로 둥근꼴이나 그와 비슷한 형상물 2개
3. 대수속력이 있는 경우에는 제1호와 제2호에 따른 등화에 덧붙여 현등 1쌍과 선미등 1개

Chapter ❷ 선박의 입항 및 출항 등에 관한 법률

01 목적

무역항의 수상구역 등에서 선박의 입항·출항에 대한 지원과 선박운항의 안전 및 질서 유지에 필요한 사항을 규정함을 목적으로 한다.

02 정의

(1) **무역항** : 국민경제와 공공의 이해에 밀접한 관계가 있고, 주로 외항선이 입항·출항하는 항만으로 지정된 항만

(2) **우선피항선** : 주로 무역항의 수상구역에서 운항하는 선박으로서 다른 선박의 진로를 피하여야 하는 다음 선박
 ① 예인선 및 부선(압항부선 제외)
 ② 주로 노와 삿대로 운전하는 선박
 ③ 예선
 ④ 항만운송관련사업을 등록한 자가 소유한 선박
 ⑤ 해양환경관리업을 등록한 자가 소유한 선박(폐기물해양배출업으로 등록한 선박 제외)
 ⑥ ①부터 ⑤까지의 규정에 해당하지 아니하는 총톤수 20톤 미만의 선박

03 출입 신고

무역항의 수상구역 등에 출입하려는 선박의 선장은 대통령령으로 정하는 바에 따라 해양수산부장관에게 신고해야 한다.

(1) **출입 신고 제외 선박**
 ① 총톤수 5톤 미만의 선박
 ② 해양사고구조에 사용되는 선박
 ③ 수상레저기구 중 국내항 간을 운항하는 모터보트 및 동력요트
 ④ 공공목적이나 항만 운영의 효율성을 위하여 해양수산부령으로 정하는 선박

04 ▶ 항법

(1) 항로에서의 항법

① 항로 밖에서 항로에 들어오거나 항로에서 항로 밖으로 나가는 선박은 항로를 항행하는 다른 선박의 진로를 피하여 항행할 것

② 항로에서 다른 선박과 나란히 항행하지 아니할 것

③ 항로에서 다른 선박과 마주칠 우려가 있는 경우에는 오른쪽으로 항행할 것

④ 항로에서 다른 선박을 추월하지 아니할 것. 다만, 추월하려는 선박을 눈으로 볼 수 있고 안전하게 추월할 수 있다고 판단되는 경우에는 「해사안전법」 제67조제5항 및 제71조에 따른 방법으로 추월할 것

⑤ 항로를 항행하는 위험물운송선박 또는 흘수제약선의 진로를 방해하지 아니할 것

⑥ 범선은 항로에서 지그재그(zigzag)로 항행하지 아니할 것

(2) 방파제 부근에서의 항법

무역항의 수상구역등에 입항하는 선박이 방파제 입구 등에서 출항하는 선박과 마주칠 우려가 있는 경우에는 방파제 밖에서 출항하는 선박의 진로를 피하여야 한다.

(3) 부두등 부근에서의 항행

선박이 무역항의 수상구역등에서 해안으로 길게 뻗어 나온 육지 부분, 부두, 방파제 등 인공시설물의 튀어나온 부분 또는 정박 중인 선박을 오른쪽 뱃전에 두고 항행할 때에는 부두등에 접근하여 항행하고, 부두등을 왼쪽 뱃전에 두고 항행할 때에는 멀리 떨어져서 항행하여야 한다.

(4) 속력 등의 제한

① 다른 선박에 위험을 끼치지 아니할 정도의 속력으로 항행할 것

② 일부 무역항은 선박 항행 최고속력을 지정할 것

05 위험물의 관리

(1) 위험물의 반입
해양수산부령으로 정하는 바에 따라 관리청에 신고해야 한다.

(2) 위험물운송선박의 정박 등
위험물운송선박은 관리청이 지정한 장소 이외의 장소에 정박하거나 정류해서는 아니 된다.

(3) 위험물 하역
① 위험물을 하역 시 '자체안전관리계획'을 수립하여 승인 후 하역
② 위험물을 하역 시 하역이 부적당하다고 인정되는 경우에는 일정한 장소를 지정하여 하역

(4) 위험물 취급 시의 안전조치
① 위험물 취급에 관한 안전관리자의 확보 및 배치
② 소화 장비의 비치와 위험 표지의 설치
③ 작업자에 대한 안전 교육, 기타 안전에 필요한 조치

Chapter 2 선박의 입항 및 출항 등에 관한 법률 **기출분석문제**

★★★
01 선박의 입항 및 출항 등에 관한 법률상 무역항의 수상구역등에 출입하려는 경우 출입신고를 하여야 하는 선박은?

㉮ 예선

㉯ 총톤수 5톤인 선박

㉳ 도선선

㉴ 해양사고구조에 사용되는 선박

해설 **「선박의 입항 및 출항 등에 관한 법률」 제4조(출입 신고)**

① 무역항의 수상구역등에 출입하려는 선박의 선장은 대통령령으로 정하는 바에 따라 관리청에 신고하여야 한다. 다만, 다음 각 호의 선박은 출입 신고를 하지 아니할 수 있다.

1. 총톤수 5톤 미만의 선박
2. 해양사고구조에 사용되는 선박
3. 「수상레저안전법」 제2조제3호에 따른 수상레저기구 중 국내항 간을 운항하는 모터보트 및 동력요트
4. 그 밖에 공공목적이나 항만 운영의 효율성을 위하여 해양수산부령으로 정하는 선박

02 (　　)에 순서대로 적합한 것은?

선박의 입항 및 출항 등에 관한 법률상 무역항의 수상구역등에 정박하는 선박은 지체없이 예비용 (　　)을/를 내릴 수 있도록 고정장치를 해제하고, 동력선은 즉시 운항할 수 있도록 (　　)의 상태를 유지하는 등 안전에 필요한 조치를 취하여야 한다.

㉮ 닻, 기관 ㉯ 조타장치, 기관

㉳ 닻, 조타장치 ㉴ 기관, 항해 장비

해설 **「선박의 입항 및 출항 등에 관한 법률」 제6조(정박의 제한 및 방법 등)**

④ 무역항의 수상구역등에 정박하는 선박은 지체없이 예비용 닻을 내릴 수 있도록 닻 고정장치를 해제하고, 동력선은 즉시 운항할 수 있도록 기관의 상태를 유지하는 등 안전에 필요한 조치를 하여야 한다.

★★★
03 선박의 입항 및 출항 등에 관한 법률상 항로에서 다른 선박과 마주칠 우려가 있는 경우의 항법으로 옳은 것은?

㉮ 항로의 중앙으로 항행한다.

㉯ 항로의 왼쪽으로 항행한다.

㉳ 항로의 오른쪽으로 항행한다.

㉴ 다른 선박을 오른쪽에 두는 선박이 항로를 벗어나 항행한다.

해설 **「선박의 입항 및 출항 등에 관한 법률」 제12조(항로에서의 항법)**

① 모든 선박은 항로에서 다음 각 호의 항법에 따라 항행하여야 한다.

1. 항로 밖에서 항로에 들어오거나 항로에서 항로 밖으로 나가는 선박은 항로를 항행하는 다른 선박의 진로를 피하여 항행할 것
2. 항로에서 다른 선박과 나란히 항행하지 아니할 것
3. 항로에서 다른 선박과 마주칠 우려가 있는 경우에는 오른쪽으로 항행할 것
4. 항로에서 다른 선박을 추월하지 아니할 것. 다만, 추월하려는 선박을 눈으로 볼 수 있고 안전하게 추월할 수 있다고 판단되는 경우에는 「해사안전법」 제67조제5항 및 제71조에 따른 방법으로 추월할 것
5. 항로를 항행하는 제37조제1항제1호에 따른 위험물운송선박 또는 「해사안전법」 제2조제14호에 따른 흘수제약선(吃水制約船)의 진로를 방해하지 아니할 것
6. 「선박법」 제1조의2제1항제2호에 따른 범선은 항로에서 지그재그(zigzag)로 항행하지 아니할 것

04 ( )에 순서대로 적합한 것은?

> 선박의 입항 및 출항 등에 관한 법률상
> ( )은/는 ( )로부터/으로부터 최고속
> 력의 지정을 요청받은 경우 특별한 사유가
> 없으면 무역항의 수상구역등에서 선박 항행
> 최고속력을 지정·고시하여야 한다.

㉮ 해양경찰서장, 시·도지사

㉯ 지방해양수산청장, 시·도지사

㉰ 시·도지사, 해양수산부장관

㉱ **관리청, 해양경찰청장**

해설 「선박의 입항 및 출항 등에 관한 법률」
　　　제17조(속력 등의 제한)

① 선박이 무역항의 수상구역등이나 무역항의 수
　상구역 부근을 항행할 때에는 다른 선박에 위
　험을 주지 아니할 정도의 속력으로 항행하여야
　한다.

② 해양경찰청장은 선박이 빠른 속도로 항행하여
　다른 선박의 안전 운항에 지장을 초래할 우려
　가 있다고 인정하는 무역항의 수상구역등에 대
　하여는 관리청에 무역항의 수상구역등에서의
　선박 항행 최고속력을 지정할 것을 요청할 수
　있다.

05 선박의 입항 및 출항 등에 관한 법률상
주로 무역항의 수상구역에서 운항하는
선박으로서 다른 선박의 진로를 피하여
야 하는 우선피항선이 아닌 것은?

㉮ 압항부선을 제외한 부선

㉯ 예선

㉰ **총톤수 20톤인 여객선**

㉱ 주로 노와 삿대로 운전하는 선박

해설 「선박의 입항 및 출항 등에 관한 법률」
　　　제2조(정의)

5. "우선피항선"(優先避航船)이란 주로 무역항의
　수상구역에서 운항하는 선박으로서 다른 선박
　의 진로를 피하여야 하는 다음 각 목의 선박을
　말한다.

　　가. 「선박법」 제1조의2제1항제3호에 따른 부
　　　선(艀船)[예인선이 부선을 끌거나 밀고 있
　　　는 경우의 예인선 및 부선을 포함하되, 예
　　　인선에 결합되어 운항하는 압항부선(押航
　　　艀船)은 제외한다]

　　나. 주로 노와 삿대로 운전하는 선박

　　다. 예선

　　라. 「항만운송사업법」 제26조의3제1항에 따라
　　　항만운송관련사업을 등록한 자가 소유한
　　　선박

　　마. 「해양환경관리법」 제70조제1항에 따라 해
　　　양환경관리업을 등록한 자가 소유한 선박
　　　또는 「해양폐기물 및 해양오염퇴적물 관리
　　　법」 제19조제1항에 따라 해양폐기물관리
　　　업을 등록한 자가 소유한 선박(폐기물해양
　　　배출업으로 등록한 선박은 제외한다)

　　바. 가목부터 마목까지의 규정에 해당하지 아
　　　니하는 총톤수 20톤 미만의 선박

06 ( )에 순서대로 적합한 것은?

> 선박의 입항 및 출항 등에 관한 법률상 누구든지 무역항의 수상구역등이나 무역항의 수상구역 밖 ( ) 이내의 수면에 선박의 안전운항을 해칠 우려가 있는 ( )을/를 버려서는 아니 된다.

㉮ 5킬로미터, 장애물

㉯ **10킬로미터, 폐기물**

㉰ 10킬로미터, 장애물

㉱ 5킬로미터, 폐기물

해설 「선박의 입항 및 출항 등에 관한 법률」
제38조(폐기물의 투기 금지 등)

① 누구든지 무역항의 수상구역등이나 무역항의 수상구역 밖 10킬로미터 이내의 수면에 선박의 안전운항을 해칠 우려가 있는 흙·돌·나무·어구(漁具) 등 폐기물을 버려서는 아니 된다.

② 무역항의 수상구역등이나 무역항의 수상구역 부근에서 석탄·돌·벽돌 등 흩어지기 쉬운 물건을 하역하는 자는 그 물건이 수면에 떨어지는 것을 방지하기 위하여 대통령령으로 정하는 바에 따라 필요한 조치를 하여야 한다.

③ 관리청은 제1항을 위반하여 폐기물을 버리거나 제2항을 위반하여 흩어지기 쉬운 물건을 수면에 떨어뜨린 자에게 그 폐기물 또는 물건을 제거할 것을 명할 수 있다.

07 선박의 입항 및 출항 등에 관한 법률상 무역항의 수상구역등에서 위험물취급자가 취할 안전에 필요한 조치에 대한 설명으로 옳은 것을 〈보기〉에서 모두 고른 것은?

> 〈보기〉
> ㄱ. 위험물 취급에 관한 안전관리자를 배치한다.
> ㄴ. 위험표지 및 출입통제시설을 설치한다.
> ㄷ. 선박과 육상 간의 통신수단을 확보한다.
> ㄹ. 위험물의 종류에 상관없이 기본적인 소화장비를 비치한다.

㉮ ㄱ, ㄴ, ㄷ

㉯ ㄴ, ㄷ, ㄹ

㉰ ㄱ, ㄴ, ㄹ

㉱ ㄱ, ㄷ, ㄹ

해설 「선박의 입항 및 출항 등에 관한 법률」
제35조(위험물 취급 시의 안전조치 등)

1. 위험물 취급에 관한 안전관리자(이하 "위험물 안전관리자"라 한다)의 확보 및 배치
2. 해양수산부령으로 정하는 위험물 운송선박의 부두 이안·접안 시 위험물 안전관리자의 현장 배치
3. 위험물의 특성에 맞는 소화장비의 비치
4. 위험표지 및 출입통제시설의 설치
5. 선박과 육상 간의 통신수단 확보
6. 작업자에 대한 안전교육과 그 밖에 해양수산부령으로 정하는 안전에 필요한 조치

08 선박의 입항 및 출항 등에 관한 법률상 무역항의 수상구역등에서 예인선의 항법 으로 옳지 않은 것은?

㉮ 예인선은 한꺼번에 3척 이상의 피예 인선을 끌지 아니하여야 한다.

㉯ 원칙적으로 예인선의 선미로부터 피 예인선의 선미까지 길이는 200미터를 초과하지 못한다.

㉰ 다른 선박의 입항과 출항을 보조하는 경우 예인선의 길이가 200미터를 초 과하여도 된다.

㉱ 관리청은 무역항의 특수성 등을 고려 하여 필요한 경우 예인선의 항법을 조 정할 수 있다.

해설 「선박의 입항 및 출항 등에 관한 법률 시 행규칙」 제9조(예인선의 항법 등)

1. 예인선의 선수(船首)로부터 피(被)예인선의 선 미(船尾)까지의 길이는 200미터를 초과하지 아니할 것. 다만, 다른 선박의 출입을 보조하는 경우에는 그러하지 아니하다.
2. 예인선은 한꺼번에 3척 이상의 피예인선을 끌 지 아니할 것

09 선박의 입항 및 출항 등에 관한 법률상 방 파제 입구등에서 입·출항하는 두 척의 선박이 마주칠 우려가 있을 때의 항법은?

㉮ 입항선은 방파제 밖에서 출항선의 진 로를 피한다.

㉯ 입항선은 방파제 입구를 우현 쪽으로 접근하여 통과한다.

㉰ 출항선은 방파제 입구를 좌현 쪽으로 접근하여 통과한다.

㉱ 출항선은 방파제 안에서 입항선의 진 로를 피한다.

해설 「선박의 입항 및 출항 등에 관한 법률」 제13조(방파제 부근에서의 항법)

무역항의 수상구역등에 입항하는 선박이 방파제 입구 등에서 출항하는 선박과 마주칠 우려가 있는 경우에는 방파제 밖에서 출항하는 선박의 진로를 피하여야 한다.

10 선박의 입항 및 출항 등에 관한 법률상 주로 무역항의 수상구역에서 운항하는 선박으로서 다른 선박의 진로를 피하여 야 하는 선박이 아닌 것은?

㉮ 자력항행능력이 없어 다른 선박에 의 하여 끌리거나 밀려서 항행되는 부선

㉯ 해양환경관리업을 등록한 자가 소유 한 선박

㉰ 항만운송관련사업을 등록한 자가 소 유한 선박

㉱ 예인선에 결합되어 운항하는 압항부선

해설 「선박의 입항 및 출항 등에 관한 법률」 제2조(정의)

5. "우선피항선"(優先避航船)이란 주로 무역항의 수상구역에서 운항하는 선박으로서 다른 선박 의 진로를 피하여야 하는 다음 각 목의 선박을 말한다.
    가. 「선박법」 제1조의2제1항제3호에 따른 부 선(艀船)[예인선이 부선을 끌거나 밀고 있 는 경우의 예인선 및 부선을 포함하되, 예 인선에 결합되어 운항하는 압항부선(押航 艀船)은 제외한다]
    나. 주로 노와 삿대로 운전하는 선박
    다. 예선
    라. 「항만운송사업법」 제26조의3제1항에 따라 항만운송관련사업을 등록한 자가 소유한 선박
    마. 「해양환경관리법」 제70조제1항에 따라 해 양환경관리업을 등록한 자가 소유한 선박 또는 「해양폐기물 및 해양오염퇴적물 관리 법」 제19조제1항에 따라 해양폐기물관리 업을 등록한 자가 소유한 선박(폐기물해양 배출업으로 등록한 선박은 제외한다)
    바. 가목부터 마목까지의 규정에 해당하지 아 니하는 총톤수 20톤 미만의 선박

11 ★★★ (　　)에 적합한 것은?

> 선박의 입항 및 출항 등에 관한 법률상 (　　)를 피하기 위한 경우 등 해양수산부령으로 정하는 사유로 선박을 항로에 정박시키거나 정류시키려는 자는 그 사실을 관리청에 신고하여야 한다.

㉠ 선박나포　　　　㉯ **해양사고**
㉹ 오염물질 배수　　㉻ 위험물질 방치

해설 「선박의 입항 및 출항 등에 관한 법률」 제5조(정박지의 사용 등)

② 무역항의 수상구역등에 정박하려는 선박(우선피항선은 제외한다)은 제1항에 따른 정박구역 또는 정박지에 정박하여야 한다. 다만, 해양사고를 피하기 위한 경우 등 해양수산부령으로 정하는 사유가 있는 경우에는 그러하지 아니하다.
③ 우선피항선은 다른 선박의 항행에 방해가 될 우려가 있는 장소에 정박하거나 정류하여서는 아니 된다.
④ 제2항 단서에 따라 정박구역 또는 정박지가 아닌 곳에 정박한 선박의 선장은 즉시 그 사실을 관리청에 신고하여야 한다.

12 (　　)에 적합하지 않은 것은?

> 선박의 입항 및 출항 등에 관한 법률상 선박이 무역항의 수상구역등에서 (　　)[이하 부두등이라 한다]을 오른쪽 뱃전에 두고 항행할 때에는 부두등에 접근하여 항행하고, 부두등을 왼쪽 뱃전에 두고 항행할 때에는 멀리 떨어져서 항행하여야 한다.

㉠ 정박 중인 선박
㉯ **항행 중인 동력선**
㉹ 해안으로 길게 뻗어 나온 육지 부분
㉻ 부두, 방파제 등 인공시설물의 튀어나온 부분

해설 「선박의 입항 및 출항 등에 관한 법률」 제14조(부두등 부근에서의 항법)

선박이 무역항의 수상구역등에서 해안으로 길게 뻗어 나온 육지 부분, 부두, 방파제 등 인공시설물의 튀어나온 부분 또는 정박 중인 선박(이하 이 조에서 "부두등"이라 한다)을 오른쪽 뱃전에 두고 항행할 때에는 부두등에 접근하여 항행하고, 부두등을 왼쪽 뱃전에 두고 항행할 때에는 멀리 떨어져서 항행하여야 한다.

13 선박의 입항 및 출항 등에 관한 법률상 항법에 대한 규정으로 옳은 것은?

㉠ 항로에서 선박 상호간의 거리는 1해리 이상 유지하여야 한다.
㉯ 무역항의 수상구역등에서 속력을 3노트 이하로 유지하여야 된다.
㉹ 범선은 무역항의 수상구역등에서 돛을 최대로 늘려 항행하여야 된다.
㉻ **모든 선박은 항로를 항행하는 흘수제약선의 진로를 방해하지 않아야 한다.**

해설 「선박의 입항 및 출항 등에 관한 법률」 제12조(항로에서의 항법)

5. 항로를 항행하는 제37조제1항제1호에 따른 위험물운송선박(제2조제5호라목에 따른 선박 중 급유선은 제외한다) 또는 「해사안전법」 제2조제14호에 따른 흘수제약선(吃水制約船)의 진로를 방해하지 아니할 것

★★★
14 **선박의 입항 및 출항 등에 관한 법률상 무역항의 수상 구역등에서 위험물을 적재한 총톤수 25톤의 선박이 수리를 할 경우, 반드시 허가를 받고 시행하여야 하는 작업은?**

[가] 갑판 청소

[나] 평형수의 이동

[사] 연료의 수급

[아] 기관실 용접 작업

해설 「선박의 입항 및 출항 등에 관한 법률」 제37조(선박수리의 허가 등)

① 선장은 무역항의 수상구역등에서 다음 각 호의 선박을 불꽃이나 열이 발생하는 용접 등의 방법으로 수리하려는 경우 해양수산부령으로 정하는 바에 따라 관리청의 허가를 받아야 한다. 다만, 제2호의 선박은 기관실, 연료탱크, 그 밖에 해양수산부령으로 정하는 선박 내 위험구역에서 수리작업을 하는 경우에만 허가를 받아야 한다.

15 **선박의 입항 및 출항 등에 관한 법률상 무역항의 수상구역등에 출입하는 경우 출입신고를 서면으로 제출하여야 하는 선박은?**

[가] 예선 등 선박의 출입을 지원하는 선박

[나] 피난을 위하여 긴급히 출항하여야 하는 선박

[사] 연안수역을 항행하는 정기여객선으로서 항구에 출입하는 선박

[아] 관공선, 군함, 해양경찰함정 등 공공의 목적으로 운영하는 선박

해설 「선박의 입항 및 출항 등에 관한 법률 시행령」 제2조(출입 신고)

내항선이 무역항의 수상구역등의 안으로 입항하는 경우에는 입항 전에, 무역항의 수상구역등의 밖으로 출항하려는 경우에는 출항 전에 해양수산부령으로 정하는 바에 따라 내항선 출입 신고서를 관리청에 제출해야 한다.

★★
16 **선박의 입항 및 출항 등에 관한 법률상 선박이 해상에서 일시적으로 운항을 멈추는 것은?**

[가] 정박 **[나] 정류**

[사] 계류 [아] 계선

해설

[가] 정박 : 선박이 해상에서 닻을 바다 밑바닥에 내려놓고 운항을 멈추는 것

[나] 정류 : 선박이 해상에서 일시적으로 운항을 멈추는 것

[사] 계류 : 선박을 다른 시설에 붙들어 매어 놓는 것

[아] 계선 : 선박이 운항을 중지하고 정박하거나 계류하는 것

17 **선박의 입항 및 출항 등에 관한 법률상 무역항의 수상구역등이나 무역항의 수상구역 부근에서 선박의 속력제한에 대한 설명으로 옳은 것은?**

[가] 화물선은 최고 속력으로 항행하여야 한다.

[나] 범선은 돛의 수를 늘려서 항행하여야 한다.

[사] 고속여객선은 최저 속력으로 항행하여야 한다.

[아] 다른 선박에 위험을 주지 않을 정도의 속력으로 항행하여야 한다.

해설 「선박의 입항 및 출항 등에 관한 법률」 제17조(속력 등의 제한)

① 선박이 무역항의 수상구역등이나 무역항의 수상구역 부근을 항행할 때에는 다른 선박에 위험을 주지 아니할 정도의 속력으로 항행하여야 한다.

② 해양경찰청장은 선박이 빠른 속도로 항행하여 다른 선박의 안전 운항에 지장을 초래할 우려가 있다고 인정하는 무역항의 수상구역등에 대하여는 관리청에 무역항의 수상구역등에서의 선박 항행 최고속력을 지정할 것을 요청할 수 있다.

③ 관리청은 제2항에 따른 요청을 받은 경우 특별한 사유가 없으면 무역항의 수상구역등에서 선박 항행 최고속력을 지정·고시하여야 한다. 이 경우 선박은 고시된 항행 최고속력의 범위에서 항행하여야 한다.

18 **선박의 입항 및 출항 등에 관한 법률상 무역항의 수상구역등에서 수로를 보전하기 위한 내용으로 옳은 것은?**

㉮ 무역항의 수상구역 밖 5킬로미터 이상의 수면에는 폐기물을 버릴 수 있다.

㉯ 흩어지기 쉬운 석탄, 돌, 벽돌 등을 하역할 경우에 수면에 떨어지는 것을 방지해야 한다.

㉱ 해양사고 등의 재난으로 인하여 다른 선박의 항행이나 무역항의 안전을 해칠 우려가 있는 경우 해양경찰서장은 항로표지를 설치하는 등 필요한 조치를 하여야 한다.

㉳ 항행 장애물을 제거하는 데 드는 비용은 국가에서 부담하여야 한다.

해설 **「선박의 입항 및 출항 등에 관한 법률」 제38조(폐기물의 투기 금지 등)**

① 누구든지 무역항의 수상구역등이나 무역항의 수상구역 밖 10킬로미터 이내의 수면에 선박의 안전운항을 해칠 우려가 있는 흙·돌·나무·어구(漁具) 등 폐기물을 버려서는 아니 된다.
② 무역항의 수상구역등이나 무역항의 수상구역 부근에서 석탄·돌·벽돌 등 흩어지기 쉬운 물건을 하역하는 자는 그 물건이 수면에 떨어지는 것을 방지하기 위하여 대통령령으로 정하는 바에 따라 필요한 조치를 하여야 한다.
③ 관리청은 제1항을 위반하여 폐기물을 버리거나 제2항을 위반하여 흩어지기 쉬운 물건을 수면에 떨어뜨린 자에게 그 폐기물 또는 물건을 제거할 것을 명할 수 있다.

19 **(　　)에 적합한 것은?**

선박의 입항 및 출항 등에 관한 법률상 총톤수 (　　)톤 이상의 선박을 무역항의 수상구역등에 계선하려는 자는 해양수산부령으로 정하는 바에 따라 해양수산부장관에게 신고하여야 한다.

㉮ 10　　**㉯ 20**
㉱ 30　　㉳ 40

해설 **「선박의 입항 및 출항 등에 관한 법률」 제7조(선박의 계선 신고 등)**

① 총톤수 20톤 이상의 선박을 무역항의 수상구역등에 계선하려는 자는 해양수산부령으로 정하는 바에 따라 관리청에 신고하여야 한다.

★★
20 **선박의 입항 및 출항 등에 관한 법률상 항로의 정의는?**

㉮ 선박이 가장 빨리 갈 수 있는 길을 말한다.

㉯ 선박이 가장 안전하게 갈 수 있는 길을 말한다.

㉱ 선박이 일시적으로 이용하는 뱃길을 말한다.

㉳ 선박의 출입 통로로 이용하기 위하여 지정·고시한 수로를 말한다.

해설 **「선박의 입항 및 출항 등에 관한 법률」 제2조(정의)**

11. "항로"란 선박의 출입 통로로 이용하기 위하여 제10조에 따라 지정·고시한 수로를 말한다.

21 ( )에 순서대로 적합한 것은?

> 선박의 입항 및 출항 등에 관한 법률상 우선 피항선 외의 선박은 무역항의 수상구역등에 ( )하는 경우 또는 무역항의 수상구역등을 ( )하는 경우에는 지정·고시된 항로를 따라 항행하여야 한다.

㉮ 입항, 통항 ㉯ 출항, 통과
㉰ 출입, 통과 ㉱ 출입, 항행

해설 「선박의 입항 및 출항 등에 관한 법률」 제10조(항로 지정 및 준수)

① 관리청은 무역항의 수상구역등에서 선박교통의 안전을 위하여 필요한 경우에는 무역항과 무역항의 수상구역 밖의 수로를 항로로 지정·고시할 수 있다.

② 우선피항선 외의 선박은 무역항의 수상구역등에 출입하는 경우 또는 무역항의 수상구역등을 통과하는 경우에는 제1항에 따라 지정·고시된 항로를 따라 항행하여야 한다. 다만, 해양사고를 피하기 위한 경우 등 해양수산부령으로 정하는 사유가 있는 경우에는 그러하지 아니하다.

22 선박의 입항 및 출항 등에 관한 법률상 무역항의 수상구역등에서의 어로 행위에 대한 설명으로 옳은 것은?

㉮ 어느 경우든 어로 작업은 금지되어 있다.
㉯ 어느 장소에서나 어로 작업이 가능하다.
㉰ 선박교통에 방해될 우려가 있는 장소에 어구를 설치해서는 아니 된다.
㉱ 강력한 등화를 사용하는 어로 행위 외에는 모두 가능하다.

해설 「선박의 입항 및 출항 등에 관한 법률」 제44조(어로의 제한)

누구든지 무역항의 수상구역등에서 선박교통에 방해가 될 우려가 있는 장소 또는 항로에서는 어로(漁撈)(어구 등의 설치를 포함한다)를 하여서는 아니 된다.

23 선박의 입항 및 출항 등에 관한 법률상 벌칙 조항에 대한 설명으로 옳은 것은?

㉮ 정박구역이 아닌 구역에 정박한 자는 500만 원 이하의 벌금에 처한다.
㉯ 지정·고시한 항로를 따라 항행하지 아니한 자는 300만 원 이하의 벌금에 처한다.
㉰ 허가를 받지 않고 공사 또는 작업을 한 자는 500만 원 이하의 벌금에 처한다.
㉱ 허가를 받지 않고 무역항의 수상구역등에 출입한 경우 2년 이하의 징역 및 2천만 원 이하의 벌금에 처한다.

해설

• 지정·고시한 항로를 따라 항행하지 아니한 자는 500만 원 이하의 벌금에 처한다.
• 허가를 받지 않고 공사 또는 작업을 한 자는 300만 원 이하의 벌금에 처한다.
• 허가를 받지 않고 무역항의 수상구역 등에 출입한 경우 1년 이하의 징역 및 1천만 원 이하의 벌금에 처한다.

24 선박의 입항 및 출항 등에 관한 법률상 무역항의 정의는?

㉮ 외국 국적 선박만 출입할 수 있는 항으로 연안에 접해있는 항을 말한다.

㉯ 대한민국 국적의 선박만 출입할 수 있는 항으로 연안에 접해있는 항을 말한다.

㉰ 주로 국내항 간을 운항하는 선박이 입항 및 출항하는 항만으로서 항만법에 따라 지정된 항을 말한다.

㉱ **국민경제와 공공의 이해에 밀접한 관계가 있고 주로 외항선이 입·출항하는 항만으로 항만법에 따라 지정된 항만을 말한다.**

해설
• 무역항 : 국민경제와 공공의 이해에 밀접한 관계가 있고 주로 외항선이 입·출항하는 항만으로 항만법에 따라 지정된 항만
• 연안항 : 주로 국내항 간을 운항하는 선박이 입항·출항하는 항만

25 선박의 입항 및 출항 등에 관한 법률상 무역항의 수상 구역등에서 정박하거나 정류하지 못하도록 하는 장소가 아닌 것은?

㉮ 하천

㉯ 잔교 부근 수로

㉰ 좁은 수역

㉱ 수심이 깊은 곳

해설 「선박의 입항 및 출항 등에 관한 법률」 제6조(정박의 제한 및 방법 등)
1. 부두·잔교(棧橋)·안벽(岸壁)·계선부표·돌핀 및 선거(船渠)의 부근 수역
2. 하천, 운하 및 그 밖의 좁은 수로와 계류장(繫留場) 입구의 부근 수역

★★
26 선박의 입항 및 출항 등에 관한 법률상 무역항의 수상구역등에서 화재가 발생한 경우 기적이나 사이렌을 갖춘 선박이 울리는 경보는?

㉮ 기적 또는 사이렌으로 장음 5회를 적당한 간격으로 반복

㉯ 기적 또는 사이렌으로 장음 7회를 적당한 간격으로 반복

㉰ 기적 또는 사이렌으로 단음 5회를 적당한 간격으로 반복

㉱ 기적 또는 사이렌으로 단음 7회를 적당한 간격으로 반복

해설 「선박의 입항 및 출항 등에 관한 법률 시행규칙」 제29조(화재 시 경보방법)
① 법 제46조제2항에 따라 화재를 알리는 경보는 기적(汽笛)이나 사이렌을 장음(4초에서 6초까지의 시간 동안 계속되는 울림을 말한다)으로 5회 울려야 한다.
② 제1항의 경보는 적당한 간격을 두고 반복하여야 한다.

27 선박의 입항 및 출항 등에 관한 법률상 무역항의 수상구역등에서 정박지를 지정하는 기준이 아닌 것은?

㉮ 선박의 종류

㉯ **선박의 국적**

㉰ 선박의 톤수

㉱ 적재물의 종류

해설 「선박의 입항 및 출항 등에 관한 법률」 제5조(정박지의 사용 등)
① 관리청은 무역항의 수상구역등에 정박하는 선박의 종류·톤수·흘수(吃水) 또는 적재물의 종류에 따른 정박구역 또는 정박지를 지정·고시할 수 있다.

28 선박의 입항 및 출항 등에 관한 법률상 정박의 제한 및 방법에 대한 규정으로 옳지 않은 것은?

㉮ 안벽 부근 수역에 인명을 구조하는 경우 정박할 수 있다.

㉯ 좁은 수로 입구의 부근 수역에서 허가받은 공사를 하는 경우 정박할 수 있다.

㉺ 정박하는 선박은 안전에 필요한 조치를 취한 후에는 예비용 닻을 고정할 수 있다.

㉳ 선박의 고장으로 선박을 조종할 수 없는 경우 부두 부근 수역에서 정박할 수 있다.

해설 「선박의 입항 및 출항 등에 관한 법률」 제6조(정박의 제한 및 방법 등)

② 제1항에도 불구하고 다음 각 호의 경우에는 제1항 각 호의 장소에 정박하거나 정류할 수 있다.
1. 「해양사고의 조사 및 심판에 관한 법률」 제2조제1호에 따른 해양사고를 피하기 위한 경우
2. 선박의 고장이나 그 밖의 사유로 선박을 조종할 수 없는 경우
3. 인명을 구조하거나 급박한 위험이 있는 선박을 구조하는 경우
4. 제41조에 따른 허가를 받은 공사 또는 작업에 사용하는 경우

③ 제1항에 따른 선박의 정박 또는 정류의 제한 외에 무역항별 무역항의 수상구역등에서의 정박 또는 정류 제한에 관한 구체적인 내용은 관리청이 정하여 고시한다.

④ 무역항의 수상구역등에 정박하는 선박은 지체 없이 예비용 닻을 내릴 수 있도록 닻 고정장치를 해제하고, 동력선은 즉시 운항할 수 있도록 기관의 상태를 유지하는 등 안전에 필요한 조치를 하여야 한다.

⑤ 관리청은 정박하는 선박의 안전을 위하여 필요하다고 인정하는 경우에는 무역항의 수상구역등에 정박하는 선박에 대하여 정박 장소 또는 방법을 변경할 것을 명할 수 있다.

Chapter 3 해양환경관리법

01 유류 배출금지 기준

(1) 기름 배출금지
① 누구든지 해양에서 선박으로부터 기름을 배출하는 행위를 해서는 아니 된다.
② 기름 : 원유 및 석유제품(석유가스 제외)과 이들을 함유하는 액체상태의 유성혼합물 및 폐유
③ 배출 : 기름, 유해 액체 물질 또는 폐기물을 해양에 유출 또는 투기하는 것
④ 선저폐수 : 선박의 밑바닥에 고인 액상 유성혼합물

(2) 기름의 배출금지 규정이 적용되지 않는 경우
① 선박 안전 확보나 인명 구조를 위하여 부득이하게 기름이 배출되는 경우
② 선박의 손상, 기타 부득이한 원인으로 기름이 계속 배출되는 경우, 이를 방지하기 위하여 가능한 모든 조치를 취하였음에도 기름의 배출이 생기는 경우
③ 일반 선박에서 기름을 법에서 정하는 배출해역에 배출기준 및 방법에 적합하게 배출하는 경우

> ◆ **선박으로부터의 기름 배출기준(유조선의 기관구역 선저폐수 포함)**
> • 선박이 항행 중에 배출할 것
> • 배출되는 유출액 중에 유분이 100만분의 15(15ppm) 이하일 것
> • 기름오염방지설비를 작동 중에 배출할 것

④ 유조선에서 화물유가 섞인 선박평형수, 화물창의 세정수 및 선저폐수를 해양수산부령이 정하는 배출해역에 해양수산부령이 정하는 배출기준 및 방법에 적합하게 배출하는 경우

> ◆ **유조선의 화물유가 섞인 선박평형수·화물창의 세정수 및 선저폐수 배출기준**
> • 항해 중에 배출할 것
> • 유분의 순간 배출률이 1해리당 30ℓ 이하일 것
> • 1회의 항행 중(선박평형수의 적재를 시작할 때부터 그 선박평형수의 배출을 완료할 때까지)에 배출되는 기름의 총량이 적재된 개별 화물 총량의 3만분의 1 이하일 것. 다만, 현존 유조선의 경우에는 1만 5천분의 1 이하로 한다.
> • 가장 가까운 육지 또는 도서로부터 50해리 이상 떨어진 곳에서 배출할 것
> • 규정에 의한 기름오염방지설비가 작동 중에 배출할 것

⑤ 세정된 유조선의 화물창의 선박평형수를 해양수산부령이 정한 기준으로 배출하는 경우

(3) 선박평형수 또는 기름의 적재 제한

① 기름오염방지설비를 설치한 선박으로서, 유조선의 화물창과 선박의 연료유탱크에는 선박 평형수 적재 금지(선박의 안전을 확보하기 위하여 해양수산부령이 정하는 경우 또는 새로 건조한 선박을 시운전하는 경우는 예외)

② 선박의 선수탱크와 충돌격벽보다 앞쪽에 있는 탱크에는 기름 적재 금지

(4) 선박 안의 유성혼합물 및 폐유의 처리

① 선박 안에서 발생하는 유성혼합물 및 폐유는 배출 허용 기준에 따라 배출하는 경우를 제외 하고는 당해 선박 안에 저장한 후, 저장시설(오염물질저장시설 또는 해양오염방제업·유창 청소업)의 운영자에게 인도

② 선박 안에서 발생하는 유성혼합물 및 폐유 기타 오염 물질을 소각하고자 하는 선박 소유자 는 선박에 소각설비를 설치

③ 선박 안에서 발생하는 유성혼합물의 저장 또는 처리

- 기관 구역의 선저폐수는 선저폐수 저장 장치에 저장한 후 배출관 장치를 통하여 저장시 설의 운영자에게 인도할 것
- 슬러지는 슬러지 탱크에 저장하되, 슬러지 탱크 용량의 80%를 초과하는 경우에는 출항 전에 슬러지 전용 펌프와 배출관 장치를 통하여 저장시설의 운영자에게 인도하거나 항 해 중 소각설비로 소각
- 유조선의 화물 구역에서 발생하는 유성혼합물은 해양에 배출하는 경우를 제외하고는 당 해 선박 안에 저장하거나 저장시설의 운영자에게 인도할 것

02 기름기록부

(1) 기름기록부

① 기름기록부는 국제해사기구 채택한 내용 또는 각국 정부에서 정한 형식

② 기입은 한국어로 하며, 국제기름오염방지증서 소지 선박은 영어로 병기

③ 각 기록 내용은 책임 당직자가 확인한 후 서명

(2) 기름기록부의 비치 및 보존 기간

① 선장은 기름기록부를 선박(피예인선의 경우에는 선박 소유자의 사무실) 안에 비치하고 기 름 사용량 등을 기록하여야 한다.

② 기름기록부의 보존 기간은 최종 기재를 한 날로부터 3년으로 하며, 그 기재 사항, 보존 방 법, 기타 필요한 사항은 해양수산부령으로 정한다.

③ 유조선 외의 선박으로 총톤수 100톤[군함과 경찰용 선박의 경우에는 경하배수톤수(사람, 화물 등을 적재하지 않은 선박 자체의 톤수) 200톤] 미만의 선박과 선저폐수가 생기지 아 니하는 선박은 기름기록부 비치를 제외한다.

01 해양환경관리법상 해양오염방지를 위한 선박검사의 종류가 아닌 것은?

⑦ 정기검사 ⑭ 중간검사

⑭ **특별검사** ⑭ 임시검사

해설

⑦ 정기검사 : 폐기물오염방지설비·기름오염방지설비·유해액체물질오염방지설비 및 대기오염방지설비(이하 "해양오염방지설비"라 한다)를 설치하거나 제26조제2항의 규정에 따른 선체 및 제27조제2항의 규정에 따른 화물창을 설치·유지하여야 하는 선박(이하 "검사대상선박"이라 한다)의 소유자가 해양오염방지설비, 선체 및 화물창(이하 "해양오염방지설비등"이라 한다)을 선박에 최초로 설치하여 항해에 사용하려는 때 또는 제56조의 규정에 따른 유효기간이 만료한 때에는 해양수산부령이 정하는 바에 따라 해양수산부장관의 검사(이하 "정기검사"라 한다)를 받아야 한다.

⑭ 중간검사 : 검사대상선박의 소유자는 정기검사와 정기검사의 사이에 해양수산부령이 정하는 바에 따라 해양수산부장관의 검사(이하 "중간검사"라 한다)를 받아야 한다.

⑭ 임시검사 : 검사대상선박의 소유자가 해양오염방지설비등을 교체·개조 또는 수리하고자 하는 때에는 해양수산부령이 정하는 바에 따라 해양수산부장관의 검사(이하 "임시검사"라 한다)를 받아야 한다.

02 해양환경관리법상 해양에서 배출할 수 있는 것은?

⑦ 합성로프

⑭ **어획한 물고기**

⑭ 합성어망

⑭ 플라스틱 쓰레기봉투

해설 「선박에서의 오염방지에 관한 규칙」 별표3

1. 선박 안에서 발생하는 폐기물의 처리
   가. 다음의 폐기물을 제외하고 모든 폐기물은 해양에 배출할 수 없다.
   1) 음식찌꺼기
   2) 해양환경에 유해하지 않은 화물잔류물
   3) 선박 내 거주구역에서 목욕, 세탁, 설거지 등으로 발생하는 중수(中水)
   4) 「수산업법」에 따른 어업활동 중 혼획(混獲)된 수산동식물 또는 어업활동으로 인하여 선박으로 유입된 자연기원물질

03 해양환경관리법상 기관실에서 발생한 선저폐수의 관리와 처리에 대한 설명으로 옳지 않은 것은?

⑦ **어장으로부터 먼 바다에서 그대로 배출할 수 있다.**

⑭ 선내에 비치되어 있는 저장 용기에 저장한다.

⑭ 입항하여 육상에 양륙 처리한다.

⑭ 누수 및 누유가 발생하지 않도록 기관실 관리를 철저히 한다.

해설

기관구역의 선저폐수는 선저폐수저장장치(슬롭 탱크)에 저장한 후 배출관장치를 통하여 오염물질저장시설 또는 해양오염방제업·유창청소업(저장시설)의 운영자에게 인도해야 한다. 다만, 기름여과장치가 설치된 선박의 경우에는 기름여과장치를 통하여 해양에 배출할 수 있다.

★★★
04 해양환경관리법상 분뇨오염방지설비가 아닌 것은?

[가] 분뇨처리장치 [나] 분뇨마쇄소독장치
[사] 분뇨저장탱크 **[아] 대변용설비**

해설 「선박에서의 오염방지에 관한 규칙」 제14조(분뇨오염방지설비의 대상선박·종류 및 설치기준)

1. 다음 각 목의 분뇨오염방지설비 중 어느 하나를 설치할 것
   가. 지방해양수산청장이 형식승인한 분뇨처리장치
   나. 지방해양수산청장이 형식승인한 분뇨마쇄소독장치
   다. 분뇨저장탱크

★★★
05 해양환경관리법상 배출기준을 초과하는 오염물질이 해양에 배출된 경우 누구에게 신고하여야 하는가?

[가] 환경부장관
[나] 해양경찰청장 또는 해양경찰서장
[사] 해양수산부장관 또는 지방해양수산청장
[아] 도지사 또는 관할 시장·군수·구청장

해설 「해양환경관리법」 제63조(오염물질이 배출되는 경우의 신고의무)

① 대통령령이 정하는 배출기준을 초과하는 오염물질이 해양에 배출되거나 배출될 우려가 있다고 예상되는 경우 다음 각 호의 어느 하나에 해당하는 자는 지체 없이 해양경찰청장 또는 해양경찰서장에게 이를 신고하여야 한다.
1. 배출되거나 배출될 우려가 있는 오염물질이 적재된 선박의 선장 또는 해양시설의 관리자. 이 경우 해당 선박 또는 해양시설에서 오염물질의 배출원인이 되는 행위를 한 자가 신고하는 경우에는 그러하지 아니하다.
2. 오염물질의 배출원인이 되는 행위를 한 자
3. 배출된 오염물질을 발견한 자

06 해양환경관리법상 오염물질이 배출된 경우 오염을 방지하기 위한 조치가 아닌 것은?

[가] 오염물질의 배출방지
[나] 배출된 오염물질의 확산방지 및 제거
[사] 배출된 오염물질의 수거 및 처리
[아] 기름오염방지설비의 가동

해설 「해양환경관리법」 제64조(오염물질이 배출된 경우의 방제조치)

① 제63조제1항제1호 및 제2호에 해당하는 자(이하 "방제의무자"라 한다)는 배출된 오염물질에 대하여 대통령령이 정하는 바에 따라 다음 각 호에 해당하는 조치(이하 "방제조치"라 한다)를 하여야 한다.
1. 오염물질의 배출방지
2. 배출된 오염물질의 확산방지 및 제거
3. 배출된 오염물질의 수거 및 처리

★★
07 해양환경관리법상 기름이 배출된 경우 선박에서 시급하게 조치할 사항으로 옳지 않은 것은?

[가] 배출된 기름의 제거
[나] 배출된 기름의 확산방지
[사] 배출방지를 위한 응급조치
[아] 배출된 기름이 해수와 잘 희석되도록 조치

해설

해양에 기름 등 폐기물이 배출되는 경우 방제를 위한 응급조치 사항으로 배출된 기름 등의 회수조치, 선박 손상 부위의 긴급 수리, 기름 등 폐기물의 확산을 방지하는 오일 펜스 설치 등이 있다.

08 해양환경관리법상 선박에서 발생하는 폐기물 배출에 대한 설명으로 옳지 않은 것은?

㉮ 폐사된 어획물은 해양에 배출이 가능하다.

㉯ 플라스틱 재질의 폐기물은 해양에 배출이 금지된다.

㉰ 해양환경에 유해하지 않은 화물잔류물은 해양에 배출이 금지된다.

㉱ 분쇄 또는 연마되지 않은 음식찌꺼기는 영해기선으로부터 12해리 이상에서 배출이 가능하다.

해설 「선박에서의 오염방지에 관한 규칙」 별표3

1. 선박 안에서 발생하는 폐기물의 처리
   가. 다음의 폐기물을 제외하고 모든 폐기물은 해양에 배출할 수 없다.
      1) 음식찌꺼기
      2) 해양환경에 유해하지 않은 화물잔류물
      3) 선박 내 거주구역에서 목욕, 세탁, 설거지 등으로 발생하는 중수(中水)
      4) 「수산업법」에 따른 어업활동 중 혼획(混獲)된 수산동식물 또는 어업활동으로 인하여 선박으로 유입된 자연기원물질

09 해양환경관리법상 유조선에서 화물창 안의 화물잔류물 또는 화물창 세정수를 한 곳에 모으기 위한 탱크는?

㉮ 혼합물 탱크(슬롭 탱크)

㉯ 밸러스트 탱크

㉰ 화물창 탱크

㉱ 분리 밸러스트 탱크

해설

기관구역의 선저폐수는 선저폐수저장장치(슬롭 탱크)에 저장한 후 배출관장치를 통하여 오염물질저장시설 또는 해양오염방제업·유창청소업(저장시설)의 운영자에게 인도해야 한다. 다만, 기름여과장치가 설치된 선박의 경우에는 기름여과장치를 통하여 해양에 배출할 수 있다.

10 해양환경관리법상 선박의 밑바닥에 고인 액상유성혼합물은?

㉮ 윤활유

㉯ 선저폐수

㉰ 선저유류

㉱ 선저세정수

해설

선저폐수는 선박의 밑바닥에 고인 액상유성혼합물이다. 선저폐수는 환경오염으로 인해 바로 배출할 수 없으며, 선저폐수저장장치(슬롭 탱크)에 저장한 후 오염물질 저장시설 또는 해양오염방제업 유창청소업(저장시설)의 운영자에게 인도해야 한다.

11 ( )에 적합한 것은?

해양환경관리법상 선박에서의 오염물질인 기름이 배출되었을 때 신고해야 하는 기준은 배출된 기름 중 유분이 100만분의 1,000 이상이고 유분 총량이 ( )이다.

㉮ 20리터 이상

㉯ 50리터 이상

㉰ 100리터 이상

㉱ 200리터 이상

해설 「해양환경관리법 시행령」 별표6

선박에서의 오염물질인 기름 배출 시 신고해야 하는 양과 농도에 대한 기준은 유분이 100만분의 1000ppm 이상, 유분총량이 100리터 이상, 확산면적이 10,000제곱미터 이상이다.

12 해양환경관리법상 소형선박에 비치해야 하는 기관구역용 폐유저장용기에 관한 규정으로 옳지 않은 것은?

㉮ 총톤수 5톤 이상 10톤 미만의 선박은 30리터 저장용량의 용기 비치

㉯ 총톤수 10톤 이상 30톤 미만의 선박은 60리터 저장용량의 용기 비치

㉰ 용기의 재질은 견고한 금속성 또는 플라스틱 재질일 것

㉱ 용기는 2개 이상으로 나누어 비치 가능

해설 「선박에서의 오염방지에 관한 규칙」 별표7

3. 폐유저장용기의 비치기준
   가. 기관구역용 폐유저장용기

대상선박	저장용량 (단위:ℓ)
1) 총톤수 5톤 이상 10톤 미만의 선박	20
2) 총톤수 10톤 이상 30톤 미만의 선박	60
3) 총톤수 30톤 이상 50톤 미만의 선박	100
4) 총톤수 50톤 이상 100톤 미만으로서 유조선이 아닌 선박	200

비고
가) 폐유저장용기는 2개 이상으로 나누어 비치할 수 있다.
나) 폐유저장용기는 견고한 금속성 재질 또는 플라스틱 재질로서 폐유가 새지 아니하도록 제작되어야 하고, 해당 용기의 표면에는 선명 및 선박번호를 기재하고 그 내용물이 폐유임을 표시하여야 한다.
다) 폐유저장용기 대신에 소형선박용 기름여과장치를 설치할 수 있다.

13 해양환경관리법상 폐기물이 아닌 것은?

㉮ 맥주병

㉯ 음식찌꺼기

㉰ 폐유압유

㉱ 플라스틱병

해설 「해양환경관리법」 제2조(정의)

4. "폐기물"이라 함은 해양에 배출되는 경우 그 상태로는 쓸 수 없게 되는 물질로서 해양환경에 해로운 결과를 미치거나 미칠 우려가 있는 물질을 말한다.

14 해양환경관리법상 피예인선의 기름 기록부 보관장소는?

㉮ 피예인선의 선내

㉯ 선박소유자의 사무실

㉰ 지방해양수산청

㉱ 예인선의 선내

해설 「해양환경관리법」 제30조(선박오염물질기록부의 관리)

① 선박의 선장(피예인선의 경우에는 선박의 소유자를 말한다)은 그 선박에서 사용하거나 운반·처리하는 폐기물·기름 및 유해액체물질에 대한 다음 각 호의 구분에 따른 기록부(이하 "선박오염물질기록부"라 한다)를 그 선박(피예인선의 경우에는 선박의 소유자의 사무실을 말한다) 안에 비치하고 그 사용량·운반량 및 처리량 등을 기록하여야 한다.
2. 기름기록부 : 선박에서 사용하는 기름의 사용량·처리량을 기록하는 장부. 다만, 해양수산부령이 정하는 선박의 경우를 제외하며, 유조선의 경우에는 기름의 사용량·처리량 외에 운반량을 추가로 기록하여야 한다.

★★
15 해양환경관리법상 폐기물기록부의 보존기간은 최종 기재한 날로부터 몇 년간인가?

㉮ 1년 ㉯ 2년

㉰ 3년 ㉲ 4년

해설 「해양환경관리법」 제30조(선박오염물질기록부의 관리)
② 선박오염물질기록부의 보존기간은 최종기재를 한 날부터 3년으로 하며, 그 기재사항·보존방법 등에 관하여 필요한 사항은 해양수산부령으로 정한다.

16 (   )에 적합한 것은?

> 해양환경관리법령상 음식찌꺼기는 항해 중에 영해기선으로부터 최소한 (   ) 이상의 해역에 버릴 수 있다. 다만, 분쇄기 또는 연마기를 통하여 25mm 이하의 개구를 가진 스크린을 통과할 수 있도록 분쇄되거나 연마된 음식찌꺼기의 경우 영해기선으로부터 3해리 이상의 해역에 버릴 수 있다.

㉮ 5해리

㉯ 6해리

㉰ 10해리

㉲ 12해리

해설 「선박에서의 오염방지에 관한 규칙」 별표3
음식찌꺼기는 영해기선으로부터 최소한 12해리 이상의 해역. 다만, 분쇄기 또는 연마기를 통하여 25mm 이하의 개구(開口)를 가진 스크린을 통과할 수 있도록 분쇄되거나 연마된 음식찌꺼기의 경우 영해기선으로부터 3해리 이상의 해역에 버릴 수 있다.

17 해양환경관리법상 기름오염방제에 관한 설명으로 옳지 않은 것은?

㉮ 방제의무는 기름을 유출한 선박의 선장에게 있다.

㉯ 오일펜스를 유출된 현장에 설치하여 확산을 방지한다.

㉰ 자재는 반드시 형식 승인을 득한 것을 사용한다.

㉲ 기름을 배출한 선박의 소유자와 선장은 정부의 명령에 따라서 방제조치를 취할 필요는 없다.

해설

방제 의무자
- 배출되거나 배출될 우려가 있는 오염물질이 적재된 선박의 선장 또는 해양시설의 관리자. 이 경우 해당 선박 또는 해양시설에서 오염물질의 배출원인이 되는 행위를 한 자가 신고하는 경우에는 그러하지 아니하다.
- 오염물질의 배출원인이 되는 행위를 한 자
- 방제 의무자는 배출된 오염 물질에 대하여 대통령이 정하는 바에 따라 오염물질의 배출방지, 배출된 오염 물질의 확산방지 및 제거, 배출된 오염물질의 수거 및 처리 작업을 취해야 한다.

기름오염방제
- 오일펜스란 바다 위에 유출된 기름이 퍼지는 것을 막기 위해서 울타리 모양으로 수면에 설치하는 것으로 유출된 현장에 설치하여 오염물질의 확산을 방지한다.
- 오염물질의 방제조치에 사용되는 자재 및 약제는 해양환경관리법을 적용하여 형식승인·검정 및 인정을 받은 것을 사용해야 한다.

18 해양환경관리법상 '오염물질'이 아닌 것은?

[가] 폐기물

[나] 기름

[사] 오존층 파괴물질

[아] 유해액체물질

해설

오염물질은 해양에 유입 또는 해양으로 배출되어 해양환경에 해로운 결과를 미치거나 미칠 우려가 있는 폐기물·기름·유해액체물질 및 포장유해물질을 말한다.

19 해양환경관리법상 선박에서 배출되는 기름의 확산을 막기 위해 해상에 울타리를 치듯이 막는 방제자재는?

[가] 유흡착제 **[나] 오일펜스**

[사] 유겔화제 [아] 기름방지매트

해설

[가] 유흡착제 : 해상오염방제 장비자재로, 해상에 유출된 기름을 흡수하는 방법으로 제거하기 위하여 기름이 잘 스며드는 재료로 만든 제품을 말한다.

[사] 유겔화제 : 해상오염방제 장비자재로, 해상에 유출된 기름 성분이 서로 달라붙게 해 제거하는 제품이다.

[아] 기름방지매트 : 해상에 유출될 기름 확산을 방지하기 위해 선박 주변에 깔아 놓는 해상오염 방제 장비이다.

기관

01 열기관

연료를 연소시켜 발생한 열에너지를 기계적인 일로 바꾸어 동력을 얻는 기계를 말한다.

(1) 열기관의 종류

	내연기관	외연기관
정의	연료를 기관 내부에서 연소시켜 발생한 고온·고압의 연료 가스를 이용하여 동력을 얻는 기관	보일러에서 연료를 연소시켜 보일러 내의 물을 고온·고압의 증기로 만들고, 이 증기를 이용하여 동력을 얻는 기관
종류	가솔린기관, 디젤기관, 가스터빈 등	증기터빈 등
특징	• 열효율이 높음 • 소형으로도 제작이 가능 • 시동, 정지, 출력 조정 등이 쉬움 • 진동, 소음이 심함	• 진동, 소음이 적음 • 내연기관에 비해 마멸, 파손, 고장이 적음 • 내연기관에 비해 열효율이 낮음 • 증기 발생까지 시간이 걸려 시동 준비기간이 깁

(2) 내연기관의 분류

동작방법에 의한 분류	4행정 사이클 기관	2행정 사이클 기관
	흡입 – 압축 – 작동(폭발) – 배기 1사이클 동안 크랭크축은 2회전	1사이클 동안 크랭크축은 1회전
점화방법에 의한 분류	불꽃 점화 기관	압축 점화 기관
	전기 불꽃장치에 의해 실린더 내 혼합가스에 점화하는 것으로 가솔린 기관에 속함	실린더 내의 흡입된 공기를 피스톤에 의해 압축하여 실린더 내의 분사된 연료가 스스로 점화되는 기관으로 디젤기관에 속함

02 ▶ 디젤기관의 구조

(1) 디젤기관의 고정부

① 실린더(cylinder) : 실린더 라이너, 실린더 헤드, 실린더 블록으로 구성
- 피스톤의 마찰과 고온·고압의 연소가스에 의해 높은 열응력을 받는다.
- 고온과 마멸에 견디는 특수 주철이나 합금을 사용하고 피스톤과 마찰 부분은 마멸에 견디도록 제작해야 한다.
- 실린더 라이너(cylinder liner)는 건식 라이너(dry liner), 습식 라이너(wet liner), 일체식 라이너가 있다. 라이너는 마멸이 되었을 때 교환이 쉽고, 실린더의 열응력을 줄이며, 워터 재킷의 청소와 부식을 방지하기 위해 설치한다.

② 기관 베드와 프레임
- 기관 베드는 기관 전체 중량을 받치므로 충분한 강도가 필요하고 내부에는 메인 베어링이 있어서 크랭크축의 회전 운동 부분을 지지한다.
- 프레임은 크랭크실을 형성하여 윤활유가 새는 것을 방지하고 물 등의 이물질 유입을 막으며 위로는 실린더에 아래로는 기관베드에 연결 조립된다.

③ 메인 베어링 : 크랭크암의 양쪽 크랭크 저널에 설치되어 크랭크축을 지지하고 크랭크축의 회전 중심을 유지하며 베어링 캡, 상부 메탈, 하부 메탈이 조립되어 있다.

(2) 디젤기관의 왕복운동부

① 피스톤(piston)
- 실린더 내를 왕복운동하여 새 공기를 흡입하고 압축하며 연소가스의 압력을 받아 그 힘을 피스톤 로드와 커넥팅 로드를 거쳐 크랭크축에 전달한다.
- 일반적으로 피스톤의 지름은 상부가 하부보다 약간 작다. 이는 상부의 온도가 하부보다 높으므로 열팽창이 크기 때문이다.
- 피스톤의 상부 표면은 오목하게 파여져 있는 것이 많다. 이는 연소실의 공기에 와류를 일으켜 연료와 공기의 혼합을 좋게 함으로써 연소 효과를 높이기 위함이다.

② 피스톤 로드와 커넥팅 로드
- 피스톤 로드는 크로스헤드형 기관에서 피스톤과 크로스헤드를 연결한다.
- 커넥팅 로드는 피스톤이 받는 폭발력을 크랭크축에 전하며 피스톤의 왕복운동을 크랭크축의 회전운동으로 바꾸는 역할을 한다.
- 트렁크형 기관의 커넥팅 로드는 피스톤과 크랭크를 직접 연결하고, 크로스헤드형은 크로스헤드와 크랭크를 연결한다.

(3) 디젤기관의 회전부

① 크랭크축
- 암(arm), 핀(pin) 및 저널(journal)로 구성되며 회전 동력을 중간축으로 전달하는 중요한 역할을 한다.
- 크랭크암은 회전 질량의 균형을 유지하기 위하여 핀의 반대쪽에 균형추(balance weight)를 달아서 진동을 억제한다.

② 플라이 휠
- 폭발 행정에서 발생하는 강력한 회전력을 운동에너지로 축적하여, 축적된 회전력을 나머지 행정에 작용시킴으로써 회전력을 균일하게 한다.
- 저속 회전을 가능하게 하고 시동을 쉽게 해 주며 밸브의 조정을 편리하게 한다.

(4) 기타 디젤기관용 시스템

① 연료유 시스템
연료유 저장 탱크(이중저 탱크) → 연료유 이송펌프 → 침전 탱크 → 유청정기 → 서비스 탱크 → 연료유 공급펌프 → 연료유 가열기 → 여과기 → 기관의 연료분사펌프 → 연료분사 밸브 → 실린더 안에 분사

② 냉각 시스템
- 실린더, 실린더 헤드는 청수 또는 해수로, 피스톤은 윤활유 또는 청수로, 연료 분사 밸브는 청수 또는 연료유로 냉각한다.
- 냉각수와 냉각유는 순환하는 동안에 고온부의 열을 흡수하여 온도가 상승하므로 냉각기(cooler)로 냉각한다.

③ 윤활유 시스템
- 기계의 금속 접촉면에 윤활유를 공급하여 유막을 만들어 과열과 마찰을 방지하는 강압 주유 방식을 채택한다.
- 윤활을 마치고 크랭크실의 섬프(저장) 탱크에 고인 윤활유는 냉각기를 사용하여 온도를 40°C 정도로 낮추어 준다.

④ 역전 시스템 : 기관의 추력 방향을 바꾸어 주는 장치
- 직접 역전 장치 : 주기관과 프로펠러축이 직결된 경우에 주기관의 회전 방향을 바꾸어 역전하는 방식
- 간접 역전 장치 : 별도의 역전 장치를 사용하거나, 프로펠러의 피치 각을 조절(가변 피치)하여 역전하는 방식

03 기관 정비

(1) 실린더
① 실린더 라이너가 마모했을 때 발생할 수 있는 문제점
- 연소 가스 누설로 작동 압력이 부족하여 출력이 저하된다.
- 연소 불량 및 가스의 누설로 인한 윤활유 오손이 발생한다.
- 윤활유가 연소하여 윤활유 소비량이 증가한다.
- 압축가스 누설로 연소 불량이 생겨 연료 소비량이 증가한다.
- 압축 불량으로 시동이 곤란해진다.
② 선·수미 방향과 좌·우현 방향 사이의 실린더 라이너 안쪽 지름의 차이가 기준치 이상이 되어 타원형으로 마모가 심하게 생기면 실린더 라이너를 새것으로 교환해야 한다.

(2) 피스톤
① 피스톤은 운전 중 고온, 고압에 노출되어 열응력을 심하게 받으므로 많은 손상이 일어난다.
② 피스톤에서 일어나는 손상의 형태
- 피스톤 크라운 균열과 피스톤 스커트의 손상
- 실린더와 피스톤의 고착
- 피스톤 냉각수 쪽의 부식
- 피스톤링 절손과 피스톤핀의 손상

(3) 커넥팅 로드
① 커넥팅 로드의 중심선이 어긋나는 원인
- 크랭크핀 베어링 메탈의 래핑이 불량한 경우
- 스러스트 베어링(thrust bearing)이 마모되었을 경우
② 중심선이 어긋나면 실린더 라이너 편마모와 피스톤핀 베어링 메탈이 발열하는 원인이 된다.

(4) 크랭크축
① 일체식의 경우 크랭크암 아래쪽이나 핀과 암의 접속부가 가장 약해서 부러지는 경우가 있으며 크랭크축이 부러지는 원인은 설계, 재료 및 공작상의 결함 등이다.
② 취급상의 주의
- 주베어링의 발열, 고착을 방지하고 급회전이나 실린더 내 노크가 일어나지 않도록 한다.
- 크랭크핀의 베어링 틈새, 주베어링 틈새를 적당히 유지한다.
- 각 실린더의 출력을 균등하게 조정하고 위험 회전수를 피해서 운전한다.

(5) 주베어링

① 주베어링의 발열

- 하중이 너무 크거나 윤활유의 부족, 이물질의 혼입, 메탈의 재질 불량 등이 발열의 원인이다.
- 발열 시 즉시 기관의 회전을 낮추고 윤활유 압력을 높여서 급유하고, 발열이 심하면 흰색 연기를 내며 고착될 위험이 있다.
- 메인 베어링의 발열이 심할 때 기관을 급하게 정지시키면 메탈이 크랭크축에 고착될 위험이 있으므로 서서히 속도를 낮추어 정지시켜야 한다.

② 주베어링 메탈의 마모

- 마모 형태는 각 메탈이 고르게 마모되는 경우와 편마모를 일으키는 경우가 있다.
- 메인 베어링 메탈에 편마모가 일어나는 원인으로는 각 실린더의 출력이 일정하지 않거나 각 베어링의 하중이 같지 않을 경우, 선체나 기관 베드의 변형이 있을 경우, 순환되는 윤활유의 양이 부족하거나 윤활유에 이물질이 혼입된 경우, 각 베어링 틈새가 커서 충격이 있을 경우 등이 있다.

(6) 과급기

배기가스의 열과 압력을 이용하여 터빈을 돌리고 같은 축에 설치된 송풍기를 구동시켜서 실린더 안으로 들어가는 연소용 공기를 압축하여 공기 밀도를 높인다. 기관의 출력을 향상시키는 효과가 있다. 베어링의 마모나 소손, 터빈 노즐, 터빈 블레이드, 송풍기 임펠러 등의 손상이 발생하여 진동 및 소음을 일으키는 고장이 발생하기도 한다.

(7) 기타 장치

① 흡·배기밸브

- 흡·배기밸브의 마모에 의한 누설, 밸브 헤드의 소손 및 윤활유 부족으로 밸브 로드의 고착 등이 발생된다.
- 배기밸브는 고온의 배기가스와 접촉하므로 열에 의한 고장과 배기가스 중에 포함된 연소 생성물의 부착에 의해 밸브가 누설하는 고장이 많이 발생된다. 흡기밸브는 배기밸브에 비하면 고장이 적지만, 일정한 기간마다 개방 검사를 하고 밸브 헤드와 밸브 시트 사이를 함께 래핑(lapping)을 해 주어야 한다.

② 연료유 장치

연료분사펌프, 연료분사밸브 등의 연료유 장치를 정기적으로 분해, 검사 및 조정하여 최적으로 유지하여야 양호한 연소 상태를 얻을 수 있다.

★★
01 동일 기관에서 가장 큰 값을 가지는 마력은?

㉮ 지시마력

㉯ 제동마력

㉰ 전달마력

㉶ 유효마력

해설

지시마력

기관의 실린더 내부에서 실제로 발생한 마력이다.

마력의 전달

지시마력 〉 제동마력 ≥ 축마력 〉 전달마력 〉 스러스트마력 〉 유효마력

02 소형기관에서 흡·배기밸브의 운동에 대한 설명으로 옳은 것은?

㉮ 흡기밸브는 스프링의 힘으로 열린다.

㉯ 흡기밸브는 푸시 로드에 의해 닫힌다.

㉰ 배기밸브는 푸시 로드에 의해 닫힌다.

㉶ 배기밸브는 스프링의 힘으로 닫힌다.

해설

소형선박의 디젤기관에서 흡·배기밸브는 밸브 스프링의 힘에 의해 닫힌다.

03 소형 디젤기관에서 윤활유가 공급되는 곳은?

㉮ 피스톤핀

㉯ 연료 분사 밸브

㉰ 공기냉각기

㉶ 시동 공기 밸브

해설 피스톤핀

트렁크 피스톤형 기관에서 피스톤과 커넥팅 로드를 연결하고, 피스톤에 작용하는 힘을 커넥팅 로드에 전하는 역할을 한다. 소형 디젤기관에서 윤활유가 공급된다.

★★★
04 다음 그림과 같은 디젤기관의 크랭크축에서 커넥팅 로드가 연결되는 곳은?

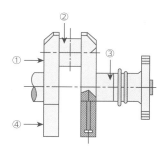

㉮ ①

㉯ ②

㉰ ③

㉶ ④

해설 크랭크핀

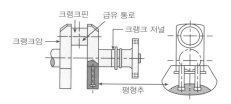

크랭크 저널의 중심에서 크랭크 반지름만큼 떨어진 곳에 있으며, 저널과 평행하게 설치되고 커넥팅 로드 대단부와 연결된다.

05 4행정 사이클 디젤기관의 실린더 헤드에 설치되는 밸브가 아닌 것은?

㉮ 흡기밸브
㉯ 연료 분사 밸브
㉰ 시동공기 분배 밸브
㉱ 배기밸브

해설

실린더 헤드에는 흡기밸브, 배기밸브, 시동공기 밸브, 연료 분사 밸브, 안전밸브, 인디케이터 밸브, 냉각수 파이프 등이 설치되어 있다.

06 디젤기관의 피스톤링에 대한 설명으로 옳지 않은 것은?

㉮ 피스톤링은 적절한 절구 틈을 가져야 한다.
㉯ 피스톤링에는 압축링과 오일링이 있다.
㉰ 오일링보다 압축링의 수가 더 많다.
㉱ 오일링이 압축링보다 연소실에 더 가까이 설치된다.

해설 피스톤링

피스톤과 실린더 라이너 사이의 간극으로 연소가스가 새지 않도록 기밀을 유지하는 링(압축링, 오일스크레퍼링)이다.

07 디젤기관의 피스톤링 재료로 주철을 사용하는 주된 이유는?

㉮ 기관의 출력을 증가시켜 주기 때문에
㉯ 연료유의 소모량을 줄여 주기 때문에
㉰ 고온에서 탄력을 증가시켜 주기 때문에
㉱ 윤활유의 유막 형성을 좋게 하기 때문에

해설 피스톤링의 재질

재질이 강하면 실린더 라이너의 마모가 심하고, 너무 약하면 피스톤링의 마모가 쉽다. 주철은 윤활유의 유막 형성을 좋게 하여 마멸이나 눌어붙는 것을 줄이고 내벽과 접촉이 좋고 고온에서 탄력 감소가 작은 장점이 있다.

08 소형기관에서 피스톤링의 절구 틈에 대한 설명으로 옳은 것은?

㉮ 기관의 운전 시간이 많을수록 절구 틈은 커진다.
㉯ 기관의 운전 시간이 많을수록 절구 틈은 작아진다.
㉰ 절구 틈이 커질수록 기관의 효율이 좋아진다.
㉱ 절구 틈이 작을수록 연소가스 누설이 많아진다.

해설

• 링의 틈새가 클 경우 : 연소 가스가 누설되어 기관의 출력이 낮아지고, 링의 배압이 커져서 실린더 내벽의 마멸이 크게 된다.
• 링의 틈새가 작을 경우 : 열팽창에 의해 틈새가 없어져서 링이 절손되거나 실린더 내벽을 손상시키게 된다.

09 실린더가 6개인 디젤 주기관에서 크랭크핀과 메인 베어링의 최소 개수는?

㉮ 크랭크핀 6개, 메인 베어링 6개
㉯ 크랭크핀 6개, 메인 베어링 7개
㉰ 크랭크핀 7개, 메인 베어링 6개
㉱ 크랭크핀 7개, 메인 베어링 7개

해설

6개의 실린더 기관은 각 커넥팅 로드가 1개씩 연결할 6개의 크랭크핀을 가지며, 메인 베어링 수는 '해당 실린더 수+1' 이므로 7개가 설치된다.

★★★
10 **디젤기관에서 흡·배기밸브의 틈새를 조정할 경우 주의사항으로 옳은 것은?**

[가] 피스톤이 압축행정의 상사점에 있을 때 조정한다.
[나] 틈새는 규정치보다 약간 크게 조정한다.
[사] 틈새는 규정치보다 약간 작게 조정한다.
[아] 피스톤이 배기행정의 상사점에 있을 때 조정한다.

해설 **디젤기관의 밸브 틈새 조정 방법**

① 조정하고자 하는 실린더의 피스톤을 상사점에 맞춘다.
② 로크 너트(lock nut)를 풀고, 조정 볼트를 약간 헐겁게 만든다.
③ 밸브 스핀들 상부와 로커 암 사이에 규정 값을 틈새 게이지를 넣고, 조정 볼트를 드라이버로 돌려 조정한다.
④ 틈새 게이지를 잡은 손에 가벼운 저항을 느끼면서 게이지가 움직이면 적정 간극으로 조정한다.
⑤ 조정 후 조정 볼트가 움직이지 않게 로크 너트를 잠근다.
⑥ ①~⑤를 착화 순서대로 각 실린더마다 조정한다.

11 **추진기의 회전속도가 어느 한도를 넘으면 추진기 배면의 압력이 낮아지며 물의 흐름이 표면으로부터 떨어져 기포가 발생하여 추진기 표면을 두드리는 현상은?**

[가] 슬립현상 [나] 공동현상
[사] 명음현상 [아] 수격현상

해설

공동현상

선박의 프로펠러의 표면에서 회전 속도의 차이에 의한 압력차로 인해 기포가 발생하는 현상

공동현상 발생 문제점

• 추력을 급감시킴
• 심한 진동과 소음
• 침식이 발생하여 프로펠러의 수명이 단축

★★★
12 **다음 그림과 같은 4행정 사이클 디젤기관의 밸브 구동장치에서 ①, ②, ③의 명칭을 순서대로 옳게 나타낸 것은?**

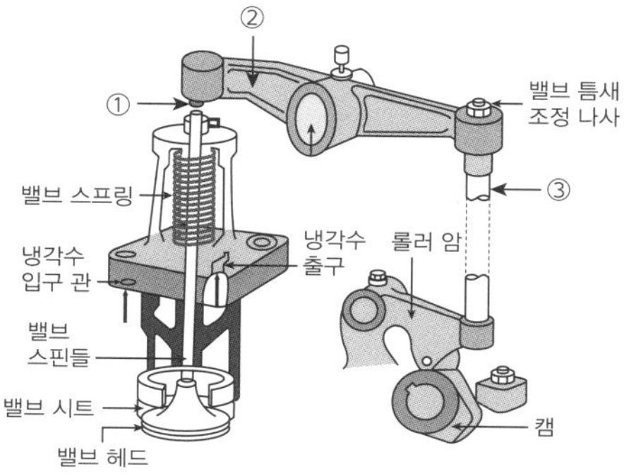

[가] 밸브 틈새, 밸브 레버, 푸시 로드
[나] 밸브 레버, 밸브 틈새, 푸시 로드
[사] 푸시 로드, 밸브 레버, 밸브 틈새
[아] 밸브 틈새, 푸시 로드, 밸브 레버

해설 **4행정 사이클 기관의 밸브 구동 장치**

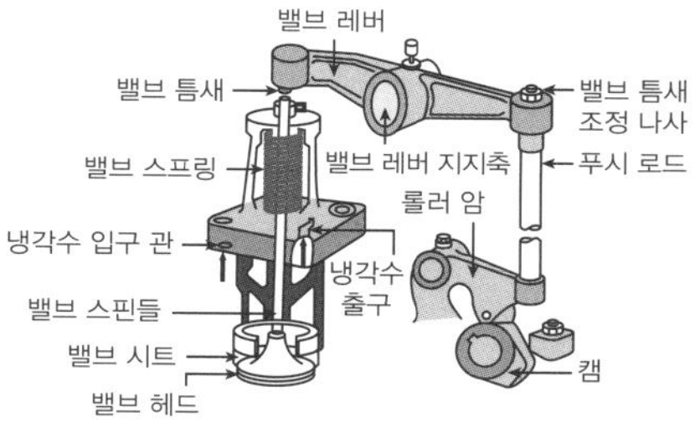

13 디젤기관의 흡·배기밸브 틈새를 조정할 때 필요한 것은?

㉠ 필러게이지

㉡ 다이얼게이지

㉢ 내경 마이크로미터

㉣ 버니어캘리퍼스

해설 필러게이지(틈새게이지)

틈새를 측정하는 게이지이다.

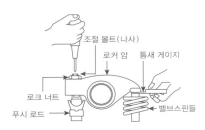

14 소형 디젤기관에서 피스톤과 연접봉을 연결시키는 부품은?

㉠ 피스톤핀

㉡ 크랭크핀

㉢ 크랭크핀 볼트

㉣ 크랭크암

해설 피스톤핀

트렁크형 기관에서 피스톤과 커넥팅 로드를 연결하는 핀이다.

15 다음 그림에서 ①과 ②의 명칭으로 옳은 것은?

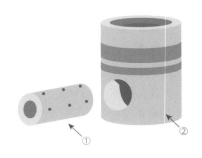

㉠ 피스톤핀, 피스톤

㉡ 크랭크핀, 피스톤

㉢ 피스톤핀, 크랭크핀

㉣ 크랭크축, 피스톤

해설

16 운전 중인 디젤기관의 연료유 사용량을 나타내는 계기는?

㉠ 회전계

㉡ 온도계

㉢ 압력계

㉣ 유량계

해설 유량계

기체나 액체의 유량을 측정하는 계기이다.

17 디젤기관의 구성 부품이 아닌 것은?

㉮ 점화 플러그

㉯ 플라이 휠

㉰ 크랭크축

㉱ 커넥팅 로드

해설 점화 플러그

가솔린 엔진에서 혼합가스에 점화하는 장치이다.

18 과급기에 대한 설명으로 옳은 것은?

㉮ 기관의 운동 부분에 마찰을 줄이기 위해 윤활유를 공급하는 장치이다.

㉯ 연소가스가 지나가는 고온부를 냉각시키는 장치이다.

㉰ 기관의 회전수를 일정하게 유지시키기 위해 연료분사량을 자동으로 조절하는 장치이다.

㉱ 기관의 실린더 내로 공급되는 공기의 압력을 높여 실린더 내에 공급하는 장치이다.

해설 과급기(supercharger)

연소에 필요한 공기를 대기압 이상의 압력으로 압축하여, 밀도가 높은 공기를 실린더 내에 공급하여 연료를 완전 연소시킴으로써 평균 유효 압력을 높여 기관의 출력을 증대시키는 장치이다. 따라서 디젤기관에서 실린더 내로 흡입되는 공기의 압력이 낮을 때에는 과급기의 공기 필터를 깨끗이 청소해야 한다.

19 4행정 사이클 디젤기관에서 흡·배기밸브의 밸브 겹침에 대한 설명으로 옳은 것은?

㉮ 상사점 부근에서 흡·배기밸브가 동시에 열려 있는 기간이다.

㉯ 상사점 부근에서 흡·배기밸브가 동시에 닫혀 있는 기간이다.

㉰ 하사점 부근에서 흡·배기밸브가 동시에 열려 있는 기간이다.

㉱ 하사점 부근에서 흡·배기밸브가 동시에 닫혀 있는 기간이다.

해설 밸브 겹침

흡입 작용과 배기 작용은 각각 크랭크 각도 $20°$ ~$35°$ 사이에서 이루어진다. 또, 상사점 부근에서 크랭크 각도 $40°$는 실린더 내의 소기 작용을 돕고, 밸브와 연소실의 냉각 효과를 높이기 위해 동시에 열려 있게 된다.

20 내연기관의 연료유에 대한 설명으로 옳지 않은 것은?

㉮ 발열량이 클수록 좋다.

㉯ 유황분이 적을수록 좋다.

㉰ 물이 적게 함유되어 있을수록 좋다.

㉱ 점도가 높을수록 좋다.

해설

• 발열량 : 연료가 완전연소했을 때 방출하는 열량

• 유황분 : 황 함유량

• 점도 : 끈적끈적한 정도

21 4행정 사이클 기관의 작동 순서로 옳은 것은?

[가] 흡입 → 압축 → 작동 → 배기
[나] 흡입 → 작동 → 압축 → 배기
[사] 흡입 → 배기 → 압축 → 작동
[아] 흡입 → 압축 → 배기 → 작동

해설 4행정 사이클 기관의 작동 순서

흡입 → 압축 → 작동 → 배기

22 압력을 표시하는 단위는?

[가] [W]　　[나] [N]
[사] [kcal]　　[아] [MPa]

해설

[가] 전력(W) : 1초 동안에 소비하는 전력 에너지
[나] 뉴턴(N) : 힘의 단위로, 1N은 1kg의 물체를 1m/s²의 가속도로 가속시키는 힘
[사] 열량(kcal) : 열의 많고 적음을 나타내는 양이다. 열량의 단위는 칼로리(1cal = 4.18605J)를 사용한다. 1cal은 물 1g의 온도를 1°C만큼 올리는 데 필요한 열의 양이다.(1kcal = 1,000cal)
[아] 압력(MPa) : 단위 면적당 수직으로 작용하는 힘

23 디젤기관이 과열된 경우 수냉각 계통의 점검 대상이 아닌 것은?

[가] 냉각수의 양　　[나] 냉각수의 온도
[사] 공기 여과기　　[아] 냉각수펌프

해설

공기 여과기는 수냉각 계통이 아니다.

★★
24 4행정 사이클 6실린더 기관에서 폭발이 일어나는 크랭크 각도는?

[가] 60°　　[나] 90°
[사] 120°　　[아] 180°

해설 4행정 사이클 기관

(720 ÷ 실린더 수)마다 폭발한다.
따라서 4행정 사이클 6실린더 기관이므로
720 ÷ 6 = 120°이다.

★★★
25 행정부피가 1,100[cm³]이고 압축부피가 100[cm³]인 내연기관의 압축비는 얼마인가?

[가] 10　　[나] 11
[사] 12　　[아] 13

해설

압축비가 클수록 압축압력은 높아지는데, 압축비를 크게 하려면 압축 부피를 작게 하거나 피스톤의 행정을 길게 해야 한다.
실린더 부피 = 행정 부피 + 압축 부피
압축비 = 실린더 부피 ÷ 압축 부피
압축비 = (1,100 + 100) ÷ 100

★★★
26 디젤기관의 운전 중 냉각수 계통에서 주의해서 관찰해야 하는 것은?

[가] 기관의 입구 온도와 기관의 입구 압력
[나] 기관의 출구 온도와 기관의 출구 압력
[사] 기관의 입구 온도와 기관의 출구 압력
[아] 기관의 입구 압력과 기관의 출구 온도

해설

디젤기관의 운전 중 냉각수 계통에서 기관의 입구 압력과 기관의 출구 온도를 주의해서 관찰해야 한다.

27 4행정 사이클 디젤기관에서 배기밸브의 밸브 틈새가 규정값보다 작게 되면 발생하는 현상으로 옳은 것은?

㉮ 배기밸브가 빨리 열린다.
㉯ 배기밸브가 늦게 열린다.
㉳ 흡기밸브가 빨리 열린다.
㉴ 흡기밸브가 늦게 열린다.

해설 밸브 틈새

• 밸브가 닫혀 있을 때 밸브 스핀들과 밸브 레버 사이에는 0.5mm 정도의 틈새가 있다.
• 밸브 틈새가 크면 밸브가 닫힐 때 밸브 스핀들과 밸브 시트의 접촉 충격이 커져서 밸브가 손상되거나 운전 중 충격음이 발생한다.
• 밸브 틈새가 작으면 밸브 및 밸브 스핀들이 열팽창하여 틈이 없어지고, 밸브가 완전히 닫히지 않게 된다.

28 4행정 사이클 디젤기관에서 실제로 동력을 발생시키는 행정은?

㉮ 흡입행정
㉯ 압축행정
㉳ 작동행정
㉴ 배기행정

해설 4행정 사이클 기관의 작동 순서

흡입 → 압축 → 작동 → 배기

29 내연기관을 작동시키는 작동 유체는?

㉮ 증기　　㉯ 공기
㉳ 연료유　　㉴ 연소가스

해설 내연기관

기관 내부에 직접 연료와 공기를 공급하여 적당한 방법으로 연소시키고 이때 발생한 연소가스를 열과 압력으로 유요한 일을 행하는 것으로 연소가스와 작동 유체가 동일한 열기관이다.

★★★
30 소형기관에서 연소실의 구성요소가 아닌 것은?

㉮ 피스톤
㉯ 기관 베드
㉳ 실린더 헤드
㉴ 실린더 라이너

해설 연소실의 구성 요소

실린더 헤드, 실린더 라이너, 피스톤

31 소형 내연기관에서 메인 베어링의 주된 발열 원인으로 옳지 않은 것은?

㉮ 윤활유 색깔이 검은 경우
㉯ 윤활유 공급이 부족한 경우
㉳ 윤활유 펌프가 고장난 경우
㉴ 윤활유 여과기가 막힌 경우

해설 메인 베어링의 발열 원인

• 베어링의 하중이 너무 크거나 틈새가 적당하지 않을 때
• 베어링 메탈의 재질이 불량하거나 메탈 사이에 이물질이 들어갔을 때
• 윤활유 공급의 부족할 때
• 선체, 기관베드가 변형되었거나 크랭크축의 중심선이 일치하지 않을 때

32 프로펠러축이 선체를 관통하는 부분에 설치되어 프로펠러축을 지지하며 해수가 선내로 들어오는 것을 방지하는 장치는?

㉮ 선수관 장치　　㉯ 선미관 장치
㉰ 스러스트 장치　㉱ 감속 장치

> **해설** 선미관
>
> 추진기축이 선체를 관통하여 선체 밖으로 나오는 곳에 장치하는 원통 모양의 관이다.

33 소형선박에서 사용하는 클러치의 종류가 아닌 것은?

㉮ 마찰 클러치　　㉯ 공기 클러치
㉰ 유체 클러치　　㉱ 전자 클러치

> **해설** 클러치
>
> 엔진의 동력을 잠시 끊거나 이어주는 축이음 장치이다. 클러치의 종류에는 마찰 클러치, 유체 클러치, 전자 클러치가 있다.

34 소형기관의 피스톤 재질에 대한 설명으로 옳지 않은 것은?

㉮ 무게가 무거운 것이 좋다.
㉯ 강도가 큰 것이 좋다.
㉰ 열전도가 잘 되는 것이 좋다.
㉱ 마멸에 잘 견디는 것이 좋다.

> **해설** 피스톤 재질의 특성
>
> • 충분한 강도(높은 압력과 열을 직접 받으므로)
> • 열전도가 좋은 재료(실린더 내벽으로 열이 잘 전달할 수 있도록)
> • 열팽창 계수는 실린더의 재질과 비슷해야 함
> • 무게가 가벼워야 함(관성의 영향이 적도록)

35 디젤기관에서 플라이 휠의 역할에 대한 설명으로 옳지 않은 것은?

㉮ 회전력을 균일하게 한다.
㉯ 회전력의 변동을 작게 한다.
㉰ 기관의 시동을 쉽게 한다.
㉱ 기관의 출력을 증가시킨다.

> **해설** 플라이 휠 역할
>
> • 크랭크축의 회전력을 균일하게 한다.
> • 저속 회전을 가능하게 한다.
> • 기관의 시동을 쉽게 한다.
> • 밸브의 조정이 편리하다.

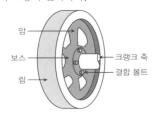

36 소형기관에서 다음 그림과 같은 부품의 명칭은?

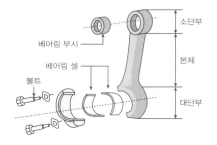

㉮ 푸시 로드　　㉯ 크로스 헤드
㉰ 커넥팅 로드　㉱ 피스톤 로드

> **해설**
>
> 커넥팅 로드는 피스톤이 받는 폭발력을 크랭크축에 전하고 피스톤의 왕복운동을 크랭크의 회전운동으로 바꾸는 역할을 한다.

37 1시간에 1,852미터를 항해하는 선박이 10시간 동안 몇 해리를 항해하는가?

㉮ 1해리 ㉯ 2해리

㉰ 5해리 ㉱ 10해리

해설

1해리 : 1,852m

★★
38 다음 그림과 같이 우회전하는 프로펠러 날개에서 ①, ②, ③ 각각의 명칭을 순서대로 옳게 나타낸 것은?

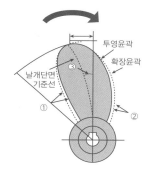

㉮ 앞날, 뒷날, 스큐 ㉯ 뒷날, 앞날, 스큐

㉰ 앞면, 뒷면, 피치 ㉱ 뒷면, 앞면, 피치

해설 프로펠러의 지름

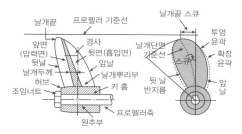

날개 끝이 그리는 원이 지름이다.

39 소형기관에서 사용되는 부동액에 대한 설명으로 옳은 것은?

㉮ 기관의 시동용 배터리에 들어가는 용액이다.

㉯ 기관의 냉각수가 얼지 않도록 냉각수의 어는 온도를 낮추는 용액이다.

㉰ 기관의 윤활유가 얼지 않도록 윤활유의 어는 온도를 낮추는 용액이다.

㉱ 기관의 연료유가 얼지 않도록 연료유의 어는 온도를 낮추는 용액이다.

해설

부동액은 선박기관용 냉각수의 동결을 방지하기 위하여 사용하는 액체로 냉각수의 어는 온도를 낮춘다.

★★
40 다음 그림에서 내부로 관통하는 통로 ①의 주된 용도는?

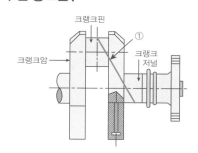

㉮ 냉각수 통로 ㉯ 연료유 통로

㉰ 윤활유 통로 ㉱ 공기 배출 통로

해설 크랭크축의 구조

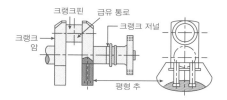

41 디젤기관에서 크랭크암 개폐에 대한 설명으로 옳지 않은 것은?

㉮ 선박이 물 위에 떠 있을 때 계측한다.

㉯ 다이얼식 마이크로미터로 계측한다.

㉰ 각 실린더마다 정해진 여러 곳을 계측한다.

㉱ 개폐가 심할수록 유연성이 좋으므로 기관의 효율이 높아진다.

[해설] 크랭크암 개폐작용

기관의 크랭크암 사이의 거리가 넓어지거나 좁아지는 현상을 크랭크암의 개폐작용이라 한다. 기관의 운전 중 개폐작용이 과대하게 발생하면 축의 균열이 생겨 부러지게 된다.

★★★
42 디젤기관의 시동이 잘 걸리기 위한 조건으로 가장 적합한 것은?

㉮ 공기압축이 잘 되고 연료유가 잘 착화되어야 한다.

㉯ 공기압축이 잘 되고 윤활유 펌프 압력이 높아야 한다.

㉰ 윤활유 펌프 압력이 높고 연료유가 잘 착화되어야 한다.

㉱ 윤활유 펌프 압력이 높고 냉각수 온도가 높아야 한다.

[해설]

디젤기관은 고압으로 압축한 고온의 공기 중에 액상의 연료를 고압으로 분사시켜, 연료 스스로 자기착화(self-ignition)하여 폭발적으로 연소가 이루어지게 하는 압축착화기관이다. 따라서 디젤기관의 시동이 잘 되기 위해서는 공기압축이 잘 되고 연료유가 잘 착화되어야 한다.

43 크랭크핀 반대쪽의 크랭크암 연장 부분에 설치하여 기관의 진동을 적게 하고 원활한 회전을 도와주는 것은?

㉮ 평형추   ㉯ 플라이 휠

㉰ 크로스 헤드   ㉱ 크랭크 저널

[해설] 평형추

크랭크축의 형상에 따른 불균형을 보정하여, 회전체의 평형을 이루기 위해 평형추(balance weight)를 설치한다. 평형추는 기관의 진동을 적게 하고, 원활한 회전을 하도록 하며, 메인 베어링의 마찰을 감소시키는 역할을 한다.

44 해수 윤활식 선미관에서 리그넘바이티의 주된 역할은?

㉮ 베어링 역할

㉯ 전기 절연 역할

㉰ 선체강도 보강 역할

㉱ 누설 방지 역할

[해설] 리그넘바이티

추진기 축이 선체를 관통하는 곳에 장비되는 것으로, 선내에 해수가 침입하는 것을 막고 추진기 축에 대해서는 베어링 역할을 한다.

45 (   )에 적합한 것은?

> 선박에서 일정 시간 항해 시 연료소비량은 선박 속력의 (   )에 비례한다.

㉮ 제곱   ㉯ 세제곱

㉰ 네제곱   ㉱ 다섯제곱

[해설]

선박의 연료 소비량은 속도의 세제곱에 비례한다. 선박의 항속을 2배로 올리기 위해서는 8배, 3배로 올리기 위해서는 27배의 기관 출력이 필요하다.

46 추진 축계장치에서 추력 베어링의 주된 역할은?

㉮ 축의 진동을 방지한다.

㉯ 축의 마멸을 방지한다.

㉰ 프로펠러의 추력을 선체에 전달한다.

㉱ 선체의 추력을 프로펠러에 전달한다.

해설

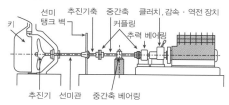

추력 베어링(thrust bearing)은 선체에 부착되어 있으며, 추력 칼라의 앞과 뒤에 설치되어 프로펠러로부터 전달되어 오는 추력을 추력 칼라에서 받아 선체에 전달하여 선박을 추진시키는 역할을 한다.

47 선박이 항해 중에 받는 마찰저항과 관련이 없는 것은?

㉮ 선박의 속도

㉯ 선체 표면의 거칠기

㉰ 선체와 물의 접촉 면적

㉱ 사용되고 있는 연료유의 종류

해설

선박이 전진할 때 선체의 표면에 접촉하는 물의 점성으로 인해 마찰이 발생한다.

48 디젤기관에서 재킷 냉각 청수의 온도는 어디의 온도를 기준으로 조절하는가?

㉮ 기관의 입구 온도

㉯ 기관의 출구 온도

㉰ 냉각청수펌프의 입구 온도

㉱ 냉각청수펌프의 출구 온도

해설

디젤기관에서 재킷 냉각 청수의 온도는 기관의 출구 온도를 기준으로 조절한다.

49 디젤기관의 냉각 청수 계통에서 팽창 탱크의 역할이 아닌 것은?

㉮ 계통 내의 공기 분리

㉯ 냉각수 온도의 자동 조절

㉰ 계통 내 부족한 냉각수의 보충

㉱ 냉각수의 온도 변화에 따른 부피 변화 흡수

해설

해수 및 청수 냉각 계통을 나타내고 있는데, 계통 중에는 공기 분리기를 설치하여 혼입된 공기를 배출하며, 기관 위쪽에는 냉각수의 온도가 변할 때 물의 부피 변화를 흡수하기 위한 팽창 탱크(expansion tank)를 설치한다. 운전 중 냉각수가 누설되어 팽창 탱크의 수위가 떨어지면 기관에 치명적인 영향을 주게 되므로 팽창 탱크 내의 수위는 매일 점검해야 하고, 수위가 낮아지면 즉시 보충해 주고 그 원인을 찾아 조치해야 한다. 또, 벤팅 파이프(venting pipe)를 설치하여 계통 중에 혼입된 공기를 방출하는데, 이것은 펌프로 가는 기관 출구 냉각수 파이프의 가장 높은 위치에 설치한다. 그리고 이 곳의 높이는 팽창 탱크 최저 수위보다 낮아야 한다.

50 소형 디젤기관의 운전 중 점검해야 할 사항이 아닌 것은?

㉮ 배기색

㉯ 이상음의 발생 여부

㉰ 질소산화물의 배출량

㉱ 냉각수 계통의 누수 여부

> **해설** 기관 운전 중에 확인해야 할 사항

윤활유의 압력과 온도, 배기가스의 색깔과 온도, 기관의 진동 여부

51 ★★★ 소형기관의 시동 직후에 점검해야 할 사항이 아닌 것은?

㉮ 피스톤링의 절구 틈이 적절한지의 여부

㉯ 이상음이 발생하는 곳이 있는지의 여부

㉰ 연소가스가 누설되는 곳이 있는지의 여부

㉱ 윤활유 압력이 정상적으로 올라가는지의 여부

> **해설**

소형기관의 시동 후에는 운전 상태를 파악하기 위해 계기류의 지침, 배기색, 진동의 이상 여부, 냉각수의 원활한 공급 여부, 윤활유 압력이 정상적으로 올라가는지의 여부, 연소가스의 누설 여부 등을 점검해야 한다.

52 선미에서 프로펠러 부근에 아연판을 붙이는 주된 이유는?

㉮ 선체 부식 방지

㉯ 선체 효율 증가

㉰ 기관 출력 증가

㉱ 선체 마찰 저항 감소

> **해설**

선저부의 선체나 선미의 프로펠러, 타(rudder) 등이 전식작용에 의해 부식되는 것을 방지하기 위해 아연판을 부착한다. 아연판을 부착하게 되면 부착한 아연이 먼저 부식되어 없어지기 때문에 선체나 키를 보호할 수 있다.

53 디젤기관의 운전 중 냉각수 계통에서 주의해서 관찰해야 하는 것은?

㉮ 기관의 입구 온도와 기관의 입구 압력

㉯ 기관의 출구 온도와 기관의 출구 압력

㉰ 기관의 입구 온도와 기관의 출구 압력

㉱ 기관의 입구 압력과 기관의 출구 온도

> **해설**

디젤기관의 운전 중 냉각수 계통에서 기관의 입구 압력과 기관의 출구 온도를 주의해서 관찰해야 한다.

54 디젤기관에 사용되는 윤활유 펌프에 대한 설명으로 옳지 않은 것은?

㉮ 기어펌프가 많이 사용된다.

㉯ 출구에 압력계가 있다.

㉰ 입구 압력보다 출구 압력이 높다.

㉱ 윤활유의 온도를 낮추는 역할을 한다.

> **해설**

윤활유 펌프는 기관의 각종 베어링이나 마찰부에 압력이 있는 윤활유를 공급하기 위해 사용한다. 중·소형기관에서는 기관과 직접 연결되어 기관 동력의 일부를 이용하여 펌프를 구동하는데, 기관이 정지하고 있을 때는 펌프를 구동할 수 없는 단점이 있다. 이 경우에는 별도의 전동 윤활유 펌프를 설치하여 기관이 정지 중일 때는 프라이밍(priming) 운전을 하고, 기관이 정상 운전되어 윤활유 압력이 상승하면 자동으로 정지되도록 하고 있다. 대형 기관에서는 기관의 운전 여부와 관계없이 윤활유 펌프를 구동할 수 있도록 독립된 전동기로 구동한다. 윤활유 펌프의 토출 압력은 냉각수의 압력보다 조금 높게 하여 냉각수가 유입되지 않도록 한다. 기어펌프(gear pump), 트로코이드 펌프(trochoid pump), 이모펌프(imo pump) 등이 사용된다.

55 총톤수 10톤 정도의 소형선박에서 가장 많이 이용하는 디젤기관의 시동 방법은?

[가] 사람의 힘에 의한 수동 시동

[나] 시동 기관에 의한 시동

[사] 시동 전동기에 의한 시동

[아] 압축공기에 의한 시동

해설

소형선박에서 가장 많이 이용하는 디젤기관의 시동 방법은 시동 전동기에 의한 시동이다. 시동 전동기는 전기적 에너지를 기계적 에너지로 바꾸어 회전력을 발생시키는 장치로, 시동 전동기의 회전력으로 크랭크축을 회전시켜 기관을 최초로 구동하는 장치이다.

★★

56 소형기관에서 크랭크축으로부터 회전수를 낮추어 추진장치에 전달해 주는 장치는?

[가] 조속장치

[나] 과급장치

[사] 감속장치

[아] 가속장치

해설

감속장치는 기관의 크랭크축으로부터 회전수를 감속시켜서 추진장치에 전달하여 주는 장치이다. 같은 크기의 기관에서 출력의 증대와 열효율 향상을 위해서는 높은 회전수의 운전이 필요하다. 그러나 선박용 추진장치의 효율을 좋게 하기 위해서는 프로펠러 축의 회전수를 되도록 낮게 하는 것이 좋다.

57 소형 디젤기관의 분해 작업 시 피스톤을 들어올리기 전에 행하는 작업이 아닌 것은?

[가] 연료유를 차단한다.

[나] 실린더 헤드를 들어올린다.

[사] 냉각수의 드레인을 배출시킨다.

[아] 피스톤과 커넥팅 로드를 분리시킨다.

해설

피스톤 분해 시 트렁크형 피스톤은 피스톤핀과 커넥팅 로드의 소단부가 직접 연결되어 있으므로 커넥팅 로드와 함께 분해하고, 크로스헤드형 피스톤은 피스톤 로드를 통하여 크로스헤드와 연결되어 있으므로, 피스톤 로드를 크로스헤드와 분리한 후 분해한다. 피스톤을 분해할 때는 실린더 헤드를 들어낸 다음, 크랭크실의 문을 열고 하부에서 볼트를 풀고, 위쪽에서 피스톤을 들어낸다.

58 4행정 사이클 디젤기관에서 왕복운동 시 이동거리가 가장 큰 것은?

[가] 흡기밸브용 푸시 로드

[나] 피스톤

[사] 배기밸브의 밸브봉

[아] 연료분사펌프의 플런저

해설

4행정 사이클 디젤기관에서 왕복운동 시 이동거리가 가장 큰 것은 피스톤이다.

59 소형 디젤기관의 윤활유 계통에서 여과기의 설치 위치는?

㉮ 기관의 입구와 출구

㉯ 윤활유 펌프의 입구와 출구

㉰ 윤활유 냉각기의 입구와 출구

㉱ 3방향 온도 조절 밸브의 입구와 출구

해설

윤활유 계통에서 오일 여과기는 윤활유 속의 카본이나 슬러지와 같은 이물질을 걸러내어 오일을 깨끗하게 유지하는 역할을 한다. 오일 여과기의 설치 위치는 윤활유 펌프의 입구와 출구 사이에 설치한다.

60 디젤기관의 시동 전동기에 대한 설명으로 옳은 것은?

㉮ 시동 전동기에 교류 전기를 공급한다.

㉯ 시동 전동기에 직류 전기를 공급한다.

㉰ 시동 전동기는 유도 전동기이다.

㉱ 시동 전동기는 교류 전동기이다.

해설

소형선박에서 가장 많이 이용하는 디젤기관의 시동 방법은 시동 전동기에 의한 시동이다. 시동 전동기의 회전력으로 크랭크축을 회전시켜 기관을 최초로 구동하는 장치이다.

61 압축공기로 시동하는 4행정 사이클 디젤기관에서 어떠한 크랭크 각도에서도 시동될 수 있으려면 최소 몇 기통 이상이어야 하는가?

㉮ 2기통 ㉯ 4기통

㉰ 6기통 ㉱ 8기통

해설

4행정 사이클 디젤기관이 시동 위치를 맞추지 않고도 크랭크 각도 어느 위치에서나 시동될 수 있으려면 최소 6기통(6실린더) 이상이 되어야 한다.

62 디젤기관의 메인 베어링에 대한 설명으로 옳지 않은 것은? ★★

㉮ 크랭크축을 지지한다.

㉯ 크랭크축의 중심을 잡아준다.

㉰ 윤활유로 윤활시킨다.

㉱ 볼 베어링을 주로 사용한다.

해설 메인 베어링의 구조

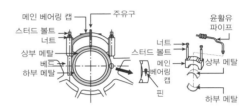

메인 베어링(main bearing)은 기관 베드 위에 있으면서 크랭크 저널에 설치되어 크랭크축을 지지하고, 회전 중심을 잡아주는 역할을 한다.

63 1 [kW]는 약 몇 [kgf·m/s]인가?

㉮ 75 [kgf·m/s]

㉯ 76 [kgf·m/s]

㉰ 102 [kgf·m/s]

㉱ 735 [kgf·m/s]

해설

1kW = 102kgf·m/s = 860kcal

64 기관의 동력전달장치 중 직접 역전 방식에 대한 설명으로 옳은 것은?

㉮ 기관을 저속으로 운전하면서 기관의 회전 방향을 바꾸어 준다.

㉯ 기관의 회전 방향을 그대로 두고 프로펠러의 회전 방향을 바꾼다.

㉰ 기관의 회전 방향을 바꾸기 위해서는 기관을 정지하여 역회전시켜야 한다.

㉱ 기관의 회전 방향과 프로펠러의 회전 방향을 그대로 두고 선박의 속력을 낮추어 바꾼다.

해설

• 직접 역전 방식 : 기관을 정지한 후 다시 역전 시동하여 선박을 후진시킨다.

• 간접 역전 방식 : 역전 장치에 의하여 프로펠러를 역전시키거나 프로펠러 날개의 각도를 변화시켜 선박을 후진시킨다.

65 소형기관에 설치된 시동용 전동기에 대한 설명으로 옳지 않은 것은?

㉮ 주로 교류 전동기가 사용된다.

㉯ 축전지로부터 전원을 공급 받는다.

㉰ 기관에 회전력을 주어 기관을 시동한다.

㉱ 전기적 에너지를 기계적 에너지로 바꾼다.

해설

소형선박에서 가장 많이 이용하는 디젤기관의 시동 방법은 시동 전동기에 의한 시동이다. 시동용 전동기는 직류 전동기가 사용된다.

66 소형선박에서 시동용 전동기가 회전하지 않는 경우의 원인이 아닌 것은?

㉮ 시동용 전동기가 고장난 경우

㉯ 축전지가 완전 방전된 경우

㉰ 시동공기압력이 너무 낮은 경우

㉱ 축전지의 전압이 너무 낮은 경우

해설 시동용 전동기가 회전하지 않는 경우의 원인

• 시동용 전동기가 고장난 경우
• 축전지가 완전 방전된 경우
• 축전지의 전압이 너무 낮은 경우

67 압축공기로 시동하는 소형기관에서 실린더 헤드를 분해할 경우 준비사항이 아닌 것은?

㉮ 시동공기를 차단한다.

㉯ 연료유를 차단한다.

㉰ 냉각수를 배출한다.

㉱ 공기압축기를 정지한다.

해설 실린더 헤드를 들어내기 전의 준비사항

① 시동 공기 밸브를 잠그고 공기관 내의 드레인 밸브를 열어 잔류 압력을 배출시킨다.

② 터닝 기어를 연결하여 플라이 휠과 맞물리도록 한다.

③ 냉각수 입·출구 밸브를 잠그고, 기관 내의 냉각수를 배출한다.

④ 연료유와 윤활유의 공급 계통을 차단한다.

68 디젤기관에서 운전 중에 확인해야 하는 사항이 아닌 것은?

㉠ 윤활유의 압력과 온도

㉡ 배기가스의 색깔과 온도

㉢ 기관의 진동 여부

㉣ 크랭크실 내부의 검사

해설

디젤기관의 운전 중에는 운전 상태를 파악하기 위해 계기류의 지침, 배기색, 진동의 이상 여부, 냉각수의 원활한 공급 여부, 윤활유 압력, 연소가스의 누설 여부 등을 점검해야 한다.

69 1마력(PS)이란 1초 동안에 얼마의 일을 하는가?

㉠ 25 [kgf·m]   ㉡ 50 [kgf·m]

㉢ 75 [kgf·m]   ㉣ 102 [kgf·m]

해설 마력

동력이나 일률을 측정하는 단위로, 1초간에 75kgf·m의 일을 할 때 이것을 1마력이라고 하고 1PS(국제마력)라고 쓴다.

70 소형기관에서 윤활유를 오래 사용했을 경우에 나타나는 현상으로 옳지 않은 것은?

㉠ 색상이 검게 변한다.

㉡ 점도가 증가한다.

㉢ 침전물이 증가한다.

㉣ 혼입수분이 감소한다.

해설 윤활유를 오래 사용할 경우

• 색상이 검게 변한다.
• 점도가 높아져 윤활이 어렵다.
• 침전물이 많아져서 윤활 부분에 손상이 생긴다.
• 혼입수분이 많아져 윤활이 어렵다.

71 동일 운전 조건에서 연료유의 질이 나쁘면 디젤 주기관에 나타나는 현상으로 옳은 것은?

㉠ 배기온도가 내려가고 기관의 출력이 올라간다.

㉡ 연료필터가 잘 막히고 기관의 출력이 떨어진다.

㉢ 연료필터가 잘 막히고 냉각수 온도가 떨어진다.

㉣ 배기온도가 내려가고 회전속도가 증가한다.

해설

연료유의 질이 나쁜 경우 불순물이 많아 연료필터가 잘 막히고 연소상태가 나빠 기관의 출력이 떨어진다.

★★
72 디젤기관의 운전 중 검은색 배기가 발생되는 경우는?

㉠ 연료 분사 밸브에 이상이 있을 경우

㉡ 냉각수 온도가 규정치보다 조금 높을 경우

㉢ 윤활유 압력이 규정치보다 조금 높을 경우

㉣ 윤활유 온도가 규정치보다 조금 낮을 경우

해설

디젤기관의 운전 중 검은색 배기가 발생하는 경우는 연소상태가 나쁜 경우이다.

73 항해 중 디젤 주기관의 배기온도가 너무 높을 때의 조치로 옳은 것은?

㉮ 윤활유 압력을 더 낮춘다.

㉯ 연료유 압력을 더 낮춘다.

㉰ **운전 속도를 더 낮춘다.**

㉱ 냉각수 온도를 더 낮춘다.

해설 디젤기관의 운전 중 비정상적인 상태와 그 대책

현상	원인	대책
모든 실린더에서 배기 온도가 높다.	부하의 부적합	연료펌프 래크의 인덱스를 점검하여 부하 상태를 점검한다.
	흡입 공기의 온도가 너무 높음	공기 냉각기의 출·입구 온도를 점검하여 냉각수 유량을 증가시킨다.
	흡입 공기의 저항이 큼	공기 필터를 새것으로 교환한다.
	과급기의 상태 불량	과급기의 회전수를 확인하고, 정상적으로 작동하는지를 점검한다.
특정 실린더에서 배기 온도가 높다.	연료 분사 밸브나 노즐의 결합	밸브나 노즐을 교체한다.
	배기밸브의 누설	밸브를 교체하거나 분해 점검한다.

74 스크루 프로펠러의 추력을 받는 것은?

㉮ 메인 베어링

㉯ **스러스트 베어링**

㉰ 중간축 베어링

㉱ 크랭크핀 베어링

해설

㉮ 메인 베어링 : 기관 베드 위에 있으면서 크랭크 저널에 설치되어 크랭크축을 지지하고 회전 중심을 잡아주는 역할

㉯ 스러스트 베어링 : 프로펠러 축 끝단에 설치되어 축 방향으로 밀리는 추력을 받는 베어링

㉰ 중간축 베어링 : 축계에서 중간축이 회전할 수 있도록 축의 무게를 받혀주는 베어링

㉱ 크랭크핀 베어링 : 상부 메탈과 하부 메탈로 나누어져 베어링 캡에 의해 고정됨

75 선박이 추진할 때 가장 효율이 좋은 경우는?

㉮ **선미의 흘수가 선수의 흘수보다 클 때**

㉯ 선수의 흘수가 선미의 흘수보다 클 때

㉰ 선수의 흘수와 선미의 흘수가 같을 때

㉱ 선수의 흘수가 선미의 흘수보다 같거나 클 때

해설

일반적으로 선박은 항해 시 약간의 선미 트림 상태(선미의 흘수가 선수의 흘수보다 클 때)를 유지하는 것이 추진력과 타효에 유리하다.

76 디젤기관에서 시동용 압축공기의 최고압력은 몇 [kgf/cm²]인가?

㉮ 10 [kgf/cm²]

㉯ 20 [kgf/cm²]

㉰ 30 [kgf/cm²]

㉱ 40 [kgf/cm²]

해설

- 시동용 압축공기 : 25 ~ 30kgf/cm²
- 제어장치 작동용 제어공기 : 7kgf/cm²
- 안전장치 작동용 제어공기 : 7kgf/cm²

77 디젤기관의 크랭크축에 대한 설명으로 옳지 않은 것은?

㉮ 피스톤의 왕복운동을 회전운동으로 바꾼다.

㉯ 기관의 회전 중심축이다.

㉰ 저널, 핀 및 암으로 구성된다.

㉱ 피스톤링의 힘이 크랭크축에 전달된다.

해설

크랭크축은 피스톤의 왕복운동을 커넥팅 로드에 의해 회전운동으로 변화시키고, 이러한 회전 동력을 중간축으로 전달하는 역할을 한다.

78 운전 중인 디젤 주기관에서 윤활유 펌프의 압력에 대한 설명으로 옳은 것은?

㉮ 속도가 증가하면 압력을 더 높여준다.

㉯ 배기온도가 올라가면 압력을 더 높여준다.

㉰ 부하에 관계없이 압력을 일정하게 유지한다.

㉱ 운전마력이 커지면 압력을 더 낮춘다.

해설

윤활유 펌프는 기관의 각종 베어링이나 마찰부에 압력이 있는 윤활유를 공급하기 위해 사용한다.

79 디젤기관에서 실린더 라이너의 마멸량을 계측하는 공구는?

㉮ 틈새 게이지

㉯ 서피스 게이지

㉰ 내경 마이크로미터

㉱ 외경 마이크로미터

해설

마이크로미터는 물체의 외경, 두께, 내경, 깊이 등을 마이크로미터(μm) 정도까지 측정할 수 있는 게이지이다.

80 회전수가 1,200[rpm]인 디젤기관에서 크랭크축이 1회전하는 동안 걸리는 시간은?

㉮ (1/20)초　　　㉯ (1/3)초

㉰ 2초　　　㉱ 20초

해설

rpm(revolutions per minute) : 분당 회전수

81 디젤기관의 실린더 헤드를 분해하여 체인블록으로 들어올릴 때 필요한 볼트는?

㉮ 타이 볼트　　　㉯ 아이 볼트

㉰ 인장 볼트　　　㉱ 스터드 볼트

해설 아이 볼트

머리 부분이 링 모양인 볼트 머리 부분에 고리가 달린다. 피스톤을 들어올릴 때 피스톤 헤드에 있는 나사홀에 아이 볼트를 확실히 체결해야 한다.

82 운전 중인 디젤기관이 갑자기 정지되는 경우가 아닌 것은?

㉮ 윤활유의 압력이 너무 낮은 경우

㉯ 기관의 회전수가 과속도 설정값에 도달된 경우

㉰ 연료유가 공급되지 않는 경우

㉱ 냉각수 온도가 너무 낮은 경우

해설 기관의 운전 중 급정지하는 경우
- 과속도 정지 장치의 작동
- 연료에 물이 혼입
- 연료유의 압력 저하
- 조속기의 이상

Chapter ② 보조기기 및 전기장치

01 ▶ 선박 보조기계

직접 선체를 추진하는 주기관을 제외한 선내의 모든 기계를 말한다.
① 기관실 내 보조기계 : 펌프, 냉동 및 공기조화장치, 조수장치, 유청정장치 등
② 갑판상의 보조기계 : 조타장치, 양묘장치, 하역장치 등

02 ▶ 펌프

① 원리 : 압력작용을 이용하여 관을 통해 유체를 수송한다.
② 펌프의 분류 : 터보형(원심식, 사류식, 축류식), 용적형, 특수형(마찰펌프, 점성펌프, 제트펌프 등)
③ 펌프에서 발생하는 현상
  • 공동현상 : 압력 저하로 기포가 발생한다.
  • 맥놀이현상 : 유량의 주기적 변화로 진공계와 압력계가 흔들리고 송출 유량이 변한다.
  • 수격현상 : 관로 속에서 압력파가 되어 반복하면서 소음과 진동이 발생한다.
④ 원심펌프
  • 디젤기관의 냉각수펌프로 가장 적당한 펌프
  • 디젤기관의 연료분사펌프와 관계가 있는 펌프
  • 저압의 물을 다량으로 공급할 때 가장 적합한 펌프
  • 기동 전에 반드시 펌프 내에 물을 채워야 하는 펌프
⑤ 왕복펌프
  • 흡입밸브와 송출밸브를 갖춘 실린더 속에서 피스톤이나 플런저를 왕복운동시켜 실린더내를 진공으로 유체를 이송하는 펌프
  • 왕복펌프의 구조 : 피스톤, 플런저, 흡입밸브 및 송출밸브
  • 운동체의 왕복운동으로 인해 맥동현상이 발생하며, 이를 방지하기 위하여 송실측에 공기실을 설치하여 송출 압력을 일정하게 유지한다.

03 유공압 기계

유압 작동유 또는 공기를 매체로 하여 기계 동력을 유체 동력으로 바꾸고 이것을 다시 기계 동력으로 되돌려서 이용하는 기계를 말한다.

(1) 유압 장치의 특징
① 큰 출력과 장치의 소형화
② 속도 조정이 용이함
③ 윤활성 및 방청성 우수함
④ 힘의 증폭이 용이함

(2) 공압 장치의 특징
① 작동 유체가 압축성이므로 에너지 축적이 유압 방식에 비해 용이함
② 압력 조정에 따라 출력을 단계적으로 조절 가능하며, 속도 조정이 쉬움
③ 원거리까지 압력 에너지를 전달 가능하고, 에너지 손실이 적음

04 냉동 및 공기 압축기

① 냉동 사이클 : 압축 → 응축 → 팽창 → 증발
 • 압축 : 기화한 냉매 증기를 액화하기 쉬운 고온 고압의 상태로 만드는 과정
 • 응축 : 고온 고압의 가스가 응축기에서 냉각되어 액화되는 과정
 • 팽창 : 냉매가 증발하기 쉬운 상태로 만드는 과정
 • 증발 : 팽창밸브에서 나온 저온 저압의 액체 냉매가 증발하는 사이 피냉동 물체로부터 열을 뺏음(액체 → 기체)
② 압축기 : 증발기로부터 흡수한 기계 냉매를 압축하여 응축기에서 쉽게 액화할 수 있도록 압력을 높인다.
③ 응축기 : 압축기로부터 나온 고온 고압의 냉매가스를 물이나 공기로 냉각하여 액화시킨다.
④ 팽창밸브 : 응축기에서 액화된 액체 냉매를 단열 팽창시켜 온도와 압력을 낮춤과 동시에 증발기로 들어가는 냉매의 유량을 조절한다.
⑤ 증발기 : 팽창밸브에서 공급된 액체 냉매가 증발하면서 간접 팽창식의 경우는 브라인의 열을, 직접 팽창식의 경우에는 피냉동 물체의 열을 흡수함으로써 냉동시킨다.
⑥ 수액기 : 응축기에서 액화한 액체 상태의 냉매를 팽창밸브로 보내기 전에 일시적으로 저장하고 증발기에서 소요되는 만큼의 냉매만을 팽창밸브로 보내준다.
⑦ 유분리기 : 압축기를 떠나는 윤활유를 분리 회수함으로써 압축기의 윤활유를 적정 수순으로 유지시키고 증발 효율을 증대시킨다.

⑧ 액분리기 : 압축기로 냉매액을 흡입되지 않도록 하는 일종의 저압 용기이며, 분리된 액냉매는 증발기 입구로 되돌려 보낸다.
⑨ 냉동 장치 고장 원인과 대책

현상	원인	대책
압축 압력이 너무 높다.	• 불응축 가스가 있다. • 냉각수 입구 온도가 높다. • 응축기의 냉각관이 오손되었다. • 냉매가 너무 많다.	• 응축기에서 공기를 뺀다. • 냉각수의 양을 많게 한다. • 냉각관을 청소한다. • 냉매의 양을 조절한다.
응축 압력이 너무 낮다.	• 응축의 냉각수 양이 너무 많다. • 냉각수의 온도가 너무 낮다. • 증발기에서 실린더로 액냉매가 역류한다. • 토출밸브가 누설된다.	• 냉각수의 양을 조절한다. • 냉각수의 온도를 조절한다. • 팽창밸브를 조절하고 감온통의 부착 상태를 검사한다. • 토출밸브를 검사하고 수리 또는 교환한다.
흡입 압력이 높다.	• 팽창밸브가 너무 많이 열렸다. • 흡입밸브가 누설된다.	• 팽창밸브를 조절하고 감온통의 부착 상태를 검사한다. • 흡입밸브를 검사하고 수리 또는 교환한다.
흡입 압력이 낮다.	• 흡입 스트레이너가 오손되었다. • 냉매 속에 기름이 있다. • 팽창밸브의 조절이 불량하다.	• 스크레이너를 청소한다. • 유분리기의 기름을 배출한다. • 냉매가 많이 흐르도록 팽창밸브를 조절한다.
압축기가 과열된다.	• 팽창밸브의 열린 양이 부족해 과열 가스가 흡입되었다. • 윤활유 부족 또는 급유펌프가 고장이다. • 실린더 재킷의 냉각수가 부족하다.	• 팽창밸브를 연다. • 기름을 보급하거나 펌프를 수리한다. • 냉각수의 양을 많게 한다.
압축기가 가동하지 않는다.	• 과부하 차단 장치가 작동하고 있다. • 자동식의 경우 솔레노이드 밸브가 닫혀 있다. • 저압 스위치가 작동되고 있다. • 유압 보호 스위치가 작동하고 있다.	• 과부하의 원인을 조사한다. • 솔레노이드 코일을 검사하고 결함을 제거한다. • 냉매가 부족하므로 누설 검사 후 냉매를 보충한다. • 윤활유 압력의 저하 원인을 조사하고 수리한다.

⑩ 압축공기 계통의 보조기계 : 압축공기는 주기관과 발전기 등의 시동용, 각종 조절 장치의 제어용 등으로 사용한다.
  • 보조기계의 종류 : 공기 압축기, 공기 탱크
  • 압축공기의 종류 : 주공기(시동용) 압축공기(25~30kgf/cm²), 제어용 압축공기(7kgf/cm²), 비상용 압축공기(7kgf/cm²)

05 ▶ 보일러

연료를 연소시킴으로써 발생하는 열로 용기 속의 열매체를 가열하여 증기를 만드는 장치를 말한다.
① 주보일러 : 배의 추진 동력 – 증기터빈
② 보조보일러 : 선내에 필요한 각종 증기 생산
③ 원통보일러 : 원통 모양의 본체의 내부에 노통이나 연관을 설치한 것
④ 수관보일러 : 지름이 작은 여러 개의 수관과 1개 또는 그 이상의 드럼으로 수관으로 연결된 것
⑤ 보일러의 성능 : 증기를 발생시키는 것과 관련된 보일러의 능력으로 용량(출력), 효율, 연료소비율, 열소비율 등이 있다.

06 ▶ 전기장치

(1) 전기 용어
① 직류 : 전지의 전류와 같이 항상 일정한 방향으로 흐르는 전류로, 보통 DC로 표시
② 교류 : 시간에 따라 크기와 방향이 주기적으로 변하는 전류로, 보통 AC로 표시
③ 발전기 : 역학적 에너지를 전기로 변환하는 장치
④ 변압기 : 전자기유도현상을 이용하여 교류의 전압을 바꾸는 장치
⑤ 전동기(모터) : 전기 에너지를 역학적 에너지로 바꾸는 장치
⑥ 납축전지 : 납과 황산을 전극과 전해질로 사용하는 전지로 충전과 방전을 통해 반복해 사용할 수 있는 2차 전지

★★★
01 닻을 감아올리는 데 사용하는 갑판기기는?

㉮ 조타기　　㉯ 양묘기

㉰ 계선기　　㉱ 양화기

🔧 **해설**

㉮ 조타기 : 선박의 방향을 바꾸기 위해 타를 조종하는 장치

㉯ 양묘기 : 배의 닻을 감아올리고 내리는 데 사용하는 장치

㉰ 계선기 : 배의 갑판 위 또는 독의 안벽 위에 설비하여 배를 매어 두는 장치

㉱ 양화기 : 배의 짐을 들어 옮기는 장치

02 캡스턴의 정비사항이 아닌 것은?

㉮ 그리스 니플을 통해 그리스를 주입한다.

㉯ 마모된 부시를 교환한다.

㉰ 마모된 체인을 교환한다.

㉱ 구멍이 막힌 그리스 니플을 교환한다.

🔧 **해설** 캡스턴

계선줄이나 앵커의 체인을 감아올리기 위해 사용하며 수직축을 중심으로 회전한다. 캡스턴의 정비사항으로는 그리스 니플을 통해 그리스를 주입하고 마모된 부시를 교환한다. 이 과정에서 구멍이 막힌 그리스 니플이 있다면 교환한다.

★★★
03 해수펌프에 설치되지 않는 것은?

㉮ 흡입관　　㉯ 압력계

㉰ 감속기　　㉱ 축봉장치

🔧 **해설**

해수, 청수 등을 옮기는데 주로 원심펌프가 적당하다. 해수펌프에는 흡입관, 압력계, 축봉장치(글랜드 패킹)가 설치되어 있다.

04 증기 압축식 냉동장치의 사이클 과정을 옳게 나타낸 것은?

㉮ 압축기 → 응축기 → 팽창밸브 → 증발기

㉯ 압축기 → 팽창밸브 → 응축기 → 증발기

㉰ 압축기 → 증발기 → 응축기 → 팽창밸브

㉱ 압축기 → 증발기 → 팽창밸브 → 응축기

🔧 **해설** 냉동 사이클

압축 → 응축 → 팽창 → 증발

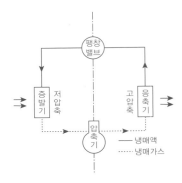

05 전동유압식 조타장치의 유압펌프로 이용될 수 있는 펌프는?

㉮ 원심펌프

㉯ 축류펌프

㉰ 제트펌프

㉱ 기어펌프

🔧 **해설**

기어펌프는 구조가 간단하며 그 특성상 윤활유 펌프 등에 많이 사용된다.

06 납축전지의 관리 방법으로 옳지 않은 것은?

㉮ 충전할 때는 완전히 충전시킨다.

㉯ 방전시킬 때는 완전히 방전시킨다.

㉰ 전해액을 보충할 때에는 비중을 맞춘다.

㉭ 전해액 보충 시에는 증류수로 보충한다.

해설 납축전지 관리 방법

납축전지는 완전히 충전시키고, 전해액을 보충할 때에는 증류수로 보충하며, 비중에 맞춘다. 납축전지가 완전 충전 상태일 때 20°C에서의 우리나라 표준 비중 1.28이다.

07 소형기관에 설치된 시동용 전동기에 대한 설명으로 옳지 않은 것은?

㉮ 주로 교류 전동기가 사용된다.

㉯ 축전지로부터 전원을 공급 받는다.

㉰ 기관에 회전력을 주어 기관을 시동한다.

㉭ 전기적 에너지를 기계적 에너지로 바꾼다.

해설

시동 전동기란 축전지(battery)를 이용하여 시동 전동기(cell motor)로 크랭크축을 회전시키는 시동 방법이다. 가솔린 기관, 선박용 발전기 기관, 자동차용 고속 디젤기관 등 소형기관에서 주로 사용한다.

08 갑판보기가 아닌 것은?

㉮ 양묘장치   ㉯ 계선장치

㉰ 하역용 크레인   **㉭ 청정장치**

해설 청정장치

액체를 맑게 하기 위하여 액체로부터 침전물이나 불순물을 걸러내는 장치이다.

09 왕복펌프에 공기실을 설치하는 주된 목적은?

㉮ 발생되는 공기를 모아 제거시키기 위해

㉯ 송출유량을 균일하게 하기 위해

㉰ 펌프의 발열을 방지하기 위해

㉭ 공기의 유입이나 액체의 누설을 막기 위해

해설

왕복펌프에서 공기실의 역할은 송출되는 유량의 변동을 일정하게 유지하는 것이다. 왕복펌프는 선박에서 빌지펌프로 많이 쓰인다.

10 변압기의 정격 용량을 나타내는 단위는?

㉮ [A]   ㉯ [Ah]

㉰ [kW]   **㉭ [kVA]**

해설 kVA[키로볼트암페어]

변압기의 정격 용량은 교류의 부하 또는 전원의 용량을 나타내는데 사용하는 단위이다.

11 볼트나 너트를 풀고 조이기 위한 렌치나 스패너의 일반적인 사용 방법으로 옳은 것은?

㉮ 풀거나 조일 때 가능한 한 자기 앞쪽으로 당기는 방향으로 힘을 준다.

㉯ 풀거나 조일 때 미는 방향으로 힘을 준다.

㉰ 당길 때나 밀 때에는 자기 체중을 실어서 힘을 준다.

㉭ 쉽게 풀거나 조이기 위해 렌치나 스패너에 파이프를 끼워서 힘을 준다.

해설 스패너·렌치 사용 시 주의사항

• 스패너의 입이 너트 폭과 잘 맞는 것을 사용하고 입이 변형된 것은 사용하지 않는다.

• 스패너를 너트에 단단히 끼워서 앞으로 당기도록 한다.

• 스패너를 2개로 잇거나 자루에 파이프를 이어서 사용해서는 안 된다.

• 몽키 렌치는 웜과 랙의 마모에 유의한다.

• 몽키 렌치는 아래턱의 방향으로 돌려서 사용한다.

12 축과 핸들, 벨트 풀리, 기어 등의 회전체를 고정시키는 데에 주로 사용되는 결합용 기계 재료는?

㉮ 너트 ㉯ 커플링

㉰ 키 ㉱ 니플

㉮ 너트 : 수나사인 볼트에 끼워 기계 부품의 체결 고정에 사용하는 암나사이다.
㉯ 커플링 : 축과 축을 연결하기 위하여 사용되는 요소부품, 축계수, 축이음이라고도 한다.
㉰ 키 : 축과 핸들, 벨트 풀리, 기어 등의 회전체를 고정시킬 때 주로 사용하는 결합용 기계 재료이다.
㉱ 니플 : 짧은 관의 양쪽 끝에 수나사를 만들어 놓은 이음이다. 짧은 거리의 배관이나 엘보를 사용하여 배관 방향을 변화시킬 때, 다른 이음의 암나사를 깎은 부분에 틀어박는 것이다.

13 정상 항해 중 연속으로 운전되지 않는 것은?

㉮ 냉각해수펌프

㉯ 주기관 윤활유 펌프

㉰ 공기 압축기

㉱ 주기관 연료유 펌프

선박용 압축공기는 25~30kgf/cm² 압력으로 압축, 공기 탱크에 저장 후 시동용 압축공기로 사용하므로 연속으로 운전되지 않는다.

14 선박 보조기계에 대한 설명으로 옳은 것은?

㉮ 갑판기계를 제외한 기관실의 모든 기계를 말한다.

㉯ 주기관을 제외한 선내의 모든 기계를 말한다.

㉰ 직접 배를 움직이는 기계를 말한다.

㉱ 기관실 밖에 설치된 기계를 말한다.

• 주기관 : 선체를 직접 추진할 수 있는 기계
• 보조기계 : 주기관을 제외한 선내의 모든 기계

15 ★★★ 전류의 단위는?

㉮ 볼트[V] ㉯ 암페어[A]

㉰ 암페어시[Ah] ㉱ 옴[Ω]

㉮ 볼트(V) : 전압은 일정한 전기장에서 단위 전하를 한 지점에서 다른 지점으로 이동하는 데 필요한 일(에너지)
㉰ 암페어시(Ah) : 1암페어의 전류가 1시간 동안 흐르는 전기량, 납축전지의 용량으로도 쓰임
㉱ 옴(Ω) : 전기저항의 단위, 1암페어의 전류가 흐를 때 나타나는 저항

16 조타장치가 제어하는 것은?

㉮ 타의 하중

㉯ 타의 회전각도

㉰ 타의 기동력

㉱ 타와 프로펠러의 간격

조타장치는 조타륜에서 발생한 신호를 전달 받아 타가 소요 각도만큼 돌아갔을 때 타를 그 위치에 고정시키는 추종장치, 원동기의 기계적 에너지를 타에 전달하는 전달장치로 구성된다.

17 기관의 축에 의해 구동되는 연료유 펌프에 대한 설명으로 옳은 것은?

㉮ 기어가 있고 축봉장치도 있다.

㉯ 기어가 있고 축봉장치는 없다.

㉰ 임펠러가 있고 축봉장치도 있다.

㉱ 임펠러가 있고 축봉장치는 없다.

연료유 펌프는 주로 기어펌프가 쓰인다. 기어펌프는 케이싱 속에서 두 개의 기어가 맞물려 회전하면서 기름을 흡입측에서 송출측으로 밀어낸다.

18 낮은 곳에 있는 액체를 흡입하여 압력을 가한 후 높은 곳으로 이송하는 장치는?

㉮ 발전기 ㉯ 보일러

㉰ 조수기 ㉱ 펌프

해설

㉮ 발전기 : 기계적 에너지를 전기적 에너지로 변환하는 기기

㉯ 보일러 : 연료를 연소시켜 그 연소열을 물에 전하여 증기를 발생시키는 장치

㉰ 조수기 : 바닷물에서 염분 등을 제거하여 민물로 바꾸는 장치

㉱ 펌프 : 낮은 곳에 있는 액체를 흡입하여 압력을 가한 후 높은 곳으로 이송하는 장치

19 부하 변동이 있는 교류 발전기에서 항상 일정하게 유지되는 값은?

㉮ 여자전류 ㉯ 전압

㉰ 부하전류 ㉱ 부하전력

해설

㉮ 여자전류 : 부하를 인가하지 않은 상태에서 1차측에 흐르는 전류를 여자전류 혹은 무부하전류

㉯ 전압 : 일정한 전기장에서 단위 전하를 한 지점에서 다른 지점으로 이동하는 데 필요한 에너지(교류발전기에서 일정함)

㉰ 부하전류 : 변압기나 전동기에 부하를 걸었을 경우 흐르는 전류

㉱ 부하전력 : 제어기로부터 부하까지 전달되는 총 전력

20 220[V] 교류 발전기에 대한 설명으로 옳은 것은?

㉮ 회전속도가 일정해야 한다.

㉯ 원동기의 출력이 일정해야 한다.

㉰ 부하전류가 일정해야 한다.

㉱ 부하전력이 일정해야 한다.

해설 교류 발전기

전자기 유도 법칙을 응용하여 교류 전류의 기전력을 만드는 기계이다.

21 전동기의 운전 중 주의사항으로 옳지 않은 것은?

㉮ 발열되는 곳이 있는지를 점검한다.

㉯ 이상한 소리, 냄새 등이 발생하는지를 점검한다.

㉰ 전류계의 지시치에 주의한다.

㉱ 절연저항을 자주 측정한다.

해설 절연저항

전류가 도체에서 절연물을 통하여 다른 충전부나 기기의 케이스 등에서 새는 경로의 저항이다. 절연저항이 낮으면 감전이나 과열에 의한 화재 및 쇼크 등의 사고가 발생할 수 있으며, 절연저항은 모터를 정지 후 측정한다.

22 디젤기관의 시동용 공기탱크의 압력으로 가장 적절한 것은?

㉮ 10~15 [bar]

㉯ 15~20 [bar]

㉰ 20~25 [bar]

㉱ 25~30 [bar]

해설

선박용 압축공기는 25~30kgf/cm² 압력으로 압축, 공기 탱크에 저장 후 시동용 압축공기로 사용되고, 일부는 감압밸브를 통하여 7kgf/cm²로 감압시켜 제어 공기용, 갑판보기의 구동용 및 각종 작업용으로 사용되고 있다.

23 원심펌프에서 송출되는 액체가 흡입측으로 역류하는 것을 방지하기 위해 설치하는 부품은?

㉮ 회전차 ㉯ 베어링

㉰ 마우스링 ㉱ 글랜드패킹

해설 마우스링

회전차에서 송출되는 액체가 흡입구 쪽으로 역류하는 것을 방지하기 위해서 케이싱과 회전차 입구 사이에 설치하는 것이다.

24 가변피치 프로펠러에 대한 설명으로 가장 적절한 것은?

㉮ 선박의 속도 변경은 프로펠러의 피치 조정으로만 행한다.

㉯ 선박의 속도 변경은 프로펠러의 피치와 기관의 회전수를 조정하여 행한다.

㉰ 기관의 회전수 변경은 프로펠러의 피치를 조정하여 행한다.

㉱ 선박을 후진해야 하는 경우 기관을 반대 방향으로 회전시켜야 한다.

해설 가변피치 프로펠러

프로펠러 날개의 각도를 자유롭게 바꿀 수 있는 프로펠러로 속도 변화와 방향 전환을 효과적으로 할 수 있다.

25 기관실에서 가장 아래쪽에 있는 것은?

㉮ 킹스톤밸브

㉯ 과급기

㉰ 윤활유 냉각기

㉱ 공기 냉각기

해설 킹스톤밸브

배 밖으로부터 안으로 바닷물을 끌어들이기 위한 주흡입밸브이다.

26 일반적으로 소형기관에서 기관에 의해 직접 구동되는 펌프가 아닌 것은?

㉮ 연료유펌프

㉯ 냉각청수펌프

㉰ 윤활유펌프

㉱ 빌지펌프

해설

㉮ 연료유펌프 : 내연기관에서 연료유를 실린더로 분사하는 펌프

㉯ 냉각청수펌프 : 청수를 끌어올려 필요한 곳으로 옮기는 데 사용하는 펌프

㉰ 윤활유펌프 : 윤활에 필요한 기름을 공급하는 펌프

㉱ 빌지펌프 : 빌지수를 배수하는 펌프

27 프로펠러에 의한 속도와 배의 속도와의 차이를 무엇이라고 하는가?

㉮ 서징

㉯ 피치

㉰ 슬립

㉱ 경사

해설

㉮ 서징 : 유체의 변동으로 소음과 진동을 일으키는 현상

㉯ 피치 : 프로펠러가 1회전했을 때 날개면 중의 한 점이 축 방향으로 이동한 거리

㉰ 슬립 : 프로펠러의 이론적인 이동거리(기관거리)와 실제 이동거리(항해거리)의 차이를 비율로 나타낸 것

㉱ 경사 : 선체와의 간격을 두기 위해 보스 중심선에 수직한 면과 프로펠러 날개가 이루는 각도

28 스크루 프로펠러로만 짝지어진 것은?

㉮ 고정피치 프로펠러와 가변피치 프로펠러

㉯ 분사 프로펠러와 가변피치 프로펠러

㉰ 분사 프로펠러와 고정피치 프로펠러

㉱ 고정피치 프로펠러와 외차 프로펠러

해설 스크류 프로펠러

선박 뒤쪽 하단에 엔진이나 모터와 연결되는 나선형 추진기로 구조가 간단하고 조정성이 양호하며, 공간을 적게 차지한다. 고정피치 프로펠러(FPP)와 가변피치 프로펠러(CPP)가 있다.

29 기어펌프에서 송출압력이 설정값 이상으로 상승하면 송출측 유체를 흡입 측으로 되돌려 보내는 밸브는?

㉮ 릴리프밸브

㉯ 송출밸브

㉰ 흡입밸브

㉱ 나비밸브

해설

㉮ 릴리프밸브 : 압력을 분출하는 안전밸브로 설정압력에 도달하면 유체의 일부 또는 전량을 배출시켜 회로 내의 압력을 설정값 이하로 유지하는 밸브

㉯ 송출밸브 : 펌프의 토출측에 설치하는 밸브

㉰ 흡입밸브 : 펌프의 흡입관에 설치하는 밸브

㉱ 나비밸브 : 원형의 밸브를 회전하여 유로를 개폐하는 동작 기구밸브

30 발전기의 기중차단기를 나타내는 것은?

㉮ ACB ㉯ NFB

㉰ OCR ㉱ MCCB

> **해설**
>
> ㉮ ACB(Air Circuit Breaker) : 기중차단기
> ㉯ NFB(No Fuse Breaker) : 배선용차단기
> ㉰ OCR(Over Current Relay) : 과전류계전기
> ㉱ MCCB(Molded Case Circuit Breaker) : 배선용차단기

31 선내에서 주로 사용되는 교류 전원의 주파수는 몇 [Hz]인가?

㉮ 30[Hz]

㉯ 90[Hz]

㉰ 60[Hz]

㉱ 120[Hz]

> **해설** 주파수
>
> 1초 동안 주기적으로 발생하는 파동의 횟수이며, 단위로 헤르츠[Hz]를 사용한다.

★★
32 전동기 기동반에서 빼낸 퓨즈의 정상여부를 멀티테스터로 확인하는 방법으로 옳은 것은?

㉮ 멀티테스터의 선택스위치를 저항 레인지에 놓고 저항을 측정해서 확인한다.

㉯ 멀티테스터의 선택스위치를 전압 레인지에 놓고 전압을 측정해서 확인한다.

㉰ 멀티테스터의 선택스위치를 전류 레인지에 놓고 전류를 측정해서 확인한다.

㉱ 멀티테스터의 선택스위치를 전력 레인지에 놓고 전력을 측정해서 확인한다.

> **해설** 멀티테스터
>
> 전기회로에서 저항, 전압, 전류 등의 기본적인 전기적 특성을 측정할 수 있는 계측기이다.

33 3상 유도전동기의 구성요소로만 옳게 짝지어진 것은?

㉮ 회전자와 정류자

㉯ 전기자와 브러시

㉰ 고정자와 회전자

㉱ 전기자와 정류자

> **해설** 3상 유도전동기의 구성요소
>
> 고정자, 회전자

34 전동기로 구동되는 원심펌프의 기동방법으로 가장 적절한 것은?

㉮ 흡입밸브와 송출밸브를 모두 잠그고 펌프를 기동시킨 다음 송출밸브를 먼저 열고 흡입밸브를 서서히 연다.

㉯ 흡입밸브와 송출밸브를 모두 잠그고 펌프를 기동시킨 다음 흡입밸브를 먼저 열고 송출밸브를 서서히 연다.

㉰ 흡입밸브는 잠그고 송출밸브를 연 후 펌프를 기동시킨 다음 흡입밸브를 서서히 연다.

㉱ 흡입밸브를 열고 송출밸브를 잠근 후 펌프를 기동시킨 다음 송출밸브를 서서히 연다.

> **해설** 원심펌프의 송출량 조절 방법
>
> • 펌프의 회전 속도를 조절하는 방법
> • 펌프의 송출밸브 개도를 조절하는 방법

35 유도전동기의 부하에 대한 설명으로 옳지 않은 것은?

㉮ 정상운전 시보다 기동 시의 부하가 더 크다.

㉯ 부하의 대소는 전류계로 판단한다.

㉰ 부하가 증가하면 전동기의 회전수는 올라간다.

㉱ 부하가 감소하면 전동기의 온도는 내려간다.

해설 유도 전동기

고정자에 교류 전압을 가하여 전자 유도로써 회전자에 전류를 흘려 회전력을 생기게 하는 교류 전동기로, 부하가 증가하면 슬립이 커지면서 회전수가 점점 떨어진다.

36 유압장치에 대한 설명으로 옳지 않은 것은?

㉮ 유압펌프의 흡입측에 자석식 필터를 많이 사용한다.

㉯ 작동유는 유압유를 사용한다.

㉰ 작동유의 온도가 낮아지면 점도도 낮아진다.

㉱ 작동유 중의 공기를 빼기 위한 플러그를 설치한다.

해설

작동유의 온도가 낮아지면 점도는 높아지고, 온도가 높아지면 점도는 낮아진다.

37 5[kW] 이하의 소형 유도전동기에 많이 이용되는 기동법은?

㉮ 직접 기동법　　㉯ 간접 기동법
㉰ 기동 보상기법　㉱ 리액터 기동법

해설

유도전동기에 많이 이용되는 기동법은 직접 기동법이다. 직접 기동법이란 아무런 시동 설비 없이 전동기를 전원 회로망에 직접 투입하는 시동 방식을 말한다.

★★★
38 원심펌프의 운전 중 심한 진동이나 이상음이 발생하는 경우의 원인으로 옳지 않은 것은?

㉮ 베어링이 심하게 손상된 경우

㉯ 축이 심하게 변형된 경우

㉰ 흡입되는 유체의 온도가 낮은 경우

㉱ 축의 중심이 일치하지 않는 경우

해설 원심펌프에서 과부하 운전의 원인

• 베어링이 많이 손상되어 있는 경우
• 축(shaft)의 중심이 맞지 않는 경우
• 글랜드 패킹이 과도하게 조여 있는 경우

★★
39 2[V] 단전지 6개를 연결하여 12[V]가 되게 하려면 어떻게 연결해야 하는가?

㉮ 2[V] 단전지 6개를 병렬 연결한다.

㉯ 2[V] 단전지 6개를 직렬 연결한다.

㉰ 2[V] 단전지 3개를 병렬 연결하여 나머지 3개와 직렬 연결한다.

㉱ 2[V] 단전지 2개를 병렬 연결하여 나머지 4개와 직렬 연결한다.

해설

• 전지의 직렬 연결 : 연결한 전지의 개수에 비례한다.
　– 전체 전압(V) = V1 + V2 + V3
• 전지의 병렬 연결 : 전지 1개의 전압과 같다.
　– 전체 전압(V) = V1 = V2 = V3

40 다음 그림과 같은 무어링 윈치에서 ①, ②, ③의 명칭은?

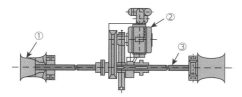

㉮ ① : 워핑드럼

② : 유압모터

③ : 수평축

㉯ ① : 워핑드럼

② : 수평축

③ : 유압모터

㉰ ① : 유압모터

② : 워핑드럼

③ : 수평축

㉱ ① : 유압모터

② : 수평축

③ : 워핑드럼

해설

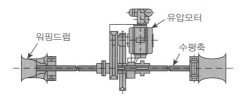

Chapter 3 기관 고장 시의 대책

01 디젤기관 고장 시의 대책

(1) 시동 전

현상	원인	대책
스타트 버튼을 눌러도 기관이 시동되지 않는다.	시동 공기 탱크의 압력 저하	• 공기 압축기를 운전하여 탱크 압력을 3MPa까지 올린다.
	터닝 기어의 인터록(inter lock) 장치 작동	• 터닝 기어를 플라이 휠에서 이탈시켜 인터록 장치를 해지한다.
	시동 공기 분해기의 조정 불량	• 타이밍 마크를 점검한다.
	실린더 헤드의 시동 공기 밸브의 결함	• 결함이 있는 밸브를 찾아 교체하거나 분해 점검한다.
시동 공기에 의해 회전은 하지만 폭발이 일어나지 않는다.	연료분사펌프의 래크가 고착되거나 인덱스가 너무 낮음	• 연료분사펌프 로드의 연결 상태를 점검하고, 인덱스를 공장 시 운전 시의 값과 일치하는지 점검한다.
	연료유 공급 불량	• 연료유 계통을 점검, 압력을 확인한다.
	연료펌프부터 연료 분사 밸브까지의 배관에 공기가 유입됨	• 연료유 공급펌프를 운전해 두고, 공기 배기 밸브를 열어 공기를 빼낸다.
기관이 정상 시동 후 곧바로 정지한다.	조속기에 설정된 스피드 설정 압력이 너무 낮음	• 취급 설명서를 참고하여 설정 압력을 높인다.
	안전 장치의 작동	• 각 압력과 온도를 점검하고, 안전 장치의 기능을 복귀시킨다.
연료유로 운전하고 있으나 불안정하게 운전되고, 연소가 불규칙적이다.	보조 송풍기가 작동 불량	• 보조 송풍기를 기동한다.
	연료유 공급 계통에 공기 배출이 이루어지지 않음	• 공기 배기밸브를 열어 배출시킨다.
	연료유에 물이 유입	• 연료유 서비스 탱크의 드레인밸브를 열어 물을 배출시킨다.
	실린더 1~2개가 연소 불량	• 배기 온도를 확인하여 온도가 올라가지 않는 실린더의 연료 분사 밸브를 점검, 교체한다. • 연료분사펌프의 플런저 및 캠의 작동을 확인하여, 이상이 있으면 교환한다.

(2) 운전 중

현상	원인	대책
모든 실린더에서 배기 온도가 높다.	부하의 부적합	• 연료펌프 래크의 인덱스를 점검하여 부하 상태를 점검한다.
	흡입 공기의 온도가 너무 높음	• 공기 냉각기의 출·입구 온도를 점검하여 냉각수 유량을 증가시킨다.
	흡입 공기의 저항이 큼	• 공기 필터를 새것으로 교환한다.
	과급기의 상태 불량	• 과급기의 회전수를 확인하고, 정상적으로 작동하는지를 점검한다.
특정 실린더에서 배기 온도가 높다.	연료 분사 밸브나 노즐의 결함	• 밸브나 노즐을 교체한다.
	배기밸브의 누설	• 밸브를 교체하거나 분해 점검한다.
배기 온도가 낮다.	흡입 공기 온도가 너무 낮음	• 온도 조절용 3방향 밸브가 정상적으로 작동하는지 점검한다.
	연료유 계통에 공기, 가스, 증기의 혼입	• 공기 분리 밸브의 기능을 점검한다. • 연료유 공급펌프의 흡입측의 공기 누설을 점검한다. • 연료유 예열기의 증기 누설 여부를 점검한다.
	연료 분사 밸브의 고착	• 연료분사밸브를 교체한다.
배기가스의 색이 검은색이다.	흡입 공기 압력의 부족	• 과급기를 점검하고, 필요하면 취급 설명서에 따라 과급기를 청소한다. • 공기 필터의 오염 상태를 점검한다.
	연료 분사 상태의 불량	• 연료분사밸브를 분해·소제하고, 분사 압력을 재조정한다.
	과부하 운전	• 기관의 부하를 줄인다.
배기가스의 색이 청백색이다.	연소실로 윤활유가 섞여 들어가 연소됨	• 피스톤링, 실린더 라이너의 마멸 상태를 계측하여, 한도를 넘었으면 새것으로 교체한다. • 피스톤링과 홈을 점검한다.

현상	원인	대책
폭발 시 비정상적인 소리가 난다.	실린더 헤드의 개스킷 부위에서 가스의 누출	• 실린더 헤드 볼트의 풀림을 검사하고, 필요하면 개스킷을 새것으로 교환한다.
	배기 매니폴드 연결관에서의 가스 누출	• 팽창 조인트의 파손을 점검하고, 개스킷을 새것으로 교환한다.
	연료 분사 밸브와 실린더 헤드의 기밀 불량	• 연료 분사 밸브를 들어내어 헤드와의 시트 부분에 이물질이 있는지 점검하고, 필요하면 연마한다.
	연료 분사 밸브의 노즐이 막혔거나 니들밸브의 오염	• 연료 분사 밸브를 예비품으로 교환한다.
유증기 배출관으로부터 대량의 가스가 배출된다.	피스톤, 베어링 등의 운동 부분의 소착	• 기관을 즉시 정지하고, 크랭크실 폭발의 위험이 있으므로 충분한 시간이 지난 후 크랭크실 점검창을 열고 천천히 터닝하면서 피스톤링, 베어링, 커넥팅 로드, 실린더 라이너의 하부 등을 촉감으로 검사하고, 최근의 운전 일지 등과 비교하면서 이상이 있는 곳을 점검한다.
	피스톤링의 과대한 마멸	• 최근의 정비 일지, 계측 기록을 비교하여, 사용 시간상 과도한 마멸이 예상되는 실린더의 링을 찾아서 새것으로 교환한다.
기관이 운전 중 급정지한다.	과속도 정지 장치의 작동	• 과속도 정지 장치가 작동한 원인을 조사하여 원인이 되는 요소를 정상 운전 상태로 복귀시키고, 과속도 정지 장치를 리셋시킨다.
	연료에 물이 혼입	• 연료유 서비스 탱크의 드레인밸브를 열어 물을 배출시킨다. • 연료유 청정기의 작동 상태를 점검한다.
	연료유의 압력 저하	• 연료유 서비스 탱크의 잔량을 점검한다. • 연료유 계통의 필터를 청소한다.
	조속기의 이상	• 연료 조절 장치에 이상이 있으면 연료분사펌프의 래크를 '정지' 위치로 돌리고, 취급 설명서를 참조하여 조속기를 점검한다.
기관의 진동이 평소보다 심하다.	위험 회전수에서 운전	• 위험 회전수 영역을 벗어나서 운전한다.
	각 실린더의 최고 압력이 고르지 못함	• 지압기를 사용해서 최고 압력을 확인한 후, 필요하면 연료 분사 시기를 조정한다.
	기관 베드의 설치 볼트가 이완 또는 절손	• 점검 후 이완부를 다시 조이고, 부러진 볼트는 교체한다.
	각 베어링의 틈새 과대	• 제작사에서 권장하는 규정치 내로 베어링 틈새를 적절히 조정한다.

(3) 가솔린 기관 고장 원인

현상	원인	대책
압축 압력이 너무 낮다.	실린더 헤드 개스킷 소손	실린더 헤드면이나 블록 상면의 개스킷 상태를 확인하고 교환한다.
	피스톤링 마멸, 손상	손상된 링을 교환한다.
	피스톤 또는 실린더의 마멸	피스톤, 실린더 블록을 정비하고 교환한다.
	밸브 시트 마멸 또는 손상	밸브, 밸브 시트를 정비하고 교환한다.
밸브의 소음이 너무 크다.	엔진 오일의 점도가 낮음	엔진 오일을 교환한다.
	밸브 로드 또는 밸브 가이드의 마멸	밸브 또는 밸브 가이드를 교환한다.
커넥팅 로드 및 메인 베어링의 소음	부적합한 오일의 공급	오일을 교환한다.
	오일의 압력이 낮음	윤활 장치를 점검한다.
타이밍 벨트 및 배기관의 소음이 크다.	베어링 간극의 과다	베어링을 교환한다.
	벨트 장력의 부적합	벨트의 장력을 조정한다.
	배기관에서 비정상적 소음 발생	파이프 또는 소음기를 수리하고 필요하면 교환한다.
기관의 진동이 너무 크다.	기관 및 변속기의 브래킷 풀림	풀림 여부를 확인하고 다시 죈다.
	기관 변속기의 부품 파손	파손 부품을 확인하고 교체한다.
윤활유의 압력이 너무 낮다.	엔진 오일의 부족 또는 오일 압력 스위치의 결함	오일을 보충하거나 스위치를 교환한다.
	오일 필터의 막힘	오일 필터를 청소하거나 교체한다.
	오일펌프 기어 또는 프런트 케이스의 마멸	기어 또는 프런트 케이스를 교환한다.
	오일 점도의 저하	오일을 교환한다.
윤활유의 압력이 너무 높다.	오일 릴리프 밸브 고착	릴리프 밸브를 정비한다.
	냉각수 온도 저하	냉각수 온도 조절기를 점검하고 필요하면 교환한다.
연료가 제대로 공급되지 않는다.	연료 파이프나 연료 여과기 막힘	연료 파이프나 연료 여과기를 청소하고 필요하면 교환한다.
	인젝터 작동 불량	연료 분사 계통을 점검하고 인젝터를 교환한다.

현상	원인	대책
축전지가 방전 되었다.	축전지 수명이 다했거나 접지 불량	접지 상태를 확인하고 수명이 다한 경우 교환한다.
	구동 벨트가 느슨하거나 전압 조정기의 결함	구동 벨트의 장력 점검 및 발전기의 이상 유무를 점검한다.
시동 전동기가 제대로 작동되지 않는다.	시동 릴레이 불량	릴레이를 점검하고 필요하면 교환한다.
	시동 전동기 불량	시동 전동기를 정비하고 필요하면 교환한다.

01 서로 접촉되어 있는 고체에서 온도가 높은 곳으로부터 낮은 곳으로 열이 이동하는 전열현상을 무엇이라 하는가?

㉮ 전도　　　　　㉯ 대류
㉰ 복사　　　　　㉱ 가열

해설

㉮ 전도 : 열이 고온 부분에서 저온 부분으로 중간 물질을 통해서 이동하는 것
㉯ 대류 : 유동성 있는 유체 내에서 일어나는 열전달 방식
㉰ 복사 : 열이 매질을 통하지 않고 고온의 물체에서 저온의 물체로 직접 전달되는 현상
㉱ 가열 : 어떤 물질에 열을 줌

★★★
02 디젤기관의 실린더 라이너가 마멸된 경우에 발생하는 현상으로 옳은 것은?

㉮ 실린더 내 압축공기가 누설된다.
㉯ 피스톤에 작용하는 압력이 증가한다.
㉰ 최고 폭발압력이 상승한다.
㉱ 간접 역전장치의 사용이 곤란하게 된다.

해설

실린더 라이너의 윤활 목적은 라이너의 마멸을 줄이고, 라이너 내벽과 피스톤링 사이의 기밀을 유지하기 위해서이다. 실린더 라이너의 마멸이 가장 심한 곳은 폭발이 일어나는 상사점 부위이다.

03 운전 중인 소형 디젤기관에서 이상음이 발생하는 경우의 원인으로 옳은 것은?

㉮ 저부하로 운전하는 경우
㉯ 디젤노킹이 발생하는 경우
㉰ 연료유의 분사압력이 높은 경우
㉱ 실린더 헤드에서 냉각수가 새는 경우

해설 노킹

연소기간 중 착화지연이 길어지면 착화 전에 축적된 연료의 양이 많아지게 되고 이것이 일시에 연소하면 급격한 압력상승을 일으켜서 원활한 운전이 되지 않으며 토크 변동이 커지고 진동음을 발생시키는 현상이다.

★★★
04 소형 내연기관에서 실린더 라이너가 너무 많이 마멸되었을 경우 일어나는 현상이 아닌 것은?

㉮ 연소가스가 샌다.
㉯ 출력이 낮아진다.
㉰ 냉각수의 누설이 많아진다.
㉱ 연료유의 소모량이 많아진다.

해설 실린더 라이너의 마멸이 기관에 미치는 영향

• 압축공기의 누설로 압축압력이 낮아지고 기관 시동이 어려워짐
• 샘에 의한 윤활유의 오손 및 소비량 증가
• 불완전 연소에 의한 연료 소비량 증가
• 열효율 저하 및 기관 출력 감소

05 운전 중인 디젤기관에서 모든 실린더의 배기 온도가 상승한 경우의 원인이 아닌 것은?

㉮ 과부하 운전   ㉯ 조속기 고장

㉰ 과급기 고장   ㉺ 저부하 운전

> **해설** 배기가스 온도 상승과 검은색 배기 발생의 원인
> • 흡입 공기 압력이 부족할 때
> • 연료 분사 상태가 불량할 때
> • 과부하 운전을 했을 때
> • 질이 나쁜 연료유를 사용할 때

06 디젤기관의 운전 중 진동이 심해지는 원인이 아닌 것은?

㉮ 기관대의 설치 볼트가 여러 개 절손되었을 때

㉯ 윤활유 압력이 높을 때

㉰ 노킹현상이 심할 때

㉺ 기관이 위험회전수로 운전될 때

> **해설** 기관의 진동의 원인
> • 폭발 압력
> • 회전부의 원심력
> • 왕복 운동부의 관성력
> • 축의 비틀림
> • 기관대의 설치 볼트가 여러 개 절손된 경우
> • 노킹현상이 심한 경우
> • 기관이 위험회전수로 운전하는 경우 등

07 ★★ 디젤기관을 장기간 정지할 경우의 주의 사항으로 옳지 않은 것은?

㉮ 동파를 방지한다.

㉯ 부식을 방지한다.

㉰ 주기적으로 터닝을 시켜 준다.

㉺ 중요 부품은 분해하여 보관한다.

> **해설**
> 장시간 정지하고 있을 때는 냉각수 계통의 물을 빼내어 동파로 인한 피해를 방지하도록 한다. 주기적으로 터닝을 시켜주고, 가능하면 계속 워밍(warming) 상태로 유지해 두는 것이 좋다. 부식을 방지하기 위해 주기적으로 점검하고, 기관실 내의 보온에 유의해야 한다. 제작사의 장시간 정비 지침을 따른다.

08 디젤기관의 실린더 헤드에서 발생할 수 있는 고장이 아닌 것은?

㉮ 배기밸브 스프링의 절손

㉯ 실린더 헤드의 부식으로 인한 냉각수 누설

㉰ 윤활유 공급 부족으로 인한 메인 베어링의 손상

㉺ 연료 분사 밸브 고정 너트의 풀림

> **해설**
> 공기의 압력을 높여 밀도가 높아진 공기를 실린더 내에 공급하여 출력을 증가시키기 위해 설치하는 장치이다. 따라서 디젤기관에서 실린더 내로 흡입되는 공기의 압력이 낮을 때에는 과급기의 공기 필터를 깨끗이 청소해야 한다.

09 운전 중인 디젤기관에서 어느 한 실린더의 최고 압력이 다른 실린더에 비해 낮은 경우의 원인으로 옳지 않은 것은?

㉮ 해당 실린더의 배기밸브가 누설할 때

㉯ 해당 실린더의 피스톤링을 신환했을 때

㉰ 해당 실린더의 연료 분사 밸브가 막혔을 때

㉱ 해당 실린더의 실린더 라이너의 마멸이 심할 때

해설 운전 중인 디젤기관에서 어느 한 실린더의 최고 압력이 다른 실린더에 비해 낮은 경우의 원인

• 해당 실린더의 배기밸브가 누설했을 때
• 실린더의 연료 분사 밸브가 막혔을 때
• 실린더 라이너의 마멸이 심할 때

10 소형기관의 시동 전에 점검해야 할 사항이 아닌 것은?

㉮ 연료유가 충분하게 있는지를 점검한다.

㉯ 기관을 터닝해서 잘 돌아가는지를 점검한다.

㉰ 윤활유의 비중과 점도가 정상인지를 점검한다.

㉱ 시동공기 또는 시동전동기 계통에 이상이 있는지를 점검한다.

해설 디젤기관의 시동 전 준비사항

• 터닝 후 기관 각 부의 이상 여부 파악
• 각 활동부의 윤활 상태 확인
• 냉각수 온도 확인 및 워밍
• 연료유 및 시동 공기압 상태 점검 등

11 디젤기관의 운전 중 진동이 심해지는 원인이 아닌 것은?

㉮ 기관대의 설치 볼트가 여러 개 절손되었을 때

㉯ 윤활유 압력이 높을 때

㉰ 노킹현상이 심할 때

㉱ 기관이 위험회전수로 운전될 때

해설 기관의 진동의 원인

• 폭발 압력
• 회전부의 원심력
• 왕복 운동부의 관성력
• 축의 비틀림
• 기관대의 설치 볼트가 여러 개 절손된 경우
• 노킹현상이 심한 경우
• 기관이 위험회전수로 운전하는 경우 등

12 항해 중 디젤기관이 손상될 우려가 가장 큰 경우는?

㉮ 윤활유 압력이 너무 낮을 때

㉯ 급기온도가 너무 낮을 때

㉰ 윤활유 압력이 너무 높을 때

㉱ 급기온도가 너무 높을 때

해설

윤활유 압력이 너무 낮을 경우 각 위치에 윤활이 잘 되지 않아 마찰로 인한 손상과 열교환이 원활하게 되지 않아 디젤기관에 심각한 손상을 줄 수 있다.

13 실린더 헤드에서 발생할 수 있는 고장에 대한 설명으로 옳지 않은 것은?

㉠ 각부의 온도차로 균열이 발생한다.

㉡ 헤드의 너트 풀림으로 배기가스가 누설한다.

㉢ 냉각수 통로의 부식으로 냉각수가 누설한다.

㉣ 흡입공기 온도 상승으로 배기가스가 누설한다.

해설

실린더 헤드에는 흡기밸브, 배기밸브, 구동 장치 등으로 구조가 복잡하여, 고장이 일어나기 쉽다.

Chapter ④ 연료유 수급

01 연료유

(1) 연료유의 종류
원유를 증류장치에 증유하면 가스, 휘발유, 등유, 경유, 중유 및 잔사유의 순으로 비등점 차이에 따라 증류된다.
① 휘발유 : 비등점 30 ~ 200, 비중은 0.69 ~ 0.77 가솔린기관에 사용
② 등유 : 비등점 180 ~ 250, 비중 0.78 ~ 0.84 난방용으로 사용
③ 경유 : 비등점 250 ~ 350, 비중 0.84 ~ 0.89 디젤기관에 사용
④ 중유 : 비중 0.91 ~ 0.99, 고점성 연료로 대형 디젤기관에 사용

(2) 연료유의 성질
① 비중 : 부피가 같은 기름의 무게와 물의 무게의 비
② 점도 : 끈적임의 정도, 연료유의 온도↑ － 점도↓, 온도↓ － 점도↑
③ 인화점 : 불을 가까이 했을 때, 불이 붙을 수 있도록 유증기를 발생시키는 온도
④ 발화점 : 인화점보다 높게 하여 자연발화하게 되는 온도
⑤ 응고점 : 전혀 유동하지 않는 기름의 최고 온도
⑥ 유동점 : 응고된 기름에 열을 가하여 움직임이 시작할 때의 최저 온도

(3) 연료유 중 불순물
잔류탄소, 황, 수분(불완전 연소, 발열량 감소), 슬러지 등

(4) 디젤기관용 연료유의 조건
① 발열량이 높고 연소성이 좋을 것
② 반응이 중성이고 점도가 적당할 것
③ 응고점이 낮을 것
④ 회분, 수분, 유황분 등이 적을 것

(5) 연료공급장치
① 연료유탱크 이동 과정 : 저장탱크 → 침전탱크 → 서비스탱크
② 연료유 여과기 : 연료유 중 불순물이 있으면 분사밸브의 노즐이 막히고 분사펌프의 플런저나 분사밸브의 마멸을 촉진시키는 원인이 되므로 여과기로 여과하여 사용한다.
③ 연료유 공급펌프 : 연료탱크에서 분사펌프까지 연료를 옮기는 펌프로, 대부분 기어펌프를 사용한다.

(6) 연료분사장치

① 연료분사펌프 : 분사 시기 및 분사량을 조정, 연료분사에 필요한 고압을 만드는 장치

② 연료분사밸브 : 실린더 헤드에 설치되어 연료분사펌프에서 송출되는 연료유를 실린더 내에 분사시킴

> **◆ 연료분사조건**
> - 무화 : 미세화
> - 관통 : 공기를 뚫고 나가는 상태
> - 분산 : 노즐에서 분사되어 퍼지는 상태
> - 분포 : 분사한 연료유가 공기와 혼합된 상태

02 ▶ 윤활유

(1) 윤활유의 기능

윤활, 냉각, 기밀, 응력분산, 방청, 청정

(2) 윤활유 공급 방식

비산식(소형기관 윤활 방식), 강제 순환 급유 방식(중·대형기관 윤활 방식)

(3) 윤활유 온도가 높아지는 원인

① 윤활유 압력이 낮아지거나 윤활량이 부족한 경우

② 유냉각기 성능이 불량

③ 주유 부분의 과열 및 소착

④ 윤활유의 불량 및 열화

★★★
01 연료유의 점도에 대한 설명으로 옳은 것은?

㉮ 온도가 낮아질수록 점도는 높아진다.

㉯ 온도가 높아질수록 점도는 높아진다.

㉰ 대기 중 습도가 낮아질수록 점도는 높아진다.

㉱ 대기 중 습도가 높아질수록 점도는 높아진다.

해설 점도(viscosity)
유체의 흐름에서 내부 마찰의 정도를 나타내는 양으로, 끈적거림의 정도를 말한다. 적절한 점도의 윤활유가 필요하다.

★★
02 연료유 수급 중 주의사항으로 옳지 않은 것은?

㉮ 수급 탱크의 수급량을 자주 계측한다.

㉯ 수급 호스 연결부에서의 누유 여부를 점검한다.

㉰ 적절한 압력으로 공급되는지의 여부를 확인한다.

㉱ 휴대식 소화기와 오염방제자재를 비치한다.

해설 연료유 수급 시 주의사항
• 연료유 수급 중 선박의 흘수 변화에 주의한다.
• 주기적으로 측심하여 수급량을 계산한다.
• 주기적으로 누유되는 곳이 있는지를 점검한다.
• 수급 시 연료유량을 고려하여 송출 압력을 점진적으로 높여 수급한다.

03 연료유의 비중이란?

㉮ 부피가 같은 연료유와 물의 무게 비이다.

㉯ 압력이 같은 연료유와 물의 무게 비이다.

㉰ 점도가 같은 연료유와 물의 무게 비이다.

㉱ 인화점이 같은 연료유와 물의 무게 비이다.

해설 비중
물질의 고유 특성으로서 기준이 되는 물질의 밀도에 대한 상대적인 비이다.

04 연료유 1,000[cc]는 몇 [ℓ]인가?

㉮ 1[ℓ]   ㉯ 10[ℓ]

㉰ 100[ℓ]   ㉱ 1,000[ℓ]

해설
1[ℓ] = 1,000[cc]

05 연료유의 부피 단위는?

㉮ ℓ   ㉯ kg

㉰ MPa   ㉱ cSt

해설
ℓ : 부피   kg : 무게
MPa : 압력   cSt : 점도

06 ★★ 디젤기관의 운전 중 윤활유 계통에서 주의해서 관찰해야 하는 것은?

㉮ 기관의 입구 온도와 기관의 입구 압력

㉯ 기관의 출구 온도와 기관의 출구 압력

㉑ 기관의 입구 온도와 기관의 출구 압력

㉂ 기관의 출구 온도와 기관의 입구 압력

> **해설** 운전 중인 소형기관의 윤활유 계통 점검 사항
> • 윤활유 펌프의 운전 상태
> • 기관의 입구 온도와 입구 압력

07 ★★ 연료유에 수분과 불순물이 많이 섞였을 때 디젤기관에 나타나는 현상이 아닌 것은?

㉮ 연료필터가 잘 막힌다.

㉯ 시동이 잘 걸리지 않는다.

㉑ 배기에 수증기가 생긴다.

㉂ 급기에 물이 많이 발생한다.

> **해설** 연료유 중에 불순물이 있는 경우
> • 연료 분사 밸브의 분무 구멍이 막힘
> • 연료 필터가 막힘
> • 기관 시동 불량
> • 연료펌프의 플런저가 빨리 마멸되는 원인

08 탱크에 저장된 연료유 양의 측심에 대한 설명으로 옳지 않은 것은?

㉮ 주기적으로 탱크를 측심하여 양을 계산한다.

㉯ 한 탱크를 2~3회 측심하여 평균치로 계산한다.

㉑ 측심관의 총 깊이를 확인한 후 측심자로 측심한다.

㉂ 정확한 측심을 위해 측심관 뚜껑은 항상 열어둔다.

> **해설** 연료유 양의 측심 방법
> • 주기적으로 탱크를 측심하여 양을 계산한다.
> • 한 탱크를 2~3회 측심하여 평균치로 계산한다.
> • 측심관의 총 깊이를 확인한 후 측심자로 측심한다.

09 ★★ 내연기관의 연료유가 갖추어야 할 조건이 아닌 것은?

㉮ 발열량이 클 것

㉯ 유황분이 적을 것

㉑ 물이 함유되어 있지 않을 것

㉂ 점도가 높을 것

> **해설** 연료유가 갖추어야 할 조건
> • 발열량이 클 것
> • 유황분이 적을 것
> • 물이 함유되어 있지 않을 것
> • 점도가 적당할 것

10 연료유 탱크에 들어있는 연료유보다 비중이 큰 이물질은 어떻게 되는가?

㉮ 위로 뜬다.

㉯ 아래로 가라앉는다.

㉑ 기름과 균일하게 혼합된다.

㉂ 탱크의 옆면에 부착된다.

> **해설**
> • 연료 탱크 : 연료를 저장하는 장소
> • 연료유보다 비중이 크다 → 연료유보다 무겁다 → 가라앉는다
> • 연료유가 가는 순서 : 연료탱크 → 연료펌프 → 여과기 → 분사밸브

11 소형기관에 사용되는 윤활유에 혼입될 우려가 가장 적은 것은?

㉮ 윤활유 냉각기에서 누설된 수분

㉯ 연소 불량으로 발생한 카본

㉑ 연료유에 혼입된 수분

㉂ 기계운동 부분에서 마모된 금속가루

> **해설** 윤활유가 열화 변질되는 원인
> • 윤활유의 온도가 상승할 경우
> • 먼지나 금속가루 등이 혼입되는 경우
> • 피스톤링으로부터 연소가스가 누설되는 경우
> • 유냉각기로부터 해수가 누설되는 경우
> • 연소불량으로 발생한 카본

12 가솔린기관에 적합한 연료유는?

㉮ 경유   ㉯ A 중유

㉠ 휘발유   ㉡ C 중유

해설 휘발유

원유를 분별증류하여 얻은 끓는점의 범위가 30 ~ 200℃인 석유이다.

13 15[℃] 비중이 0.9인 연료유 200리터의 무게는 몇 [kgf]인가?

㉮ 180[kgf]   ㉯ 200[kgf]

㉠ 220[kgf]   ㉡ 240[kgf]

해설

• 무게(중량) = 비중 × 부피(체적)
• 무게[kgf] = 0.9 × 200 = 180[kgf]

★★★
14 중유와 경유에 대한 설명으로 옳지 않은 것은?

㉮ 경유의 비중은 0.81 ~ 0.89 정도이다.

㉯ 경유는 중유에 비해 가격이 저렴하다.

㉠ 중유의 비중은 0.91 ~ 0.99 정도이다.

㉡ 경유는 점도가 낮아 가열하지 않고 사용할 수 있다.

해설

• 경유 : 원유를 분별증류하여 얻은 끓는점의 범위가 250 ~ 350℃인 석유
• 중유 : 원유에서 가솔린, 석유, 경유 등을 증류하고 나서 얻어지는 기름
• 끓는점 높은 순 : 가솔린–등유–경유–중유 (350℃ 이상)

15 디젤기관의 연료유 계통에 포함되지 않는 것은?

㉮ 저장탱크   ㉯ 여과기

㉠ 연료펌프   ㉡ 응축기

해설

응축기는 냉동기 계통이며, 냉동기는 압축기로부터 나온 고온·고압의 냉매 가스를 물이나 공기로 냉각하여 액화시키는 역할을 한다.

16 ( )에 적합한 것은?

> 선박에서 일정 시간 항해 시 연료 소비량은 선박 속력의 ( )에 비례한다.

㉮ 제곱   ㉯ 세제곱

㉠ 네제곱   ㉡ 다섯제곱

해설

선박의 연료 소비량은 속도의 세제곱에 비례한다.

17 연료유에 대한 설명으로 옳지 않은 것은?

㉮ 연료유에 불순물이 많을수록 가격이 더 저렴해진다.

㉯ 연료유에 불순물이 많을수록 비중이 더 높아진다.

㉠ 연료유에 불순물이 많을수록 점도가 더 높아진다.

㉡ 연료유에 불순물이 많을수록 착화성이 더 좋아진다.

해설

• 착화성 : 불이 붙는 성질
• 불순물이 많다 → 착화성이 나쁘다 → 착화 시간이 길다 → 불이 늦게 붙는다

18 연료유의 저장 시 무엇이 낮으면 화재위험이 높은가?

㉮ 인화점 ㉯ 임계점
㉰ 유동점 ㉱ 응고점

㉮ 인화점(flash point) : 유증기가 나오는 최저 온도, 불을 가까이 했을 때 불이 붙을 수 있도록 유증기를 발생시키는 최저 온도로, 인화점이 낮은 기름은 화재의 위험이 높음
㉯ 임계점 : 물질의 상이 바뀔 때의 온도
㉰ 유동점 : 응고되기 전에 유동성이 남아 있는 온도로, 응고점의 약 2.5℃ 낮음
㉱ 응고점 : 온도가 낮아지면 점도가 올라가면서 유동성을 잃고 굳어지는데 이때의 온도

19 비중이 0.8인 경유 200[ℓ]와 비중이 0.85인 경유 100[ℓ]를 혼합하였을 경우의 혼합비중은 약 얼마인가?

㉮ 0.80 ㉯ 0.82
㉰ 0.83 ㉱ 0.85

• 혼합 비중 = 혼합 무게 ÷ 혼합 부피
• 혼합 무게 = 200L + 100L = 300L
• 부피 = 무게 ÷ 비중
• A 액체 부피 = 200L ÷ 0.8 = 250
• B 액체 부피 = 100L ÷ 0.85 = 117.64(≒ 118)
• 혼합 비중 = 300L ÷ (250 + 118) = 0.8152
  (≒ 0.82)

실전 모의고사

실전 모의고사 1회
실전 모의고사 2회
정답과 해설

실전 모의고사 1회

제1과목 항해

1 자기 컴퍼스에서 선박의 동요로 비너클이 기울어져도 볼을 항상 수평으로 유지시켜 주는 장치는?

[가] 피벗　[나] 컴퍼스 액
[사] 짐벌즈　[아] 섀도 핀

2 경사제진식 자이로 컴퍼스에만 있는 오차는?

[가] 위도오차
[나] 속도오차
[사] 동요오차
[아] 가속도오차

3 음향측심기의 용도가 아닌 것은?

[가] 어군의 존재 파악
[나] 해저의 저질 상태 파악
[사] 선박의 속력과 항주 거리 측정
[아] 수로 측량이 부정확한 곳의 수심 측정

4 다음 중 자차계수 D가 최대가 되는 침로는?

[가] 000°
[나] 090°
[사] 225°
[아] 270°

5 자기 컴퍼스에서 섀도 핀에 의한 방위 측정 시 주의사항에 대한 설명으로 옳지 않은 것은?

[가] 핀의 지름이 크면 오차가 생기기 쉽다.
[나] 핀이 휘어져 있으면 오차가 생기기 쉽다.
[사] 선박의 위도가 크게 변하면 오차가 생기기 쉽다.
[아] 볼(bowl)의 경사된 채로 방위를 측정하면 오차가 생기기 쉽다.

6 레이더를 이용하여 알 수 없는 정보는?

[가] 본선과 다른 선박 사이의 거리
[나] 본선 주위에 있는 부표의 존재 여부
[사] 본선 주위에 있는 다른 선박의 선체 색깔
[아] 안개가 끼었을 때 다른 선박의 존재 여부

7 ( )에 적합한 것은?

생소한 해역을 처음 항해할 때에는 수로지, 항로지, 해도 등에 ( )가 설정되어 있으면 특별한 이유가 없는 한 그 항로를 따르도록 한다.

㉮ 추천 항로

㉯ 우회 항로

㉰ 평행 항로

㉱ 심흘수 전용 항로

8 상대운동 표시방식의 알파(ARPA) 레이더 화면에 나타난 'A' 선박의 벡터가 다음 그림과 같이 표시되었을 때, 이에 대한 설명으로 옳은 것은?

㉮ 본선과 침로가 비슷하다.

㉯ 본선과 속력이 비슷하다.

㉰ 본선과 크기가 비슷하다.

㉱ 본선과 충돌의 위험이 있다.

9 ( )에 순서대로 적합한 것은?

국제협정에 의하여 ( )을 기준경도로 정하여 서경 쪽에서 동경 쪽으로 통과할 때에는 1일을 ( ).

㉮ 본초자오선, 늦춘다

㉯ 본초자오선, 건너뛴다

㉰ 날짜변경선, 늦춘다

㉱ 날짜변경선, 건너뛴다

10 레이더의 수신 장치 구성요소가 아닌 것은?

㉮ 증폭장치

㉯ 펄스변조기

㉰ 국부발진기

㉱ 주파수변환기

11 노출암을 나타낸 다음의 해도 도식에서 '4'가 의미하는 것은?

㉮ 수심

㉯ 암초 높이

㉰ 파고

㉱ 암초 크기

12 (   )에 적합한 것은?

해도상에 기재된 건물, 항만시설물, 등부표, 수중 장애물, 조류, 해류, 해안선의 형태, 등고선, 연안 지형 등의 기호 및 약어가 수록된 수로서지는 (   )이다.

㉮ 해류도

㉯ 조류도

㉰ 해도 목록

㉭ 해도 도식

13 조석표에 대한 설명으로 옳지 않은 것은?

㉮ 조석 용어의 해설도 포함하고 있다.

㉯ 각 지역의 조석에 대하여 상세히 기술하고 있다.

㉰ 표준항 외의 항구에 대한 조시, 조고를 구할 수 있다.

㉭ 국립해양조사원은 외국항 조석표는 발행하지 않는다.

14 등색이나 등력이 바뀌지 않고 일정하게 계속 빛을 내는 등은?

㉮ 부동등

㉯ 섬광등

㉰ 호광등

㉭ 명암등

15 아래에서 설명하는 형상(주간)표지는?

선박에 암초, 얕은 여울 등의 존재를 알리고 항로를 표시하기 위하여 바다 위에 뜨게 한 구조물로 빛을 비추지 않는다.

㉮ 도표

㉯ 부표

㉰ 육표

㉭ 입표

16 레이콘에 대한 설명으로 옳지 않은 것은?

㉮ 레이마크 비콘이라고도 한다.

㉯ 레이더에서 발사된 전파를 받을 때에만 응답한다.

㉰ 레이콘의 신호로 표준신호와 모스부호가 이용된다.

㉭ 레이더 화면상에 일정 형태의 신호가 나타날 수 있도록 전파를 발사한다.

17 연안 항해에 사용되는 종이 해도의 축척에 대한 설명으로 옳은 것은?

㉮ 최신 해도이면 축척은 관계없다.

㉯ 사용 가능한 대축척 해도를 사용한다.

㉰ 총도를 사용하여 넓은 범위를 관측한다.

㉭ 1:50,000인 해도가 1:150,000인 해도보다 소축척 해도이다.

18 종이 해도를 사용할 때 주의사항으로 옳은 것은?

㉮ 여백에 낙서를 해도 무방하다.

㉯ 연필 끝은 둥글게 깎아서 사용한다.

㉰ 반드시 해도의 소개정을 할 필요는 없다.

㉱ 가장 최근에 발행된 해도를 사용해야 한다.

19 다음 국제해상부표식의 종류 중 A, B 두 지역에 따라 등화의 색상이 다른 것은?

㉮ 측방표지

㉯ 특수표지

㉰ 방위표지

㉱ 고립장애(장해)표지

20 항로의 좌우측 한계를 표기하기 위하여 설치된 표지는?

㉮ 특수표지

㉯ 고립 장해 표지

㉰ 측방표지

㉱ 안전 수역 표지

21 오호츠크해기단에 대한 설명으로 옳지 않은 것은?

㉮ 한랭하고 습윤하다.

㉯ 해양성 열대기단이다.

㉰ 오호츠크해가 발원지이다.

㉱ 오호츠크해기단은 늦봄부터 발생하기 시작한다.

22 저기압의 일반적인 특성으로 옳지 않은 것은?

㉮ 저기압은 중심으로 갈수록 기압이 낮아진다.

㉯ 저기압에서는 중심에 접근할수록 기압 경도가 커지므로 바람도 강하다.

㉰ 저기압 역내에서는 하층의 발산기류를 보충하기 위하여 하강기류가 일어난다.

㉱ 북반구에서 저기압 주위의 대기는 반시계 방향으로 회전하고 하층에서는 대기의 수렴이 있다.

23 일기도의 종류와 내용을 나타내는 기호의 연결로 옳지 않은 것은?

㉮ A : 해석도

㉯ S : 지상자료

㉰ F : 예상도

㉱ U : 불명확한 자료

24 소형선박에서 통상 계획의 수립은 누가 하여야 하는가?

㉮ 선주

㉯ 선장

㉰ 지방해양수산청장

㉱ 선박교통관제(VTS) 센터

1 파랑 중에 항행하는 선박의 선수부와 선미부가 파랑에 의한 큰 충격을 예방하기 위해 선수미 부분을 견고히 보강한 구조의 명칭은?

㉮ 팬팅(panting) 구조

㉯ 이중선체(double hull) 구조

㉰ 이중저(double bottom) 구조

㉱ 구상형 선수(bulbous bow) 구조

2 선박의 예비부력을 결정하는 요소로 선체가 침수되지 않는 부분의 수직거리를 의미하는 것은?

㉮ 흘수

㉯ 깊이

㉰ 수심

㉱ 건현

25 항해 계획에 따라 안전한 항해를 수행하고, 안전을 확인하는 방법이 아닌 것은?

㉮ 레이더를 이용한다.

㉯ 중시선을 이용한다.

㉰ 음향측심기를 이용한다.

㉱ 선박의 평균속력을 계산한다.

3 선박의 트림을 옳게 설명한 것은?

㉮ 선수흘수와 선미흘수의 곱

㉯ 선수흘수와 선미흘수의 비

㉰ 선수흘수와 선미흘수의 차

㉱ 선수흘수와 선미흘수의 합

4 **각 흘수선상의 물에 잠긴 선체의 선수재 전면에서 선미 후단까지의 수평거리는?**

㉮ 전장
㉯ 등록장
㉴ 수선장
㉶ 수선간장

5 **타(키)의 구조 그림에서 ①은?**

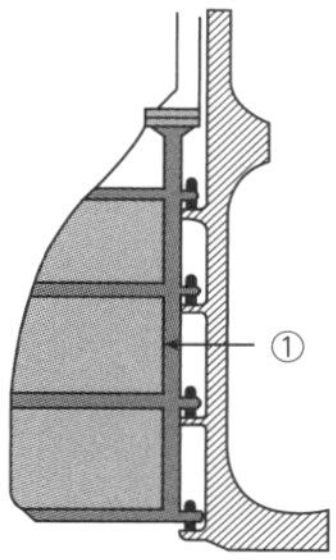

㉮ 타판 ㉯ 타주
㉴ 거전 ㉶ 타심재

6 **스톡 앵커의 그림에서 ①은?**

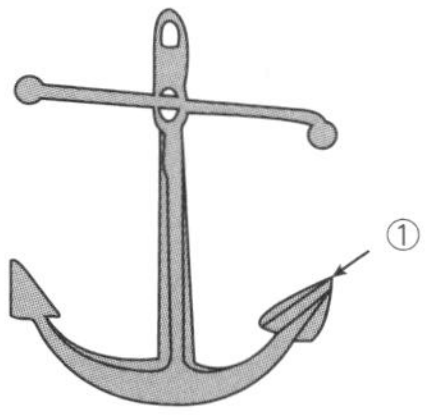

㉮ 암
㉯ 빌
㉴ 생크
㉶ 스톡

7 **다음 소화 장치 중 화재가 발생하면 자동으로 작동하여 물을 분사하는 장치는?**

㉮ 고정식 포말 소화 장치
㉯ 자동 스프링클러 장치
㉴ 고정식 분말 소화 장치
㉶ 고정식 이산화탄소 소화 장치

8 **열전도율이 낮은 방수 물질로 만들어진 포대기 또는 옷으로 방수복을 착용하지 않은 사람이 입는 것은?**

㉮ 보호복
㉯ 노출 보호복
㉴ 보온복
㉶ 작업용 구명조끼

9 **수신된 조난신호의 내용 중 '05:30 UTC'라고 표시된 시각을 우리나라 시각으로 나타낸 것은?**

㉮ 05시 30분
㉯ 14시 30분
㉴ 15시 30분
㉶ 17시 30분

10 나일론 등과 같은 합성섬유로 된 포지를 고무로 가공하여 제작되며, 긴급 시 탄산가스나 질소가스로 팽창시켜 사용하는 구명설비는?

㉑ 구명정

㉯ 구조정

㉒ 구명부기

㉓ 구명뗏목

11 자기 점화등과 같은 목적으로 구명부환과 함께 수면에 투하되면 자동으로 오렌지색 연기를 내는 것은?

㉑ 신호 홍염

㉯ 자기 발연 신호

㉒ 신호 거울

㉓ 로켓 낙하산 화염신호

12 해상에서 사용하는 조난신호가 아닌 것은?

㉑ 국제신호기 'SOS' 게양

㉯ 좌우로 벌린 팔을 천천히 위아래로 반복함

㉒ 비상위치지시 무선표지(EPIRB)에 의한 신호

㉓ 수색구조용 레이더 트랜스폰터(SART)의 사용

13 지혈의 방법으로 옳지 않은 것은?

㉑ 환부를 압박한다.

㉯ 환부를 안정시킨다.

㉒ 환부를 온열시킨다.

㉓ 환부를 심장 부위보다 높게 올린다.

14 초단파(VHF) 무선설비를 사용하는 방법으로 옳지 않은 것은?

㉑ 볼륨을 적절히 조절한다.

㉯ 항해 중에는 16번 채널을 청취한다.

㉒ 묘박 중에는 필요할 때만 켜서 사용한다.

㉓ 관제구역에서는 지정된 관제통신 채널을 청취한다.

15 타판에서 생기는 항력의 작용 방향은?

㉑ 우현 방향

㉯ 좌현 방향

㉒ 선수미선 방향

㉓ 타판의 직각 방향

16 선체운동 중에서 선·수미선을 기준으로 좌·우 교대로 회전하려는 왕복운동은?

㉮ 종동요

㉯ 전후운동

㉰ 횡동요

㉱ 상하운동

17 우선회 고정피치 단추진기를 설치한 선박에서 흡입류와 배출류에 대한 내용으로 옳지 않은 것은?

㉮ 횡압력의 영향은 스크루 프로펠러가 수면 위에 노출되어 있을 때 뚜렷하게 나타난다.

㉯ 기관 전진 중 스크루 프로펠러가 수중에서 회전하면 앞쪽에서는 스크루 프로펠러에 빨려드는 흡입류가 있다.

㉰ 기관을 전진상태로 작동하면 타의 하부에 작용하는 수류는 수면 부근에 위치한 상부에 작용하는 수류보다 강하여 선미를 좌현 쪽으로 밀게 된다.

㉱ 기관을 후진상태로 작동시키면 선체의 우현 쪽으로 흘러가는 배출류는 우현 선미 측벽에 부딪치면서 측압을 형성하며, 이 측압작용은 현저하게 커서 선미를 우현 쪽으로 밀게 되므로 선수는 좌현 쪽으로 회두한다.

18 다음 중 닻의 역할이 아닌 것은?

㉮ 침로 유지에 사용된다.

㉯ 좁은 수역에서 선회하는 경우에 이용된다.

㉰ 선박을 임의의 수면에 정지 또는 정박시킨다.

㉱ 선박의 속력을 급히 감소시키는 경우에 사용된다.

19 복원성이 작은 선박을 조선할 때 적절한 조선 방법은?

㉮ 순차적으로 타각을 높임

㉯ 큰 속력으로 대각도 전타

㉰ 전타 중 갑자기 타각을 줄임

㉱ 전타 중 반대 현측으로 대각도 전타

20 물에 빠진 사람을 구조하는 조선법이 아닌 것은?

㉮ 표준 턴

㉯ 샤르노브 턴

㉰ 싱글 턴

㉱ 윌리암슨 턴

21 복원력에 관한 내용으로 옳지 않은 것은?

㉮ 복원력의 크기는 배수량의 크기에 반비례한다.

㉯ 무게중심의 위치를 낮추는 것이 복원력을 크게 하는 가장 좋은 방법이다.

㉯ 황천 항해 시 갑판에 올라온 해수가 즉시 배수되지 않으면 복원력이 감소될 수 있다.

㉐ 항해의 경과로 연료유와 청수 등의 소비, 유동수의 발생으로 인해 복원력이 감소할 수 있다.

22 배의 길이와 파장이 길이가 거의 같고 파랑을 선미로부터 받을 때 나타나기 쉬운 현상은?

㉮ 러칭(lurching)

㉯ 슬래밍(slamming)

㉯ 브로칭(broaching)

㉐ 동조 횡동요(synchronized rolling)

23 황천 중에 항행이 곤란할 때 기관을 정지하고 선체를 풍하측으로 표류하도록 하는 방법으로 소형선에서 선수를 풍랑 쪽으로 세우기 위하여 해묘(sea anchor)를 사용하는 방법은?

㉮ 라이 투(lie to)

㉯ 스커딩(scudding)

㉯ 히브 투(heave to)

㉐ 스톰 오일(storm oil)의 살포

24 해상에서 선박과 인명의 안전에 관한 언어적 장해가 있을 때의 신호방법과 수단을 규정하는 신호서는?

㉮ 국제 신호서

㉯ 선박 신호서

㉯ 해상 신호서

㉐ 항공 신호서

25 전기 장치에 의한 화재 원인이 아닌 것은?

㉮ 산화된 금속의 불똥

㉯ 과전류가 흐르는 전선

㉯ 절연이 충분치 않은 전동기

㉐ 불량한 전기접점 그리고 노출된 전구

제3과목 🧭 **법규**

1 ( )에 적합한 것은?

> 해사안전법상 통항분리수역을 항행하는 경우에 선박이 부득이한 사유로 통항로를 횡단하여야 하는 경우 그 통항로와 선수방향이 ( )에 가까운 각도로 횡단하여야 한다.

㉮ 둔각
㉯ 직각
㉰ 예각
㉱ 평형

2 해사안전법상 선박의 항행안전에 필요한 항행보조시설을 〈보기〉에서 모두 고른 것은?

> 〈보기〉
> ㄱ. 신호   ㄴ. 해양관측 설비
> ㄷ. 조명   ㄹ. 항로표지

㉮ ㄱ, ㄴ, ㄷ
㉯ ㄱ, ㄷ, ㄹ
㉰ ㄴ, ㄷ, ㄹ
㉱ ㄱ, ㄴ, ㄹ

3 해사안전법상 안전한 속력을 결정할 때 고려할 사항이 아닌 것은?

㉮ 해상교통량의 밀도
㉯ 레이더의 특성 및 성능
㉰ 항해사의 야간 항해당직 경험
㉱ 선박의 정지거리·선회성능, 그 밖의 조정성능

4 해사안전법상 충돌 위험의 판단에 대한 설명으로 옳지 않은 것은?

㉮ 선박은 다른 선박과 충돌할 위험이 있는지를 판단하기 위하여 당시의 상황에 알맞은 모든 수단을 활용하여야 한다.

㉯ 선박은 다른 선박과의 충돌 위험 여부를 판단하기 위하여 불충분한 레이더 정보나 그 밖의 불충분한 정보를 적극 활용하여야 한다.

㉰ 선박은 접근하여 오는 다른 선박의 나침 방위에 뚜렷한 변화가 일어나지 아니하면 충돌할 위험성이 있다고 보고 필요한 조치를 취하여야 한다.

㉱ 레이더를 설치한 선박은 다른 선박과 충돌할 위험성 유무를 미리 파악하기 위하여 레이더를 이용하여 장거리 주사, 탐지된 물체에 대한 작도, 그 밖의 체계적인 관측을 하여야 한다.

5 ( )에 순서대로 적합한 것은?

> 해사안전법상 밤에는 다른 선박의 ( )만을 볼 수 있고 어느 쪽의 ( )도 볼 수 없는 위치에서 그 선박을 앞지르는 선박은 앞지르기 하는 배로 보고 필요한 조치를 취하여야 한다.

㉮ 선수등, 현등
㉯ 선수등, 전주등
㉰ 선미등, 현등
㉱ 선미등, 전주등

6 해사안전법상 항행 중인 범선이 진로를 피하지 않아도 되는 선박은?

㉮ 조종제한선

㉯ 조종불능선

㉰ 수상항공기

㉭ 어로에 종사하고 있는 선박

7 해사안전법상 제한된 시계에서 충돌할 위험성이 없다고 판단한 경우 외에 자기 선박의 양쪽 현의 정횡 앞쪽에 있는 다른 선박의 무중신호를 듣고 취할 조치로 옳은 것을 〈보기〉에서 모두 고른 것은?

〈보기〉

ㄱ. 최대 속력으로 항행하면서 경계를 한다.

ㄴ. 우현 쪽으로 침로를 변경시키지 않는다.

ㄷ. 필요 시 자기 선박의 진행을 완전히 멈춘다.

ㄹ. 충돌할 위험성이 사라질 때까지 주의하여 항행하여야 한다.

㉮ ㄴ, ㄷ

㉯ ㄷ, ㄹ

㉰ ㄱ, ㄴ, ㄹ

㉭ ㄴ, ㄷ, ㄹ

8 (   )에 순서대로 적합한 것은?

해사안전법상 제한된 시계에서 레이더만으로 다른 선박이 있는 것을 탐지한 선박은 (   )과 얼마나 가까이 있는지 또는 (   )이 있는지를 판단하여야 한다. 이 경우 해당 선박과 매우 가까이 있거나 그 선박과 충돌할 위험이 있다고 판단한 경우에는 충분한 시간적 여유를 두고 (   )을 취하여야 한다.

㉮ 해당 선박, 충돌할 위험, 피항동작

㉯ 해당 선박, 충돌할 위험, 피항협력동작

㉰ 다른 선박, 근접상태의 상황, 피항동작

㉭ 다른 선박, 근접상태의 상황, 피항협력동작

9 해사안전법상 선미등과 같은 특성을 가진 황색 등은?

㉮ 현등

㉯ 전주등

㉰ 예선등

㉭ 마스트등

10 해사안전법상 예인선열의 길이가 200미터를 초과하면, 예인작업에 종사하는 동력선이 표시하여야 하는 형상물은?

㉮ 마름모꼴 형상물 1개

㉯ 마름모꼴 형상물 2개

㉰ 마름모꼴 형상물 3개

㉭ 마름모꼴 형상물 4개

11 해사안전법상 동력선이 다른 선박을 끌고 있는 경우 예선등을 표시하여야 하는 곳은?

㉮ 선수

㉯ 선미

㉰ 선교

㉭ 마스트

12 해사안전법상 선박이 좁은 수로등에서 서로 상대의 시계 안에 있는 상태에서 다른 선박의 좌현 쪽으로 앞지르기하려는 경우 행하여야 하는 기적신호는?

[가] 장음, 장음, 단음
[나] 장음, 장음, 단음, 단음
[사] 장음, 단음, 장음, 단음
[아] 단음, 장음, 단음, 장음

13 해사안전법상 등화에 사용되는 등색이 아닌 것은?

[가] 녹색
[나] 흰색
[사] 청색
[아] 붉은색

14 해사안전법상 단음은 몇 초 정도 계속되는 고동소리인가?

[가] 1초
[나] 2초
[사] 4초
[아] 6초

15 해사안전법상 안개로 시계가 제한되었을 때 항행 중인 길이 12미터 이상인 동력선이 대수속력이 있는 경우 울려야 하는 음향신호는?

[가] 2분을 넘지 아니하는 간격으로 단음 4회
[나] 2분을 넘지 아니하는 간격으로 장음 1회
[사] 2분을 넘지 아니하는 간격으로 장음 1회에 이어 단음 3회
[아] 2분을 넘지 아니하는 간격으로 단음 1회, 장음 1회, 단음 1회

16 선박의 입항 및 출항 등에 관한 법률상 정박의 제한 및 방법에 대한 규정으로 옳지 않은 것은?

[가] 안벽 부근 수역에 인명을 구조하는 경우 정박할 수 있다.
[나] 좁은 수로 입구의 부근 수역에서 허가받은 공사를 하는 경우 정박할 수 있다.
[사] 정박하는 선박은 안전에 필요한 조치를 취한 후에는 예비용 닻을 고정할 수 있다.
[아] 선박의 고장으로 선박을 조종할 수 없는 경우 부두 부근 수역에서 정박할 수 있다.

17 선박의 입항 및 출항 등에 관한 법률상 무역항의 수상구역등에서 위험물운송선박이 아닌 선박이 불꽃이나 열이 발생하는 용접 등의 방법으로 기관실에서 수리 작업을 하는 경우 관리청의 허가를 받아야 하는 선박의 크기 기준은?

㉮ 총톤수 20톤 이상
㉯ 총톤수 25톤 이상
㉰ 총톤수 50톤 이상
㉱ 총톤수 100톤 이상

18 (   )에 적합하지 않은 것은?

> 선박의 입항 및 출항 등에 관한 법률상 관리청은 무역항의 수상구역등에서 선박교통의 안전을 위하여 필요하다고 인정하여 항로 또는 구역을 지정한 경우에는 (   )을/를 정하여 공고하여야 한다.

㉮ 제한기간
㉯ 관할 해양경찰서
㉰ 금지기간
㉱ 항로 또는 구역의 위치

19 선박의 입항 및 출항 등에 관한 법률상 무역항의 수상구역등에서 수로를 보전하기 위한 내용으로 옳은 것은?

㉮ 장애물을 제거하는 데 드는 비용은 국가에서 부담하여야 한다.
㉯ 무역항의 수상구역 밖 5킬로미터 이상의 수면에는 폐기물을 버릴 수 있다.
㉰ 흩어지기 쉬운 석탄, 돌, 벽돌 등을 하역할 경우에 수면에 떨어지는 것을 방지하기 위한 필요한 조치를 하여야 한다.
㉱ 해양사고 등의 재난으로 인하여 다른 선박의 항행이나 무역항의 안전을 해칠 우려가 있는 경우 해양경찰서장은 항로표지를 설치하는 등 필요한 조치를 하여야 한다.

20 선박의 입항 및 출항 등에 관한 법률상 항로에서의 항법으로 옳은 것은?

㉮ 항로 밖에 있는 선박은 항로에 들어오지 아니할 것
㉯ 항로 밖에서 항로에 들어오는 선박은 장음 10회의 기적을 울릴 것
㉰ 항로 밖에서 항로에 들어오는 선박은 항로를 항행하는 다른 선박의 진로를 피하여 항행할 것
㉱ 항로 밖으로 나가는 선박은 일단 정지했다가 다른 선박이 항로에 없을 때 항로 밖으로 나갈 것

21 ( )에 순서대로 적합한 것은?

> 선박의 입항 및 출항 등에 관한 법률상 ( )은 ( )으로부터 선박 항행 최고속력의 지정을 요청받은 경우 특별한 사유가 없으면 무역항의 수상구역 등에서 선박항행 최고속력을 지정·고시하여야 한다.

㉮ 관리청, 해양경찰청장

㉯ 지정청, 해양경찰청장

㉰ 관리청, 지방해양수산청장

㉱ 지정청, 지방해양수산청장

22 다음 중 선박의 입항 및 출항 등에 관한 법률상 우선피항선이 아닌 선박은?

㉮ 예선

㉯ 총톤수 20톤 미만인 어선

㉰ 주로 노와 삿대로 운전하는 선박

㉱ 예인선에 결합되어 운항하는 압항부선

23 해양환경관리법상 선박에서 배출기준을 초과하는 오염물질이 해양에 배출된 경우 방제조치에 대한 설명으로 옳지 않은 것은?

㉮ 오염물질을 배출한 선박의 선장은 현장에서 가급적 빨리 대피한다.

㉯ 오염물질을 배출한 선박의 선장은 오염물질의 배출방지 조치를 하여야 한다.

㉰ 오염물질을 배출한 선박의 선장은 오염물질을 수거 및 처리를 하여야 한다.

㉱ 오염물질을 배출한 선박의 선장은 배출된 오염 물질의 확산방지를 위한 조치를 하여야 한다.

24 ( )에 순서대로 적합한 것은?

> 해양환경관리법령상 음식찌꺼기는 항행 중에 ( )으로부터 최소한 ( )의 해역에 버릴 수 있다. 다만, 분쇄기 또는 연마기를 통하여 25mm 이하의 개구를 가진 스크린을 통과할 수 있도록 분쇄되거나 연마된 음식찌꺼기의 경우 ( )으로부터 ( )의 해역에 버릴 수 있다.

㉮ 항만, 10해리 이상, 항만, 5해리 이상

㉯ 항만, 12해리 이상, 항만, 3해리 이상

㉰ 영해기선, 10해리 이상, 영해기선, 5해리 이상

㉱ 영해기선, 12해리 이상, 영해기선, 3해리 이상

25 해양환경관리법상 소형선박에 비치하여야 하는 기관구역용 폐유저장용기에 관한 규정으로 옳지 않은 것은?

㉮ 용기는 2개 이상으로 나누어 비치 가능

㉯ 용기의 재질은 견고한 금속성 또는 플라스틱 재질일 것

㉰ 총톤수 5톤 이상 10톤 미만의 선박은 30리터 저장용기의 용기 비치

㉱ 총톤수 10톤 이상 30톤 미만의 선박은 60리터 저장용기의 용기 비치

1 실린더 부피가 1,200[cm³]이고 압축부피가 100[cm³]인 내연기관의 압축비는 얼마인가?

㉮ 11

㉯ 12

㉰ 13

㉱ 14

2 4행정 사이클 디젤기관의 압축행정에 대한 설명으로 옳은 것을 모두 고른 것은?

> ① 가장 일을 많이 하는 행정이다.
> ② 연소실 내부 공기의 온도가 상승한다.
> ③ 연소실 내부 공기의 압력이 내려간다.
> ④ 흡기밸브와 배기밸브가 모두 닫혀 있다.
> ⑤ 피스톤이 상사점에서 하사점으로 내려간다.

㉮ ②, ④

㉯ ②, ③, ④

㉰ ②, ③, ④, ⑤

㉱ ①, ②, ③, ④, ⑤

3 소형 디젤기관에서 실린더 라이너의 심한 마멸에 의한 영향이 아닌 것은?

㉮ 압축 불량

㉯ 불완전 연소

㉰ 착화 시기가 빨라짐

㉱ 연소가스가 크랭크실로 누설

4 다음과 같은 습식 라이너에 대한 설명으로 옳지 않은 것은?

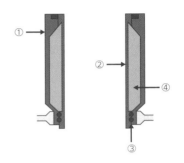

㉮ ①은 실린더 블록이다.

㉯ ②는 실린더 헤드이다.

㉰ ③은 냉각수 누설을 방지하는 오링이다.

㉱ ④는 냉각수가 통과하는 통로이다.

5 트렁크형 피스톤 디젤기관의 구성 부품이 아닌 것은?

㉮ 피스톤핀

㉯ 피스톤 로드

㉰ 커넥팅 로드

㉱ 크랭크핀

6 디젤기관에서 피스톤링의 장력에 대한 설명으로 옳은 것은?

㉮ 피스톤링이 새것일 때 장력이 가장 크다.

㉯ 기관의 사용 기간이 증가할수록 장력은 커진다.

㉰ 피스톤링의 절구 틈이 커질수록 장력은 커진다.

㉱ 피스톤링의 장력이 커질수록 링의 마멸은 줄어든다.

7 **내연기관에서 크랭크축의 역할은?**

㉮ 피스톤의 회전운동을 크랭크축의 회전운동으로 바꾼다.

㉯ 피스톤의 왕복운동을 크랭크축의 회전운동으로 바꾼다.

㉴ 피스톤의 회전운동을 크랭크축의 왕복운동으로 바꾼다.

㉵ 피스톤의 왕복운동을 크랭크축의 왕복운동으로 바꾼다.

8 **디젤기관의 플라이 휠에 대한 설명으로 옳지 않은 것은?**

㉮ 기관의 시동을 쉽게 한다.

㉯ 저속 회전을 가능하게 한다.

㉴ 윤활유의 소비량을 증가시킨다.

㉵ 크랭크축의 회전력을 균일하게 한다.

9 **선교에 설치되어 있는 주기관 연료 핸들의 역할은?**

㉮ 연료 공급 펌프의 회전수를 조정한다.

㉯ 연료 공급 펌프의 압력을 조정한다.

㉴ 거버너의 연료량 설정값을 조정한다.

㉵ 거버너의 감도를 조정한다.

10 **디젤기관에서 시동용 압축공기의 최고압력은 몇 [kgf/cm^2]인가?**

㉮ 약 10[kgf/cm^2]

㉯ 약 20[kgf/cm^2]

㉴ 약 30[kgf/cm^2]

㉵ 약 40[kgf/cm^2]

11 **압축공기로 시동하는 디젤기관에서 시동이 되지 않는 경우의 원인이 아닌 것은?**

㉮ 터닝기어가 연결되어 있는 경우

㉯ 시동공기의 압력이 너무 낮은 경우

㉴ 시동공기의 온도가 너무 낮은 경우

㉵ 시동공기 분배기가 고장이거나 차단된 경우

12 **소형 디젤기관에서 윤활유가 공급되는 부품이 아닌 것은?**

㉮ 피스톤핀

㉯ 연료분사펌프

㉴ 크랭크핀 베어링

㉵ 메인 베어링

13 소형선박에 설치되는 축이 아닌 것은?

㉮ 캠축

㉯ 스러스트축

㉰ 프로펠러축

㉱ 크로스헤드축

14 나선형 추진기 날개의 한 개가 절손되었을 때 일어나는 현상으로 옳은 것은?

㉮ 출력이 높아진다.

㉯ 진동이 증가한다.

㉰ 속력이 높아진다.

㉱ 추진기 효율이 증가한다.

15 양묘기에서 회전축에 동력이 차단되었을 때 회전축의 회전을 억제하는 장치는?

㉮ 클러치

㉯ 체인 드럼

㉰ 워핑 드럼

㉱ 마찰브레이크

16 기관실 바닥에 고인 물이나 해수펌프에서 누설한 물을 배출하는 전용 펌프는?

㉮ 빌지펌프

㉯ 잡용수 펌프

㉰ 슬러지 펌프

㉱ 위생수 펌프

17 선박에서 발생되는 선저폐수를 물과 기름으로 분리시키는 장치는?

㉮ 청정장치

㉯ 분뇨처리장치

㉰ 폐유소각장치

㉱ 기름여과장치

18 전동기의 기동반에 설치되는 표시등이 아닌 것은?

㉮ 전원등

㉯ 운전등

㉰ 경보등

㉱ 병렬등

19 **선박에서 많이 사용되는 유도전동기의 명판에서 직접 알 수 없는 것은?**

[가] 전동기의 출력
[나] 전동기의 회전수
[사] 공급 전압
[아] 전동기의 절연저항

20 **방전이 되면 다시 충전해서 계속 사용할 수 있는 전지는?**

[가] 1차 전지
[나] 2차 전지
[사] 3차 전지
[아] 4차 전지

21 **표준 대기압을 나타낸 것으로 옳지 않은 것은?**

[가] 760[mmHg]
[나] 1.013[bar]
[사] 1.0332[kgf/cm^2]
[아] 3,000[hPa]

22 **운전 중인 디젤기관이 갑자기 정지되는 경우가 아닌 것은?**

[가] 윤활유의 압력이 너무 낮은 경우
[나] 기관의 회전수가 과속도 설정값에 도달된 경우
[사] 연료유가 공급되지 않는 경우
[아] 냉각수 온도가 너무 낮은 경우

23 **디젤기관을 정비하는 목적이 아닌 것은?**

[가] 기관을 오랫동안 사용하기 위해
[나] 기관의 정격 출력을 높이기 위해
[사] 기관의 고장을 예방하기 위해
[아] 기관의 운전효율이 낮아지는 것을 방지하기 위해

24 **연료유에 대한 설명으로 가장 적절한 것은?**

[가] 온도가 낮을수록 부피가 더 커진다.
[나] 온도가 높을수록 부피가 더 커진다.
[사] 대기 중 습도가 낮을수록 부피가 더 커진다.
[아] 대기 중 습도가 높을수록 부피가 더 커진다.

25 **연료유 서비스 탱크에 설치되어 있는 것이 아닌 것은?**

[가] 안전밸브
[나] 드레인밸브
[사] 에어 벤트
[아] 레벨 게이지

제1과목 ○ 항해

1 자기컴퍼스의 카드 자체가 15도 정도의 경사에도 자유로이 경사할 수 있게 카드의 중심이 되며, 부실의 밑 부분에 원뿔형으로 움푹 파인 부분은?

㉠ 캡
㉡ 피벗
㉢ 기선
㉣ 짐벌즈

2 기계식 자이로컴퍼스의 위도오차에 대한 설명으로 옳지 않은 것은?

㉠ 위도가 높을수록 오차는 감소한다.
㉡ 적도에서는 오차가 생기지 않는다.
㉢ 북위도 지방에서는 편동오차가 된다.
㉣ 경사제진식 자이로컴퍼스에만 있는 오차이다.

3 선박에서 속력과 항주거리를 측정하는 계기는?

㉠ 나침의
㉡ 선속계
㉢ 측심기
㉣ 핸드 레드

4 기계식 자이로컴퍼스를 사용하고자 할 때에는 몇 시간 전에 기동하여야 하는가?

㉠ 사용 직전
㉡ 약 30분 전
㉢ 약 1시간 전
㉣ 약 4시간 전

5 지구 자기장의 복각이 0°가 되는 지점을 연결한 선은?

㉠ 지자극
㉡ 자기적도
㉢ 지방자기
㉣ 북회귀선

6 선박자동식별장치(AIS)에서 확인할 수 없는 정보는?

㉠ 선명
㉡ 선박의 흘수
㉢ 선원의 국적
㉣ 선박의 목적지

7 **항해 중에 산봉우리, 섬 등 해도상에 기재되어 있는 2개 이상의 고정된 뚜렷한 물표를 선정하여 거의 동시에 각각의 방위를 측정하여 선위를 구하는 방법은?**

[가] 수평협각법

[나] 교차방위법

[사] 추정위치법

[아] 고도측정법

8 **지축을 천구까지 연장한 선, 즉 천구의 회전대를 천의 축이라고 하고, 천의 축이 천구와 만난 두 점을 무엇이라고 하는가?**

[가] 수직권

[나] 천의 적도

[사] 천의 극

[아] 천의 자오선

9 **선박 주위에 있는 높은 건물로 인해 레이더 화면에 나타나는 거짓상은?**

[가] 맹목구간에 의한 거짓상

[나] 간접 반사에 의한 거짓상

[사] 다중 반사에 의한 거짓상

[아] 거울면 반사에 의한 거짓상

10 **작동 중인 레이더 화면에서 'A'점은?**

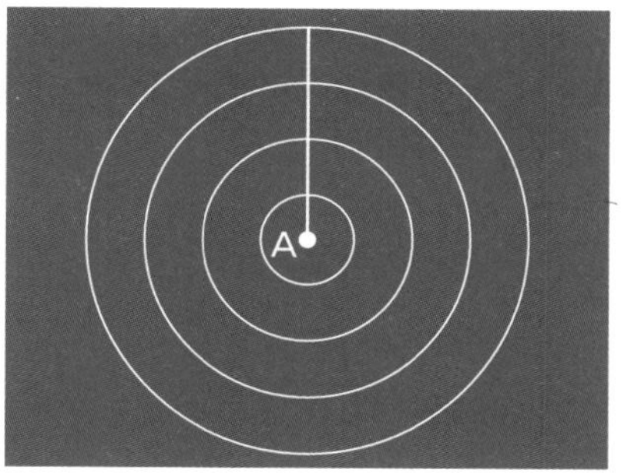

[가] 섬

[나] 자기 선박

[사] 육지

[아] 다른 선박

11 **다음 중 해도에 표시되는 높이나 깊이의 기준면이 다른 것은?**

[가] 수심

[나] 등대

[사] 세암

[아] 암암

12 **해도상에 표시된 해저 저질의 기호에 대한 의미로 옳지 않은 것은?**

[가] S – 자갈

[나] M – 뻘

[사] R – 암반

[아] Co – 산호

13 항로의 지도 및 안내서이며 해상에 있는 기상, 해류, 조류 등의 여러 형상 및 항로의 상황 등을 상세히 기재한 수로서지는?

㉮ 등대표

㉯ 조석표

㉰ 천측력

㉱ 항로지

14 다음 중 항행통보가 제공하지 않는 정보는?

㉮ 수심의 변화

㉯ 조시 및 조고

㉰ 위험물의 위치

㉱ 항로표지의 신설 및 폐지

15 등부표에 대한 설명으로 옳지 않은 것은?

㉮ 강한 파랑이나 조류에 의해 유실되는 경우도 있다.

㉯ 항로의 입구, 폭 및 변침점 등을 표시하기 위해 설치한다.

㉰ 해저의 일정한 지점에 체인으로 연결되어 수면에 떠 있는 구조물이다.

㉱ 조류표에 기재되어 있으므로, 선박의 정확한 속력을 구하는 데 사용하면 좋다.

16 전자력에 의해서 발음판을 진동시켜 소리를 내게 하는 음파(음향)표지는?

㉮ 무종

㉯ 에어 사이렌

㉰ 다이어폰

㉱ 다이어프램 폰

17 등대의 등색으로 사용하지 않는 색은?

㉮ 백색

㉯ 적색

㉰ 녹색

㉱ 보라색

18 항만 내의 좁은 구역을 상세하게 표시하는 대축척 해도는?

㉮ 총도

㉯ 항양도

㉰ 항해도

㉱ 항박도

19 종이해도에서 찾을 수 없는 정보는?

㉮ 나침도

㉯ 간행연월일

㉰ 일출 시간

㉱ 해도의 축척

20 해저의 지형이나 기복상태를 판단할 수 있도록 수심이 동일한 지점을 가는 실선으로 연결하여 나타낸 것은?

㉮ 등고선

㉯ 등압선

㉰ 등심선

㉱ 등온선

21 다음 중 제한된 시계가 아닌 것은?

㉮ 폭설이 내릴 때

㉯ 폭우가 쏟아질 때

㉰ 교통의 밀도가 높을 때

㉱ 안개로 다른 선박이 보이지 않을 때

22 시베리아 고기압과 같이 겨울철에 발달하는 한랭 고기압은?

㉮ 온난 고기압

㉯ 지형성 고기압

㉰ 이동성 고기압

㉱ 대륙성 고기압

23 기압 1,013밀리바는 몇 헥토파스칼인가?

㉮ 1헥토파스칼

㉯ 76헥토파스칼

㉰ 760헥토파스칼

㉱ 1,013헥토파스칼

24 〈보기〉에서 항해 계획을 수립하는 순서를 옳게 나타낸 것은?

〈보기〉
① 가장 적합한 항로를 선정하고, 소축척 종이 해도에 선정한 항로를 기입한다.
② 수립한 계획이 적절한가를 검토한다.
③ 상세한 항해 일정을 구하여 출·입항 시각을 결정한다.
④ 대축척 종이 해도에 항로를 기입한다.

㉮ ① → ② → ③ → ④

㉯ ① → ③ → ④ → ②

㉰ ① → ② → ④ → ③

㉱ ① → ④ → ③ → ②

25 선박의 항로지정제도(ships' routeing)에 관한 설명으로 옳지 않은 것은?

[가] 국제해사기구(IMO)에서 지정할 수 있다.
[나] 특정 화물을 운송하는 선박에 대해서도 사용을 권고할 수 있다.
[사] 모든 선박 또는 일부 범위의 선박에 대하여 강제적으로 적용할 수 있다.
[아] 국제해사기구에서 정한 항로지정방식은 해도에 표시되지 않을 수도 있다.

제2과목 운용

1 갑판 개구 중에서 화물창에 화물을 적재 또는 양화하기 위한 개구는?

[가] 탈출구
[나] 해치(hatch)
[사] 승강구
[아] 맨홀(manhole)

2 선체의 명칭을 나타낸 아래 그림에서 ㉠은?

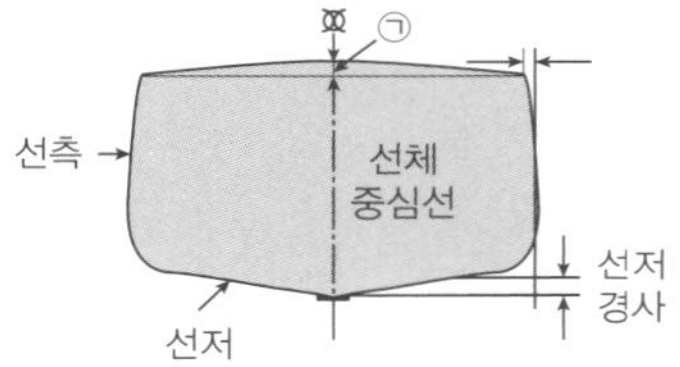

[가] 용골
[나] 빌지
[사] 캠버
[아] 텀블 홈

3 트림의 종류가 아닌 것은?

[가] 등흘수
[나] 중앙트림
[사] 선수트림
[아] 선미트림

4 선창 내에서 발생한 물이나 각종 오염수 들이 흘러 들어가서 모이는 곳은?

㉮ 해치

㉯ 빌지 웰

㉰ 코퍼댐

㉹ 디프 탱크

5 타주를 가진 선박에서 계획만재흘수선상 의 선수재 전면으로부터 타주 후면까지 의 수평거리는?

㉮ 전장

㉯ 등록장

㉰ 수선장

㉹ 수선간장

6 여객이나 화물을 운송하기 위하여 쓰이 는 용적을 나타내는 톤수는?

㉮ 순톤수

㉯ 배수톤수

㉰ 총톤수

㉹ 재화중량톤수

7 희석제(thinner)에 대한 설명으로 옳지 않은 것은?

㉮ 인화성이 강하므로 화기에 유의하여 야 한다.

㉯ 도료에 첨가하는 양은 최대 10% 이하 가 좋다.

㉰ 도료의 성분을 균질하게 하여 도막을 매끄럽게 한다.

㉹ 도료에 많은 양을 사용하면 도료의 점 도가 높아진다.

8 체온을 유지할 수 있도록 열전도율이 낮 은 방수 물질로 만들어진 포대기 또는 옷 을 의미하는 구명설비는?

㉮ 방수복

㉯ 구명조끼

㉰ 보온복

㉹ 구명부환

9 선박에서 선장이 직접 조타를 하고 있을 때, "선수 우현 쪽으로 사람이 떨어졌다." 라는 외침을 들은 경우 선장이 즉시 취하 여야 할 조치로 옳은 것은?

㉮ 타 중앙

㉯ 우현 전타

㉰ 좌현 전타

㉹ 후진 기관 사용

10 선박이 침몰하여 수면 아래 4미터 정도에 이르면 수압에 의하여 선박에서 자동 이탈되어 조난자가 탈 수 있도록 압축가스에 의해 펼쳐지는 구명설비는?

[가] 구명정
[나] 구명뗏목
[사] 구조정
[아] 구명부기

11 해상이동업무 식별번호(MMSI number)에 대한 설명으로 옳지 않은 것은?

[가] 9자리 숫자로 구성된다.
[나] 소형선박에는 부여되지 않는다.
[사] 초단파(VHF) 무선설비에도 입력되어 있다.
[아] 우리나라 선박은 440 또는 441로 시작된다.

12 손잡이를 잡고 불을 붙이면 붉은색의 불꽃을 1분 이상 내며, 10센티미터 깊이의 물속에 10초 동안 잠긴 후에도 계속 타는 팽창식 구명뗏목(liferaft)의 의장품인 조난신호 용구는?

[가] 신호 홍염
[나] 자기 점화등
[사] 발연부 신호
[아] 로켓 낙하산 화염신호

13 선박용 초단파(VHF) 무선설비의 최대 출력은?

[가] 10W
[나] 15W
[사] 20W
[아] 25W

14 평수구역을 항해하는 총톤수 2톤 이상의 선박에 반드시 설치하여야 하는 무선통신 설비는?

[가] 위성통신설비
[나] 초단파(VHF) 무선설비
[사] 중단파(MF/HF) 무선설비
[아] 수색구조용 레이더 트랜스폰더(SART)

15 다음 중 선박 조종에 미치는 영향이 가장 작은 요소는?

[가] 바람
[나] 파도
[사] 조류
[아] 기온

16 ( )에 적합한 것은?

> 우회전 고정피치 스크루 프로펠러 1개가 설치되어 있는 선박이 타가 우 타각이고, 정지 상태에서 후진할 때, 후진속력이 커지면 흡입류의 영향이 커지므로 선수는 ( )한다.

㉮ 직진

㉯ 좌회두

㉰ 우회두

㉡ 물속으로 하강

17 ( )에 순서대로 적합한 것은?

> 수심이 얕은 수역에서는 타의 효과가 나빠지고, 선체 저항이 ( )하여 선회권이 ( )

㉮ 감소, 작아진다.

㉯ 감소, 커진다.

㉰ 증가, 작아진다.

㉡ 증가, 커진다.

18 다음 중 정박지로 가장 좋은 저질은?

㉮ 뻘

㉯ 자갈

㉰ 모래

㉡ 조개껍질

19 접·이안 시 계선줄을 이용하는 목적이 아닌 것은?

㉮ 접안 시 선용품 선적

㉯ 선박의 전진속력 제어

㉰ 접안 시 선박과 부두 사이 거리 조절

㉡ 이안 시 선미가 부두로부터 떨어지도록 작용

20 전속 전진 중인 선박이 선회 중 나타나는 일반적인 현상으로 옳지 않은 것은?

㉮ 선속이 감소한다.

㉯ 횡경사가 발생한다.

㉰ 선미 킥이 발생한다.

㉡ 선회 가속도가 감소하다가 증가한다.

21 협수로를 항해할 때 유의할 사항으로 옳은 것은?

㉮ 침로를 변경할 때는 대각도로 한번에 변경하는 것이 좋다.

㉯ 선·수미선과 조류의 유선이 직각을 이루도록 조종하는 것이 좋다.

㉰ 언제든지 닻을 사용할 수 있도록 준비된 상태에서 항행하는 것이 좋다.

㉡ 조류는 순조 때에는 정침이 잘 되지만, 역조 때에는 정침이 어려우므로 조종 시 유의하여야 한다.

22 황천항해를 대비하여 선박에 화물을 실을 때 주의사항으로 옳은 것은?

㉮ 선체의 중앙부에 화물을 많이 싣는다.

㉯ 선수부에 화물을 많이 싣는 것이 좋다.

㉰ 화물의 무게 분포가 한 곳에 집중되지 않도록 한다.

㉱ 상갑판보다 높은 위치에 최대한으로 많은 화물을 싣는다.

23 파도가 심한 해역에서 선속을 저하시키는 요인이 아닌 것은?

㉮ 바람

㉯ 풍랑(wave)

㉰ 수온

㉱ 너울(swell)

24 선박의 침몰 방지를 위하여 선체를 해안에 고의적으로 얹히는 것은?

㉮ 전복

㉯ 접촉

㉰ 충돌

㉱ 임의 좌주

25 기관 손상 사고의 원인 중 인적과실이 아닌 것은?

㉮ 기관의 노후

㉯ 기기 조작 미숙

㉰ 부적절한 취급

㉱ 일상적인 점검 소홀

1 ( )에 적합한 것은?

> 해사안전법상 고속여객선이란 시속 ( ) 이
> 상으로 항행하는 여객선을 말한다.

㉮ 10노트
㉯ 15노트
㉰ 20노트
㉱ 30노트

2 해사안전법상 '조종제한선'이 아닌 선박은?

㉮ 준설 작업을 하고 있는 선박
㉯ 항로표지를 부설하고 있는 선박
㉰ 주기관이 고장나 움직일 수 없는 선박
㉱ 항행 중 어획물을 옮겨 싣고 있는 어선

3 해사안전법상 고속여객선이 교통안전특
정해역을 항행하려는 경우 항행안전을
확보하기 위하여 필요 시 해양경찰서장
이 선장에게 명할 수 있는 것은?

㉮ 속력의 제한
㉯ 입항의 금지
㉰ 선장의 변경
㉱ 앞지르기의 지시

4 해사안전법상 2척의 동력선이 서로 시계
안에서 각 선박은 다른 선박을 선수 방향
에서 볼 수 있는 경우로서 밤에는 양쪽의
현등을 동시에 볼 수 있는 경우의 상태는?

㉮ 마주치는 상태
㉯ 횡단하는 상태
㉰ 통과하는 상태
㉱ 앞지르기하는 상태

5 해사안전법상 다른 선박과 충돌을 피하
기 위한 선박의 동작에 대한 설명으로 옳
지 않은 것은?

㉮ 침로나 속력을 변경할 때에는 소폭으
로 연속적으로 변경하여야 한다.
㉯ 필요하면 속력을 줄이거나 기관의 작
동을 정지하거나 후진하여 선박의 진
행을 완전히 멈추어야 한다.
㉰ 피항동작을 취할 때에는 그 동작의 효
과를 다른 선박이 완전히 통과할 때까
지 주의 깊게 확인하여야 한다.
㉱ 침로를 변경할 경우에는 될 수 있으면
충분한 시간적 여유를 두고 다른 선박
이 그 변경을 쉽게 알아볼 수 있도록
충분히 크게 변경하여야 한다.

6 해사안전법상 안전한 속력을 결정할 때 고려하여야 할 사항이 아닌 것은?

㉮ 시계의 상태

㉯ 선박 설비의 구조

㉰ 선박의 조종성능

㉭ 해상교통량의 밀도

7 해사안전법상 술에 취한 상태를 판별하는 기준은?

㉮ 체온

㉯ 걸음걸이

㉰ 혈중알코올농도

㉭ 실제 섭취한 알코올 양

8 ( )에 적합한 것은?

> 해사안전법상 2척의 동력선이 상대의 진로를 횡단하는 경우로서 충돌의 위험이 있을 때에는 다른 선박을 ( ) 쪽에 두고 있는 선박이 그 다른 선박의 진로를 피하여야 한다.

㉮ 선수

㉯ 좌현

㉰ 우현

㉭ 선미

9 해사안전법상 제한된 시계에서 충돌할 위험성이 없다고 판단한 경우 외에 자기 선박의 양쪽 현의 정횡 앞쪽에 있는 다른 선박의 무중신호를 듣고 취할 조치로 옳은 것을 〈보기〉에서 모두 고른 것은?

> 〈보기〉
> ㄱ. 최대 속력으로 항행하면서 경계를 한다.
> ㄴ. 우현 쪽으로 침로를 변경시키지 않는다.
> ㄷ. 필요 시 자기 선박의 진행을 완전히 멈춘다.
> ㄹ. 충돌할 위험성이 사라질 때까지 주의하여 항행하여야 한다.

㉮ ㄴ, ㄷ

㉯ ㄷ, ㄹ

㉰ ㄱ, ㄴ, ㄹ

㉭ ㄴ, ㄷ, ㄹ

10 해사안전법상 항행 중인 동력선의 등화에 덧붙여 가장 잘 보이는 곳에 붉은색 전주등 3개를 수직으로 표시하거나 원통형의 형상물 1개를 표시할 수 있는 선박은?

㉮ 도선선

㉯ 흘수제약선

㉰ 좌초선

㉭ 조종불능선

11 해사안전법상 삼색등을 구성하는 색이 아닌 것은?

㉮ 흰색

㉯ 황색

㉰ 녹색

㉱ 붉은색

12 해사안전법상 정박 중인 길이 7미터 이상인 선박이 표시하여야 하는 형상물은?

㉮ 둥근꼴 형상물

㉯ 원뿔꼴 형상물

㉰ 원통형 형상물

㉱ 마름모꼴 형상물

13 해사안전법상 '섬광등'의 정의는?

㉮ 선수 쪽 225도의 수평사광범위를 갖는 등

㉯ 360도에 걸치는 수평의 호를 비추는 등화로서 일정한 간격으로 1분에 30회 이상 섬광을 발하는 등

㉰ 360도에 걸치는 수평의 호를 비추는 등화로서 일정한 간격으로 1분에 60회 이상 섬광을 발하는 등

㉱ 360도에 걸치는 수평의 호를 비추는 등화로서 일정한 간격으로 1분에 120회 이상 섬광을 발하는 등

14 (   )에 적합한 것은?

> 해사안전법상 항행 중인 동력선이 (   )에 있는 경우에 그 침로를 변경하거나 그 기관을 후진하여 사용할 때에는 기적신호를 행하여야 한다.

㉮ 평수구역

㉯ 서로 상대의 시계 안

㉰ 제한된 시계

㉱ 무역항의 수상구역 안

15 해사안전법상 제한된 시계 안에서 항행 중인 동력선이 대수속력이 있는 경우에는 2분을 넘지 아니하는 간격으로 장음을 1회 울려야 하는데 이와 같은 음향신호를 하지 아니할 수 있는 선박의 크기 기준은?

㉮ 길이 12미터 미만

㉯ 길이 15미터 미만

㉰ 길이 20미터 미만

㉱ 길이 50미터 미만

16 무역항의 수상구역등에서 선박의 입항·출항에 대한 지원과 선박운항의 안전 및 질서 유지에 필요한 사항을 규정할 목적으로 만들어진 법은?

㉮ 선박안전법

㉯ 해사안전법

㉰ 선박교통관제에 관한 법률

㉱ 선박의 입항 및 출항 등에 관한 법률

17 ( )에 적합한 것은?

> 선박의 입항 및 출항 등에 관한 법률상 무역항의 수상구역등에서 해양사고를 피하기 위한 경우 등 해양수산부령으로 정하는 사유로 선박을 정박지가 아닌 곳에 정박한 선장은 즉시 그 사실을 ( )에/에게 신고하여야 한다.

㉮ 관리청
㉯ 환경부장관
㉰ 해양경찰청
㉱ 해양수산부장관

18 선박의 입항 및 출항 등에 관한 법률상 선박이 해상에서 일시적으로 운항을 멈추는 것은?

㉮ 정박
㉯ 정류
㉰ 계류
㉱ 계선

19 선박의 입항 및 출항 등에 관한 법률상 무역항의 수상 구역 등에서 선박을 예인하고자 할 때 한꺼번에 몇 척 이상의 피예인선을 끌지 못하는가?

㉮ 1척
㉯ 2척
㉰ 3척
㉱ 4척

20 선박의 입항 및 출항 등에 관한 법률상 방파제 입구 등에서 입·출항하는 두 척의 선박이 마주칠 우려가 있을 때의 항법은?

㉮ 입항하는 선박이 방파제 밖에서 출항하는 선박의 진로를 피하여야 한다.
㉯ 출항하는 선박은 방파제 안에서 입항하는 선박의 진로를 피하여야 한다.
㉰ 입항하는 선박이 방파제 입구를 우현 쪽으로 접근하여 통과하여야 한다.
㉱ 출항하는 선박은 방파제 입구를 좌현 쪽으로 접근하여 통과하여야 한다.

21 ( )에 적합하지 않은 것은?

> 선박의 입항 및 출항 등에 관한 법률상 무역항의 수상 구역 등에 정박하는 ( )에 따른 정박구역 또는 정박지를 지정·고시할 수 있다.

㉮ 선박의 톤수
㉯ 선박의 종류
㉰ 선박의 국적
㉱ 적재물의 종류

22 다음 중 선박의 입항 및 출항 등에 관한 법률상 우선피항선이 아닌 선박은?

㉮ 예선
㉯ 총톤수 20톤 미만인 어선
㉰ 주로 노와 삿대로 운전하는 선박
㉱ 예인선에 결합되어 운항하는 압항부선

23 해양환경관리법상 유해액체물질기록부
는 최종 기재를 한 날부터 몇 년간 보존
하여야 하는가?

㉮ 1년
㉯ 2년
㉰ 3년
㉱ 5년

24 해양환경관리법상 폐기물이 아닌 것은?

㉮ 도자기
㉯ 플라스틱류
㉰ 폐유압유
㉱ 음식 쓰레기

25 해양환경관리법상 오염물질이 배출된 경우
오염을 방지하기 위한 조치가 아닌 것은?

㉮ 기름오염방지설비의 가동
㉯ 오염물질의 추가 배출방지
㉰ 배출된 오염물질의 수거 및 처리
㉱ 배출된 오염물질의 확산방지 및 제거

제4과목 ○ **기관**

1 1[kW]는 약 몇 [kgf·m/s]인가?

㉮ 75[kgf·m/s]
㉯ 76[kgf·m/s]
㉰ 102[kgf·m/s]
㉱ 735[kgf·m/s]

2 소형기관에서 피스톤링의 마멸 정도를
계측하는 공구로 가장 적합한 것은?

㉮ 다이얼 게이지
㉯ 한계 게이지
㉰ 내경 마이크로미터
㉱ 외경 마이크로미터

3 디젤기관에서 오일링의 주된 역할은?

㉮ 윤활유를 실린더 내벽에서 밑으로 긁
어내린다.
㉯ 피스톤의 열을 실린더에 전달한다.
㉰ 피스톤의 회전운동을 원활하게 한다.
㉱ 연소가스의 누설을 방지한다.

4 디젤기관의 운전 중 냉각수 계통에서 가장 주의해서 관찰해야 하는 것은?

㉮ 기관의 입구 온도와 기관의 입구 압력

㉯ 기관의 출구 압력과 기관의 출구 온도

㉰ 기관의 입구 온도와 기관의 출구 압력

㉱ 기관의 입구 압력과 기관의 출구 온도

5 추진 축계장치에서 추력베어링의 주된 역할은?

㉮ 축의 진동을 방지한다.

㉯ 축의 마멸을 방지한다.

㉰ 프로펠러의 추력을 선체에 전달한다.

㉱ 선체의 추력을 프로펠러에 전달한다.

6 실린더부피가 1,200[cm^3]이고 압축부피가 100[cm^3]인 내연기관의 압축비는 얼마인가?

㉮ 11

㉯ 12

㉰ 13

㉱ 14

7 디젤기관의 메인 베어링에 대한 설명으로 옳지 않은 것은?

㉮ 크랭크축을 지지한다.

㉯ 크랭크축의 중심을 잡아준다.

㉰ 윤활유로 윤활시킨다.

㉱ 볼베어링을 주로 사용한다.

8 디젤기관에서 각부 마멸량을 측정하는 부위와 공구가 옳게 짝지어진 것은?

㉮ 피스톤링 두께 – 내측 마이크로미터

㉯ 크랭크암 디플렉션 – 버니어 캘리퍼스

㉰ 흡기 및 배기밸브 틈새 – 필러 게이지

㉱ 실린더 라이너 내경 – 외측 마이크로미터

9 소형기관에서 윤활유를 오래 사용했을 경우에 나타나는 현상으로 옳지 않은 것은?

㉮ 색상이 검게 변한다.

㉯ 점도가 증가한다.

㉰ 침전물이 증가한다.

㉱ 혼입수분이 감소한다.

10 소형 디젤기관에서 실린더 라이너의 심한 마멸에 의한 영향이 아닌 것은?

㉠ 압축 불량

㉡ 불완전 연소

㉢ 착화 시기가 빨라짐

㉣ 연소가스가 크랭크실로 누설

11 디젤기관에서 연료 분사량을 조절하는 연료래크와 연결되는 것은?

㉠ 연료분사밸브

㉡ 연료분사펌프

㉢ 연료이송펌프

㉣ 연료 가열기

12 디젤기관에서 과급기를 설치하는 이유가 아닌 것은?

㉠ 기관에 더 많은 공기를 공급하기 위해

㉡ 기관의 출력을 더 높이기 위해

㉢ 기관의 급기온도를 더 높이기 위해

㉣ 기관이 더 많은 일을 하게 하기 위해

13 선박의 축계장치에서 추력축의 설치 위치에 대한 설명으로 옳은 것은?

㉠ 캠축의 선수 측에 설치한다.

㉡ 크랭크축의 선수 측에 설치한다.

㉢ 프로펠러축의 선수 측에 설치한다.

㉣ 프로펠러축의 선미 측에 설치한다.

14 프로펠러에 의한 선체 진동의 원인이 아닌 것은?

㉠ 프로펠러의 날개가 절손된 경우

㉡ 프로펠러의 날개 수가 많은 경우

㉢ 프로펠러의 날개가 수면에 노출된 경우

㉣ 프로펠러의 날개가 휘어진 경우

15 선박 보조기계에 대한 설명으로 옳은 것은?

㉠ 갑판기계를 제외한 기관실의 모든 기계를 말한다.

㉡ 주기관을 제외한 선내의 모든 기계를 말한다.

㉢ 직접 배를 움직이는 기계를 말한다.

㉣ 기관실 밖에 설치된 기계를 말한다.

16 **2[V] 단전지 6개를 연결하여 12[V]가 되게 하려면 어떻게 연결해야 하는가?**

[가] 2[V] 단전지 6개를 병렬 연결한다.
[나] 2[V] 단전지 6개를 직렬 연결한다.
[사] 2[V] 단전지 3개를 병렬 연결하여 나머지 3개와 직렬 연결한다.
[아] 2[V] 단전지 2개를 병렬 연결하여 나머지 4개와 직렬 연결한다.

17 **양묘기의 구성 요소가 아닌 것은?**

[가] 구동 전동기
[나] 회전드럼
[사] 제동장치
[아] 데릭 포스트

18 **원심펌프에서 송출되는 액체가 흡입측으로 역류하는 것을 방지하기 위해 설치하는 부품은?**

[가] 회전차
[나] 베어링
[사] 마우스링
[아] 글랜드패킹

19 **납축전지의 용량을 나타내는 단위는?**

[가] [Ah]
[나] [A]
[사] [V]
[아] [kW]

20 **선박용 납축전지에서 양극의 표시가 아닌 것은?**

[가] +
[나] P
[사] N
[아] 적색

21 **"정박 중 기관을 조정하거나 검사, 수리 등을 할 때 운전속도보다 훨씬 낮은 속도로 기관을 서서히 회전시키는 것을 (   )이라 한다."에서 (   )에 알맞은 것은?**

[가] 워밍
[나] 시동
[사] 터닝
[아] 운전

22 디젤기관의 윤활유에 물이 다량 섞이면 운전 중 윤활유 압력은 어떻게 변하는가?

㉮ 압력이 평소보다 올라간다.

㉯ 압력이 평소보다 내려간다.

㉰ 압력이 0으로 된다.

㉣ 압력이 진공으로 된다.

23 전기시동을 하는 소형 디젤기관에서 시동이 되지 않는 원인이 아닌 것은?

㉮ 시동용 전동기의 고장

㉯ 시동용 배터리의 방전

㉰ 시동용 공기분배 밸브의 고장

㉣ 시동용 배터리와 전동기 사이의 전선 불량

24 15[℃] 비중이 0.9인 연료유 200리터의 무게는 몇 [kgf]인가?

㉮ 180[kgf]

㉯ 200[kgf]

㉰ 220[kgf]

㉣ 240[kgf]

25 탱크에 들어있는 연료유보다 비중이 큰 이물질은 어떻게 되는가?

㉮ 위로 뜬다.

㉯ 아래로 가라앉는다.

㉰ 기름과 균일하게 혼합된다.

㉣ 탱크의 옆면에 부착된다.

제1과목 　 항해

1 ㉘
짐벌즈는 선박의 동요로 비너클이 기울어져도 볼이 항상 수평을 유지하기 위한 장치이다.

2 ㉮
위도오차는 제진오차 또는 정지오차라고도 하며 안쉬츠식에는 없고 경사제진식에만 발생하는 오차이다.

3 ㉘
선박의 속력과 항주 거리를 측정하는 것은 선박의 선속계(log)이다.

4 ㉘
자차계수 D는 상한차 자차계수로 침로가 동서남북일 때 없고 4우점(북동, 남동, 남서, 북서)일 때 최대가 된다.

5 ㉘
섀도 핀은 나침반의 중앙에 수직으로 세우는 핀으로 그 그림자의 방향으로 태양의 방위를 알거나 어떤 목표물의 방위를 측정한다. 위도의 변화와 섀도 핀에 의한 오차는 관계가 없다.

6 ㉘
선박용 항해 레이더는 물표의 위치, 방위, 거리 등 평면적인 측정이 가능하여 시정이 제한되었을 때 선박이 안전하게 항해할 수 있도록 도와주지만 상대 선박의 선체 색깔을 알 수는 없다.

7 ㉮
추천 항로는 특별한 법적 근거 없이도 선박의 교통질서 확립과 선박 통항 안전을 도모하기 위해 권고하는 항로로 해도에 점선 또는 실선으로 침로와 함께 표시된다.

8 ㉔
상대운동 표시방식에서 A 선박의 상대 방위가 변화 없이 본선을 향하고 있으므로 충돌의 위험성이 있다고 할 수 있다.

9 ㉔
날짜변경선은 본초자오선을 기준으로 동쪽과 서쪽으로 각각 180°씩을 이동하면 만나게 되는 선을 말한다. 날짜변경선을 중심으로 동쪽에서 서쪽으로 갈 때는 하루를 더하고, 서쪽에서 동쪽으로 갈 때는 하루를 빼야 한다.

10 ㉔
선박용 레이더는 송신기, 안테나, 수신기, 지시기의 네 부분으로 구성되어 있다. 수신기는 안테나에 수신된 미약한 반사 신호를 증폭, 검파한 후 영상 신호로 변환하여 지시기로 송출하는 곳이다. 국부발진기는 송신기에 해당한다.

11 ㉯
노출암이나 간출암 내에 높이를 표기할 수 없을 때는 부근에 기재하고 괄호를 붙인다.

12 ㉕
해도상에 여러 가지 사항들을 표시하기 위하여 특수한 기호와 약어를 사용하는데 이것을 해도 도식이라고 한다.

13 ㉕
국립해양조사원은 한국 연안을 포함한 일본 연안, 태평양 및 인도양의 주요 항만과 주요 협수로의 조석과 조류 정보를 수록한 조석표를 매년 발행하고 있다.

14 ㉮
부동등은 꺼지지 않고 일정한 광력을 가지고 계속 비추는 등을 말한다.

15 ㉯
부표는 주간표지로 항만이나 하천 등 선박이 항행하는 위치 수면에 띄워 항로를 안내하거나 암초 등 위험물의 위치를 알리는 역할을 한다. 이것에 등화를 부착한 야간표지는 등부표라고 한다.

16 ㉮
레이콘(racon)은 레이더 비콘(radar beacon)의 줄임말로 선박의 레이더에서 발사된 전파를 수신하면 레이더와 같은 주파수대의 비콘 전파를 발사하여 선박의 레이더 화면에 레이더 비콘의 부호를 표시하는 것이다. 레이마크는 선박의 레이더 영상에 송신국의 방향으로 밝은 선이 나타나도록 전파를 발사하는 장치이다.

17 ④

연안 항해 중에는 가능한 좁은 구역을 자세하게 나타낸 대축척 해도를 사용한다.

18 ⑩

종이 해도는 가장 최근에 발행한 해도를 사용하고 반드시 최신 소개정 자료를 수신하여 적용 후 항해에 사용하여야 한다.

19 ㉮

IALA 해상 부표식은 세계적으로 A 방식과 B 방식으로 구분하며 우리나라는 B 방식을 따르고 있다. B 방식은 항구 입항 시 항로 우현 쪽의 측방표지가 홍색, 좌현의 측방표지가 녹색으로 배치되어 있는 것이다. A 방식은 반대로 우현 쪽이 녹색, 좌현 쪽이 홍색이다.

20 ㉾

측방표지는 통항 항로의 좌현측 및 우현측을 표시한다. 우리나라는 국제해상부표식의 B 방식에 해당하며 도색과 등광은 좌현측에 녹색, 우현측에 적색을 배치한다.

21 ④

오호츠크해기단은 해양성 한대기단이다. 해양성 열대기단은 북태평양기단이 해당된다.

22 ㉾

저기압의 하층에서는 주변부에서 저기압 중심으로 바람이 불어 들어가 공기가 모여 들면서(하층 수렴) 상승 기류가 형성된다.

23 ⑩

U : 상공의 기상 및 대기상태를 표현한 것
A : 실제 기상관측 결과를 바탕으로 실제의 대기상태를 나타낸 것
F : 수 시간 또는 수일간의 대기상태를 예상하여 표현한 것
S : 지표에서 기상 및 대기상태를 표현한 것
X : 지표와 상층의 일기를 동시에 표현한 것

24 ④

소형선박의 통상 계획은 선장이 수립하여 시행한다.

25 ⑩

구간별로 제한속력을 확인하여 안전을 확인할 수도 있지만 선박의 평균속력을 계산하는 것은 안전을 확인하는 것과는 거리가 멀다.

제2과목 ☀ **운용**

1 ㉮

선수부는 항상 파도의 충격을 받으며 선박이나 표류물 등과 충돌할 가능성이 많기 때문에 이들 하중에 충분히 견딜 수 있는 견고한 구조로 만들어야 하는데 이 구조를 팬팅(panting) 구조라 한다.

2 ㉾

건현은 선체 중앙부 상갑판의 선측 상면에서 만재흘수선까지의 수직거리를 말한다. 건현이 클수록 선박의 예비부력이 크다는 것이므로, 결국 선박의 안전성이 높다는 것을 의미한다.

3 ㉿

선체의 트림은 선박의 선수흘수와 선미흘수의 차이를 말한다.

4 ㉿

수선장은 선체가 물속에 잠겨 있는 부분의 수평거리를 말하며 이것은 선체의 저항, 추진력을 계산하는데 사용된다.

5 ㉮

타두재는 타심재 상부에 러더 커플링으로 연결되어 조타기의 회전을 키에 전달하며 타심재에는 몇 개의 러더 암이 배치되어 있고 러더암과 러더암 사이에는 키판이 연결된다.

6 ④

〈스톡리스 앵커의 예〉 — 링, 생크, 플루크, 빌, 암, 크라운
〈스톡 앵커의 예〉 — 스톡, 생크, 플루크, 빌

7 ④

화재 발생 시 가압되어 있는 소화수를 자동으로 분사하는 장치는 자동 스프링클러 장치이다.

8 ㉿

보온복(보온구)은 선박의 구명정, 구조정 또는 구명뗏목에 비치되는 의장품의 하나로 착용자의 신체로부터 대류나 기화에 의한 열 손실을 감소시키기 위하여 열전도율이 작은 방수재로 만들어진 포대기 또는 옷을 말한다.

9 ㉯
우리나라는 표준시는 UTC에 9시간을 더한 시간대를 사용하므로 05:30 UTC는 14시 30분에 해당한다.

10 ㉮
팽창식 구명뗏목은 긴급상황에 수동으로 팽창시키거나 자동으로 팽창되어 신속한 퇴선을 가능하게 하는 구명설비이다.

11 ㉯
자기 발연부 신호는 주간에 구명부환의 위치를 알려주는 조난신호장비로, 물에 들어가면 자동으로 오렌지색 연기를 낸다.

12 ㉮
국제신호기를 이용하여 조난신호를 할 때에는 NC기를 순서대로 게양한다.

13 ㉾
지혈을 위해서는 환부에 얼음 등의 차가운 물체를 얹어주면 좋다.

14 ㉾
초단파(VHF) 무선설비는 묘박 중에도 항상 켜서 청취하여야 한다.

15 ㉾
항력은 타판에 작용하는 힘 중에서 선수미 방향의 분력으로 힘의 방향은 선체 후방으로 전진 속도를 감소시키는 저항력으로 작용한다.

16 ㉾
선체 길이 방향(선수미선)을 축으로 하여 좌우 교대로 회전하려는 횡경사운동을 횡동요운동이라고 하며, 이는 선체운동 중에서 가장 중요한 운동이다.

17 ㉱
우선회 고정피치 단추진기는 후진 시에 배출류가 선미 우현을 좌현 쪽으로 밀게 되어 선수는 현저하게 우회두하게 된다.

18 ㉮
침로 유지에 사용되는 것은 타(rudder)이다.

19 ㉮
복원성이 작은 선박은 고속으로 항주하다 대각도로 전타할 경우 심하게 경사가 져 위험할 수 있으니 순차적으로 조금씩 타를 사용하여야 한다.

20 ㉮
선박 조종성능 지수를 이용한 효율적인 3가지 익수자 구조 조선법으로 윌리암슨 턴, 싱글 턴, 샤르노브 턴이 있다.

21 ㉯
복원력을 크게 하기 위해 무게중심 위치만 낮추는 경우 횡요주기가 빨라져 화물과 선상에 손상을 줄 수 있고 선원이나 승객들이 불쾌감을 느낄 수 있다.

22 ㉯
브로칭은 선박이 파도를 선미로부터 받으며 항주할 때, 선체 중앙이 파도의 마루나 파도의 오르막 파면에 위치하면 급격한 선수요요에 의해 선체는 파도와 평행하게 놓이는 현상을 말한다.

23 ㉮
라이 투는 황천 속에서 기관을 정지하여 선체를 풍하로 표류하도록 하는 방법이다. 이 방법은 선체에 부딪치는 파의 충격을 최소로 줄일 수 있고, 키에 의한 보침이 필요 없다.

24 ㉮
국제 신호서는 항해와 인명의 안전에 관한 여러 가지 상황이 발생하였을 경우를 대비하여 발행된 것으로, 특히 언어에 의한 의사소통에 문제가 있을 경우의 신호 방법과 수단에 대하여 규정한 것이다.

25 ㉮
산화된 금속의 불똥에 의한 화재는 금속 화재에 해당하므로 전기 장치에 의한 화재 원인에 해당하지 않는다.

제3과목 법규

1 ④

해사안전법 제68조(통항분리제도)
③ 선박은 통항로를 횡단하여서는 아니 된다. 다만, 부득이한 사유로 그 통항로를 횡단하여야 하는 경우에는 그 통항로와 선수방향(船首方向)이 직각에 가까운 각도로 횡단하여야 한다.

2 ④

해사안전법 제44조(항행보조시설의 설치와 관리)
① 해양수산부장관은 선박의 항행안전에 필요한 항로표지·신호·조명 등 항행보조시설을 설치하고 관리·운영하여야 한다.

3 ㈆

안전한 속력을 결정할 때 고려할 사항
시계의 상태, 해상교통량의 밀도, 선박의 정지거리·선회성능, 그 밖의 조종성능, 야간의 경우에는 항해에 지장을 주는 불빛의 유무, 바람·해면 및 조류의 상태와 항행장애물의 근접상태, 선박의 흘수와 수심과의 관계, 레이더의 특성 및 성능, 해면상태·기상, 그 밖의 장애요인이 레이더 탐지에 미치는 영향, 레이더로 탐지한 선박의 수·위치 및 동향

4 ④

해사안전법 제65조(충돌 위험)
③ 선박은 불충분한 레이더 정보나 그 밖의 불충분한 정보에 의존하여 다른 선박과의 충돌 위험 여부를 판단하여서는 아니 된다.

5 ㈆

해사안전법 제71조(앞지르기)
② 다른 선박의 양쪽 현의 정횡(正橫)으로부터 22.5도를 넘는 뒤쪽[밤에는 다른 선박의 선미등(船尾燈)만을 볼 수 있고 어느 쪽의 현등(舷燈)도 볼 수 없는 위치를 말한다]에서 그 선박을 앞지르는 선박은 앞지르기 하는 배로 보고 필요한 조치를 취하여야 한다.

6 ㈆

해사안전법 제76조(선박 사이의 책무)
③ 항행 중인 범선은 다음 각 호에 따른 선박의 진로를 피하여야 한다.
　　1. 조종불능선
　　2. 조종제한선
　　3. 어로에 종사하고 있는 선박

7 ④

해사안전법 제77조(제한된 시계에서 선박의 항법)
⑥ 충돌할 위험성이 없다고 판단한 경우 외에는 다음 각 호의 어느 하나에 해당하는 경우 모든 선박은 자기 배의 침로를 유지하는 데에 필요한 최소한으로 속력을 줄여야 한다. 이 경우 필요하다고 인정되면 자기 선박의 진행을 완전히 멈추어야 하며, 어떠한 경우에도 충돌할 위험성이 사라질 때까지 주의하여 항행하여야 한다.
　　1. 자기 선박의 양쪽 현의 정횡 앞쪽에 있는 다른 선박에서 무중신호(霧中信號)를 듣는 경우
　　2. 자기 선박의 양쪽 현의 정횡으로부터 앞쪽에 있는 다른 선박과 매우 근접한 것을 피할 수 없는 경우

8 ㉮

해사안전법 제77조(제한된 시계에서 선박의 항법)
④ 레이더만으로 다른 선박이 있는 것을 탐지한 선박은 해당 선박과 얼마나 가까이 있는지 또는 충돌할 위험이 있는지를 판단하여야 한다. 이 경우 해당 선박과 매우 가까이 있거나 그 선박과 충돌할 위험이 있다고 판단한 경우에는 충분한 시간적 여유를 두고 피항동작을 취하여야 한다.

9 ㈆

예선등(曳船燈) : 선미등과 같은 특성을 가진 황색 등

10 ㉮

해사안전법 제82조(항행 중인 예인선)
① 동력선이 다른 선박이나 물체를 끌고 있는 경우에는 다음 각 호의 등화나 형상물을 표시하여야 한다.
　　5. 예인선열의 길이가 200미터를 초과하면 가장 잘 보이는 곳에 마름모꼴의 형상물 1개

11 ④

해사안전법 제82조(항행 중인 예인선)
4. 선미등의 위쪽에 수직선 위로 예선등 1개

12 ④

해사안전법 제92조(조종신호와 경고신호)
④ 선박이 좁은 수로등에서 서로 상대의 시계 안에 있는 경우 제67조제5항에 따른 기적신호를 할 때에는 다음 각 호에 따라 행하여야 한다.
　　1. 다른 선박의 우현 쪽으로 앞지르기 하려는 경우에는 장음 2회와 단음 1회의 순서로 의사를 표시할 것
　　2. 다른 선박의 좌현 쪽으로 앞지르기 하려는 경우에는 장음 2회와 단음 2회의 순서로 의사를 표시할 것

13 ㉔

등화는 붉은색, 녹색, 흰색을 사용한다.

14 ㉮

해사안전법 제90조(기적의 종류)
"기적"(汽笛)이란 다음 각 호의 구분에 따라 단음(短音)과 장음(長音)을 발할 수 있는 음향신호장치를 말한다.
1. 단음 : 1초 정도 계속되는 고동소리
2. 장음 : 4초부터 6초까지의 시간 동안 계속되는 고동소리

15 ㉯

해사안전법 제93조(제한된 시계 안에서의 음향신호)
① 시계가 제한된 수역이나 그 부근에 있는 모든 선박은 밤낮에 관계없이 다음 각 호에 따른 신호를 하여야 한다.
1. 항행 중인 동력선은 대수속력이 있는 경우에는 2분을 넘지 아니하는 간격으로 장음을 1회 울려야 한다.

16 ㉔

선박의 입항 및 출항 등에 관한 법률 제6조(정박의 제한 및 방법 등)
④ 무역항의 수상구역등에 정박하는 선박은 지체 없이 예비용 닻을 내릴 수 있도록 닻 고정장치를 해제하고, 동력선은 즉시 운항할 수 있도록 기관의 상태를 유지하는 등 안전에 필요한 조치를 하여야 한다.

17 ㉮

선박의 입항 및 출항 등에 관한 법률 제37조(선박수리의 허가 등)
① 선장은 무역항의 수상구역등에서 다음 각 호의 선박을 불꽃이나 열이 발생하는 용접 등의 방법으로 수리하려는 경우 해양수산부령으로 정하는 바에 따라 관리청의 허가를 받아야 한다. 다만, 제2호의 선박은 기관실, 연료탱크, 그 밖에 해양수산부령으로 정하는 선박 내 위험구역에서 수리작업을 하는 경우에만 허가를 받아야 한다.
1. 위험물을 저장·운송하는 선박과 위험물을 하역한 후에도 인화성 물질 또는 폭발성 가스가 남아 있어 화재 또는 폭발의 위험이 있는 선박(이하 "위험물운송선박"이라 한다)
2. 총톤수 20톤 이상의 선박(위험물운송선박은 제외한다)

18 ㉯

선박의 입항 및 출항 등에 관한 법률 제9조(선박교통의 제한)
① 관리청은 무역항의 수상구역등에서 선박교통의 안전을 위하여 필요하다고 인정하는 경우에는 항로 또는 구역을 지정하여 선박교통을 제한하거나 금지할 수 있다.
② 관리청이 제1항에 따라 항로 또는 구역을 지정한 경우에는 항로 또는 구역의 위치, 제한·금지 기간을 정하여 공고하여야 한다.

19 ㉔

선박의 입항 및 출항 등에 관한 법률 제38조(폐기물의 투기 금지 등)
② 무역항의 수상구역등이나 무역항의 수상구역 부근에서 석탄·돌·벽돌 등 흩어지기 쉬운 물건을 하역하는 자는 그 물건이 수면에 떨어지는 것을 방지하기 위하여 대통령령으로 정하는 바에 따라 필요한 조치를 하여야 한다.

20 ㉔

선박의 입항 및 출항 등에 관한 법률 제12조(항로에서의 항법)
① 모든 선박은 항로에서 다음 각 호의 항법에 따라 항행하여야 한다.
1. 항로 밖에서 항로에 들어오거나 항로에서 항로 밖으로 나가는 선박은 항로를 항행하는 다른 선박의 진로를 피하여 항행할 것

21 ㉮

선박의 입항 및 출항 등에 관한 법률 제17조(속력 등의 제한)
② 해양경찰청장은 선박이 빠른 속도로 항행하여 다른 선박의 안전 운항에 지장을 초래할 우려가 있다고 인정하는 무역항의 수상구역등에 대하여는 관리청에 무역항의 수상구역등에서의 선박 항행 최고속력을 지정할 것을 요청할 수 있다.
③ 관리청은 제2항에 따른 요청을 받은 경우 특별한 사유가 없으면 무역항의 수상구역등에서 선박 항행 최고속력을 지정·고시하여야 한다. 이 경우 선박은 고시된 항행 최고속력의 범위에서 항행하여야 한다.

22 ㉠

선박의 입항 및 출항 등에 관한 법률 제2조(정의)
이 법에서 사용하는 용어의 뜻은 다음과 같다.
5. "우선피항선"(優先避航船)이란 주로 무역항의 수상구역에서 운항하는 선박으로서 다른 선박의 진로를 피하여야 하는 다음 각 목의 선박을 말한다.
가. 「선박법」 제1조의2제1항제3호에 따른 부선(艀船)[예인선이 부선을 끌거나 밀고 있는 경우의 예인선 및 부선을 포함하되, 예인선에 결합되어 운항하는 압항부선(押航艀船)은 제외한다]
나. 주로 노와 삿대로 운전하는 선박
다. 예선

라. 「항만운송사업법」 제26조의3제1항에 따라 항만
　　운송관련사업을 등록한 자가 소유한 선박
마. 「해양환경관리법」 제70조제1항에 따라 해양환
　　경관리업을 등록한 자가 소유한 선박 또는 「해양
　　폐기물 및 해양오염퇴적물 관리법」 제19조제1
　　항에 따라 해양폐기물관리업을 등록한 자가 소유
　　한 선박(폐기물해양배출업으로 등록한 선박은 제
　　외한다)
바. 가목부터 마목까지의 규정에 해당하지 아니하는
　　총톤수 20톤 미만의 선박

23 ㉮
해양환경관리법 제64조(오염물질이 배출된 경우의 방
제조치)
① 제63조제1항제1호 및 제2호에 해당하는 자(이하
"방제의무자"라 한다)는 배출된 오염물질에 대하여 대
통령령이 정하는 바에 따라 다음 각 호에 해당하는 조
치(이하 "방제조치"라 한다)를 하여야 한다.
　　1. 오염물질의 배출방지
　　2. 배출된 오염물질의 확산방지 및 제거
　　3. 배출된 오염물질의 수거 및 처리

24 ㉯
선박에서의 오염방지에 관한 규칙 별표3
음식찌꺼기는 영해기선으로부터 최소한 12해리 이상의
해역, 다만 분쇄기 또는 연마기를 통하여 25mm 이하의
개구를 가진 스크린을 통과할 수 있도록 분쇄되거나 연
마된 음식 찌꺼기의 경우 영해기선으로부터 3해리 이상
의 해역에 버릴 수 있다.

25 ㉯
선박에서의 오염방지에 관한 규칙 별표7
3. 폐유저장용기의 비치기준
　가. 기관구역용 폐유저장용기

대상선박	저장용량 (단위:ℓ)
1) 총톤수 5톤 이상 10톤 미만의 선박	20
2) 총톤수 10톤 이상 30톤 미만의 선박	60
3) 총톤수 30톤 이상 50톤 미만의 선박	100
4) 총톤수 50톤 이상 100톤 미만으로 서 유조선이 아닌 선박	200

제4과목 ● 기관

1 ㉯
압축비 = 실린더 부피(1,200) ÷ 압축부피(100)

2 ㉮
압축행정은 피스톤이 하사점에서 상사점으로 올라가는
행정으로, 흡·배기밸브는 닫힌 상태에서 혼합기를 압축
한다. 실린더 내부의 공기는 압축되며 압력이 상승하고
온도가 상승한다. 폭발행정 때 연료가 연소되면서 발생
하는 연소가스의 압력으로 피스톤을 밀어내며, 이 과정
에서 동력이 발생한다.

3 ㉯
라이너의 마멸이 심하면 틈이 생겨 압축이 불량하여 불
완전 연소가 되며, 틈 사이로 연소가스가 크랭크실로 누
설이 된다.

4 ㉯
① 실린더 블록, ② 실린더 라이너, ③ 오링, ④ 냉각수
가 통과하는 통로

5 ㉯
트렁크형 피스톤은 커넥팅 로드가 직접 피스톤핀에 연
결된 것으로 피스톤 로드가 필요하지 않으며, 피스톤 로
드는 크로스헤드형 기관에서 볼 수 있다.

6 ㉮
피스톤링이 새것일 때 장력이 가장 크며, 기간이 늘어날
수록 장력이 떨어진다.

7 ㉯
피스톤은 위아래의 왕복운동을 하고, 크랭크축은 왕복
운동을 회전운동으로 바꾼다.

8 ㉯
플라이 휠은 크랭크축의 회전력을 균일하게 하고, 부하
의 변동에서 일어나는 회전 변동을 줄이며, 저속회전을
가능하게 하고, 기관의 시동을 쉽게 한다.

9 ㉯
연료 핸들을 조정하여 거버너(조속기)에 속도 설정 신
호를 보내 연료 분사량을 조절하여 필요한 회전 속도로
유지시킨다.

10 ㉔
시동용 압축공기는 25∼30kgf/cm² 정도이다.

11 ㉔
대형 디젤 엔진의 시동을 위해 실린더들의 연소 챔버에 압축 시동공기가 제공된다. 시동공기의 온도는 관련이 없다.

12 ㉕
피스톤핀, 크랭크핀 베어링, 메인 베어링은 윤활유가 공급되어야 한다.

13 ㉖
크로스헤드축은 대형기관에 사용된다.

14 ㉕
프로펠러 날개가 절손되었을 경우, 진동이 증가한다.

15 ㉖
회전축의 회전을 억제하는데 마찰브레이크를 사용한다.

16 ㉓
바닥에 고인 물이나 누설된 물을 배출하는 펌프는 빌지 펌프이다.

17 ㉖
선저폐수는 기름과 물 등 여러 오염물질이 혼합되어 있으며 기름여과장치를 사용하여 물과 기름을 분리시킨다.

18 ㉖
병렬등은 발전기에 있다.

19 ㉖
전동기의 명판에는 전동기의 출력, 회전수(RPM), 공급 전압 등이 표시되어 있으며, 전동기의 절연저항은 감전 사고와 전기 화재 예방 등을 위하여 절연저항계(메거)로 측정한다.

20 ㉕
다시 충전하는 전지를 2차 전지라고 하며, 선박에서는 납축전지를 주로 사용한다.

21 ㉖
표준 대기압은 1atm = 760mmHg = 1.03322kgf/cm² = 1.01325bar이다.

22 ㉖
운전 중인 디젤기관이 갑자기 정지하는 경우
• 윤활유의 압력이 너무 낮거나 공급이 원활하지 않은 경우
• 기관 회전수가 위험회전수인 경우
• 연료유의 압력이 너무 낮거나 공급이 원활하지 않은 경우

23 ㉕
디젤기관은 기관의 고장을 예방하고 기관의 성능을 오랫동안 유지하기 위하여 정기적으로 정비를 실시한다.

24 ㉕
연료유의 온도가 높을수록 점도가 낮아지고 부피가 더 커진다.

25 ㉓
드레인밸브를 열어 수분과 침전물을 배출시키고 에어 벤트를 통해 탱크 내의 가스 등을 배출하여 화재가 발생하지 않도록 하며, 레벨 게이지로 탱크 내의 연료유의 양을 확인한다.

실전 모의고사 2회 정답과 해설

제1과목 ● 항해

1 ㉮

캡(cap)은 알루미늄으로 만든 것으로 카드의 중심축 위에 있다.

2 ㉮

제진 세차 운동과 지북 세차 운동이 동시에 일어나는 경사제진식 제품에만 있는 오차로, 적도 지방에서는 오차가 생기지 않으나 그 밖의 지방에서는 오차가 생긴다. 북위도 지방에서는 편동오차, 남위도 지방에서는 편서오차로 위도가 높을수록 증가한다. 이 오차를 위도오차 또는 제진오차라 한다.

3 ㉯

선속계는 선박의 속도를 측정하는 장비를 말한다. 보통 추측 항법 및 접안 시 중요하게 사용된다.

4 ㉰

일반적으로 작동 후 3~4시간 정도 후 0.5도 오차범위 내의 정상상태가 된다. 따라서 사용하기 전 3~4시간 전에 ON시켜 두어야 한다.

5 ㉯

복각이란 나침반의 자침이 수평면과 이루는 각을 의미한다. 자기적도에서는 수평면과 평행하여 복각이 0°가 된다. 그리고 자북극에서는 +90°, 자남극에서는 −90°가 된다.

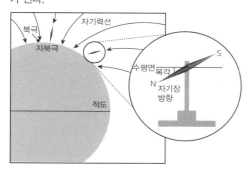

6 ㉯

선박자동식별장치(AIS)는 선박 상호 간, 선박과 육상국 간에 자동으로 정보(선명, 선박의 길이, 흘수 등 명세, 침로, 속력, 목적지, 도착 예정 시간 등)를 교환하여 항행 안전을 도모하고 통항 관제 자료를 제공한다. 선원의 국적은 알 수 없다.

7 ㉯

교차방위법은 항해 중 두 물표 이상의 뚜렷한 물표의 방위를 거의 동시에 측정하고, 해도에 각 물표를 지나는 방위선을 그어 이들이 만나는 점을 선위로 정하는 방법이다.

8 ㉯

천의 축이 천구와 만나는 두 점은 천의 극이라고 한다. 그 중에 북쪽에 있는 것은 천구의 북극, 남쪽에 있는 것을 천구의 남극이라고 한다.

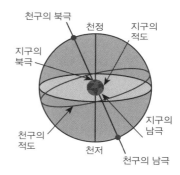

9 ㉰

거울면 반사에 의한 거짓상은 안벽이나 고층 빌딩과 같이 매끄러운 거울면에 전파가 반사되어 거짓상이 생기는 것이다.

10 ㉯

레이더 화면에서 레인지 링(range rings)의 중심은 자선이 위치하게 된다.

11 ㉯

해도에 표기하는 수심기준면과 높이기준면을 총칭하여 해도기준면(chart datum)이라 한다. 수심 및 간출암 높이는 약최저저조면이 기준이고, 노출암·등대 높이는 평균해면이 기준면이다. 그리고 해상교량·케이블 높이 및 해안선은 약최고고조면이 기준면이다.

12 [가]

저질의 종류

Cy	점토	St	돌
M	뻘	R	암반
S	모래	Sh	조개 껍질
G	자갈	Co	산호

13 [아]

항로지(passage pilot)는 선박이 항해하거나 정박할 경우에 필요한 각종 해양과 항만관련정보를 수록한 항로안내서를 말하며, 수로지(水路誌)라고도 한다.

14 [나]

조시 및 조고와 같은 조석에 관한 정보는 조석표를 통하여 알 수 있다.

15 [아]

등부표와 같은 항로표지 정보는 등대표에 수록되어 있다. 등대표는 항로표지의 번호, 명칭, 위치, 등질, 등고, 광달거리, 도색, 구조 등의 정보가 기재되어 있다.

16 [아]

다이어프램 폰은 전자력에 의해 발음판을 진동시켜 취명한다.

17 [아]

등화에서 사용되는 색깔은 일반적으로 백색, 홍색, 녹색, 황색의 4종류이다. 보라색(자색)은 등색에 해당되지 않는다.

18 [아]

용도와 축척에 따른 해도의 종류

- 총도 : 지구상 넓은 구역을 한 도면에 수록한 해도로, 원거리 항해와 항해 계획을 세울 때 사용하며, 축척은 1/400만보다 소축척으로 제작한다.
- 항양도 : 원거리 항해 시 주로 사용되며 먼 바다의 수심, 주요 등대·등부표 및 먼 바다에서도 볼 수 있는 육상의 목표물들이 도시되어 있고, 축척은 1/100만보다 소축척으로 제작한다.
- 항해도 : 육지를 멀리서 바라보며 안전하게 항해할 수 있게끔 사용되는 해도로, 1/30만보다 소축척으로 제작한다.
- 해안도 : 연안 항해용으로 연안을 상세하게 표현한 해도로, 우리나라 연안에서 가장 많이 사용되며, 축척은 1/3만보다 작은 소축척으로 제작한다.
- 항박도 : 항만, 투묘지, 어항, 해협과 같은 좁은 구역을 대상으로 선박이 접안할 수 있는 시설 등을 상세히 표시한 해도로. 1/3만 이상 대축척으로 제작한다.

19 [사]

일출 시간은 천측력을 통하여 알 수 있다.

20 [사]

해저의 지형을 표현하기 위하여 같은 깊이의 수심을 가진 지점을 연결한 선을 말한다. 해도 등심선은 항해안전을 위해 얕은 수심이 포함되도록 선을 그린다.

21 [사]

제한된 시계란 안개·연기·눈·비·모래바람, 그 밖에 이와 비슷한 사유로 시계가 제한되어 있는 상태를 말한다.

22 [아]

대륙성 고기압은 겨울철에 대륙 위에 형성되는 고기압(시베리아 고기압)이다.

23 [아]

1984년부터 SI단위계의 단위인 헥토파스칼로 정해졌으나, 수치적으로는 똑같으며 지금도 일상적으로는 밀리바가 쓰인다.

24 [사]

항해 계획을 수립할 시에는 계획된 항해와 관련된 모든 정보를 검토한 후 적절한 축척을 가진 해도상에 계획된 항로를 플로팅하여 검토한 후 대축척 해도에 항로를 작도하여야 하며 항해 계획을 상세히 포함하여 항해 계획표(passage plan)를 작성하여야 한다. 항해 계획은 반드시 항해 개시 전에 본선 선장의 승인을 받아야 한다.

25 [아]

선박이 통항하는 항로, 속력 및 그 밖에 선박 운항에 관한 사항을 지정하는 제도로, 해상교통안전법에 따라 그 내용을 해도에 표기한다.

제2과목 ☀ 운용

1 ④

해치(hatch)는 화물선 상갑판에서 선내에 짐을 적재하거나 또는 짐을 부리기 위한 큰 개구부이다.

2 ㉚

캠버(camber)는 선체중심선 부분이 양현보다 높아 갑판이 위로 볼록하게 휘어진 형태이다.

3 ④

트림은 배가 선수미 방향의 어느 쪽으로 기우는 것을 말한다. 후부흘수가 전부흘수보다 큰 것을 선미트림, 전부흘수가 후부흘수보다 큰 것을 선수트림이라 하며, 전부흘수와 후부흘수가 같은 것을 등흘수(even keel)라 한다.

4 ④

빌지 웰(bilge well)은 이중저 형식의 선박에서 선박 내 또는 기관실 내에서 발생한 각종 오수들을 모으기 위해 선체 좌우 현 하부 구석에 만든 상자형의 수밀 구획이다.

5 ㉚

수선간장이란 계획만재흘수선상의 선수재 전면으로부터 타주 후면까지의 수평거리를 말한다. 만약 타주가 없는 선박이라면 계획만재흘수선상의 선수재 전면으로부터 타두 중심까지의 수평거리이다.

6 ㉚

순톤수는 선박의 크기를 부피로 나타내는 용적톤수, 선박 내부의 용적 전체에서 기관실·갑판부 등을 제외하고 선박의 직접 상행위에 사용되는 장소의 용적만을 환산하여 표시한 톤수이다.

7 ㉚

희석제, 시너(thinner)는 도장을 할 때 도료의 점성도를 낮추기 위해 사용하는 혼합용제이다.

8 ㉚

보온복(보온구)은 선박의 구명정, 구조정 또는 구명뗏목에 비치되는 의장품의 하나로 착용자의 신체로부터 대류나 기화에 의한 열 손실을 감소시키기 위하여 열전도율이 작은 방수재로 만들어진 포대기 또는 옷을 말한다.

9 ④

사람이 떨어진 경우 익수자가 프로펠러에 빨려 들어가는 것을 방지하기 위해 즉시 익수자 측으로 전타해야 한다. 이 경우 킥(kick) 현상에 의해 선미 쪽이 익수자로부터 멀어지게 된다.

10 ④

구명뗏목은 선박이 침몰하여 수면 아래 4미터 정도에 이르면 수압에 의하여 선박에서 자동 이탈되어 조난자가 탈 수 있도록 압축가스에 의해 펼쳐지는 구명설비이다.

11 ④

해상이동업무 식별번호(MMSI)는 전화번호와 같은 역할을 하는 것으로 모든 선박국과 육상국에 부여되며 9개의 숫자로 구성된다. 초단파(VHF), 중단파(MF/HF) 무선설비에 입력되어 있어 이 번호로 개별 호출이 가능하며 선박자동식별장치(AIS), 비상위치표시 전파표지(EPIRB)에서 선박 식별부호로 사용된다. 앞에서부터 3자리는 선박이 속한 국가 또는 지역을 나타내며 우리나라의 경우 440 또는 441로 지정되어 있다.

12 ㉮

신호 홍염(hand flare)은 야간용 신호 장비로, 사람이 손에 들고 사용하며 붉은색의 화염을 1분 이상 연속하여 발생한다.

13 ㉮

VHF의 송신 최대출력은 25W이고 항만에 접안하여 경우에 따라서는 1W로 낮추기도 한다.

14 ④

평수구역을 항해하는 총톤수 2톤 이상의 선박에는 초단파(VHF) 무선설비를 반드시 설치해야 한다.

15 ㉮

선박의 조종에 기온은 영향을 주는 주된 요소가 아니다.

16 ④

정지상태에서 우 타각인 상황에서 후진하는 경우 흡입류에 의한 직압력은 선미를 우현 방향으로 밀게 되므로 선수는 좌회두 한다.

17 [아]

천수 구역에서는 타효가 나빠지고 선체 저항이 증가하여 선회권이 커지게 된다.

18 [가]

선박의 정박지로 가장 좋은 저질은 펄 또는 점토이다.

19 [가]

선용품의 선적은 선박의 선용품 크레인이나 다른 안전한 장비로 실시하여야 하며 계선줄과 관련이 없다.

20 [아]

전속 전진 중의 선박이 선회하면 선회 가속도는 증가한다.

21 [사]

협수로 항해 시 유의사항

- 소각도로 나누어 여러 차례 변침하는 것이 좋다.
- 선수미선과 조류의 유선이 일치되도록 조종한다.
- 조류는 역조 때에는 정침이 잘되나 순조 때에는 정침이 어렵다.
- 언제든지 닻을 사용할 수 있도록 준비해 준다.

22 [사]

황천 항해의 경우 높은 파도로 인해 선체에 강한 힘이 가해지게 된다. 화물을 많이 싣거나 한곳에 집중하여 싣는 경우 선체가 견디지 못하고 파손될 수 있으므로 화물의 무게가 고르게 분포되도록 하여야 한다. 또한, 복원성을 높이기 위해 무게 중심을 낮게 해야 하는데 이를 위해 무거운 화물을 선저에 싣고 상갑판에는 화물을 싣지 않아야 한다.

23 [사]

강한 바람과 높은 풍랑이나 너울로 선속이 저하될 수 있지만 수온과 선속은 관련이 없다.

24 [아]

임의 좌주(beaching)는 선체 손상이 매우 커서 침몰 직전에 이르게 되면 선체를 적당한 해안에 고의적으로 좌초시키는 것이다.

25 [가]

기관의 노후는 기계 장비의 원인이지 인적과실과는 관련이 없다.

제3과목 법규

1 [나]

해사안전법 제2조(정의)

8. "고속여객선"이란 시속 15노트 이상으로 항행하는 여객선을 말한다.

2 [사]

해사안전법 제2조(정의)

13. 조종제한선이란 다음 각 목의 작업과 그 밖에 선박의 조종성능을 제한하는 작업에 종사하고 있어 다른 선박의 진로를 피할 수 없는 선박을 말한다.
  가. 항로표지, 해저전선 또는 해저 파이프라인의 부설·보수·인양 작업
  나. 준설·측량 또는 수중 작업
  다. 항행 중 보급, 사람 또는 화물의 이송 작업
  라. 항공기의 발착작업
  마. 기뢰 제거작업
  바. 진로에서 벗어날 수 있는 능력에 제한을 많이 받는 예인작업

3 [가]

해사안전법 제11조(거대선 등의 항행안전확보 조치)

해양경찰서장은 거대선, 위험화물운반선, 고속여객선, 그 밖에 해양수산부령으로 정하는 선박이 교통안전특정해역을 항행하려는 경우 항행안전을 확보하기 위하여 필요하다고 인정하면 선장이나 선박소유자에게 다음 각 호의 사항을 명할 수 있다.

1. 통항시각의 변경
2. 항로의 변경
3. 제한된 시계의 경우 선박의 항행 제한
4. 속력의 제한
5. 안내선의 사용

4 [가]

두 선박이 2개의 마스트등이 일직선으로 또는 양쪽 현등을 모두 볼 수 있는 경우 두 선박은 마주치는 상태이다.

5 [가]

선박은 다른 선박과 충돌을 피하기 위하여 침로나 속력을 변경할 때에는 될 수 있으면 다른 선박이 그 변경을 쉽게 알아볼 수 있도록 충분히 크게 변경하여야 하며, 침로나 속력을 소폭으로 연속적으로 변경하여서는 아니 된다.

6 ㉣

안전한 속력을 결정할 때 고려 사항
- 시계의 상태
- 해상교통량의 밀도
- 선박의 정지거리·선회성능, 그 밖의 조종성능
- 야간의 경우에는 항해에 지장을 주는 불빛의 유무
- 바람·해면 및 조류의 상태와 항행장애물의 근접상태
- 선박의 흘수와 수심과의 관계
- 레이더의 특성 및 성능
- 해면상태·기상, 그 밖의 장애요인이 레이더 탐지에 미치는 영향
- 레이더로 탐지한 선박의 수·위치 및 동향

7 ㉑

술에 취한 상태의 기준은 혈중알코올농도 0.03퍼센트 이상으로 한다.

8 ㉑

해사안전법 제73조(횡단하는 상태)
2척의 동력선이 상대의 진로를 횡단하는 경우로서 충돌의 위험이 있을 때에는 다른 선박을 우현 쪽에 두고 있는 선박이 그 다른 선박의 진로를 피하여야 한다. 이 경우 다른 선박의 진로를 피하여야 하는 선박은 부득이한 경우 외에는 그 다른 선박의 선수 방향을 횡단하여서는 아니 된다.

9 ㉣

모든 선박은 자기 배의 침로를 유지하는 데에 필요한 최소한으로 속력을 줄여야 한다. 이 경우 필요하다고 인정되면 자기 선박의 진행을 완전히 멈추어야 하며, 어떠한 경우에도 충돌할 위험성이 사라질 때까지 주의하여 항행하여야 한다.

10 ㉣

흘수제약선은 동력선의 등화에 덧붙여 가장 잘 보이는 곳에 붉은색 전주등 3개를 수직으로 표시하거나 원통형의 형상물 1개를 표시할 수 있다.

11 ㉣

삼색등은 해사안전법상 항행 중인 길이 20미터 미만의 범선이 현등 1쌍과 선미등을 대신하여 표시할 수 있는 등화로, 흰색, 녹색, 붉은색으로 구성되어 있다.

12 ㉮

정박하고 있는 선박은 가장 잘 보이는 곳에 다음 각 호의 등화 또는 형상물을 표시하여야 한다.
  1. 앞쪽에 백색의 전주등 1개 또는 둥근꼴의 형상물 1개

  2. 선미 또는 그 부근에 제1호의 규정에 의한 등화보다 낮은 위치에 백색의 전주등 1개

13 ㉮

섬광등은 360도에 걸치는 수평의 호를 비추는 등화로, 일정한 간격으로 1분에 120회 이상 섬광을 발하는 등이다.

14 ㉣

해사안전법 제92조(조종신호와 경고신호)
항행 중인 동력선이 서로 상대의 시계 안에 있는 경우에 이 법의 규정에 따라 그 침로를 변경하거나 그 기관을 후진하여 사용할 때에는 다음 각 호의 구분에 따라 기적신호를 행하여야 한다.

15 ㉮

해사안전법 제93조(제한된 시계 안에서의 음향신호)
① 시계가 제한된 수역이나 그 부근에 있는 모든 선박은 밤낮에 관계없이 다음 각 호에 따른 신호를 하여야 한다.
  1. 항행 중인 동력선은 대수속력이 있는 경우에는 2분을 넘지 아니하는 간격으로 장음을 1회 울려야 한다.
  8. 길이 12미터 미만의 선박은 제1호부터 제7호까지의 규정에 따른 신호를, 길이 12미터 이상 20미터 미만인 선박은 제5호부터 제7호까지의 규정에 따른 신호를 하지 아니할 수 있다. 다만, 그 신호를 하지 아니한 경우에는 2분을 넘지 아니하는 간격으로 다른 유효한 음향신호를 하여야 한다.

16 ㉮

선박의 입항 및 출항 등에 관한 법률 제1조(목적)
이 법은 무역항의 수상구역 등에서 선박의 입항·출항에 대한 지원과 선박운항의 안전 및 질서 유지에 필요한 사항을 규정함을 목적으로 한다.

17 ㉮

선박의 입항 및 출항 등에 관한 법률 제5조(정박지의 사용 등)
  ② 무역항의 수상구역등에 정박하려는 선박(우선피항선은 제외한다)은 제1항에 따른 정박구역 또는 정박지에 정박하여야 한다. 다만, 해양사고를 피하기 위한 경우 등 해양수산부령으로 정하는 사유가 있는 경우에는 그러하지 아니하다.
  ③ 우선피항선은 다른 선박의 항행에 방해가 될 우려가 있는 장소에 정박하거나 정류하여서는 아니 된다.
  ④ 제2항 단서에 따라 정박구역 또는 정박지가 아닌 곳에 정박한 선박의 선장은 즉시 그 사실을 관리청에 신고하여야 한다.

18 ㉯

정박은 선박이 해상에서 닻을 바다 밑바닥에 내려놓고 운항을 멈추는 것이고, 정류는 선박이 해상에서 일시적으로 운항을 멈추는 것이다. 계류는 선박을 다른 시설에 붙들어 매어 놓는 것이고, 계선은 선박이 운항을 중지하고 정박하거나 계류하는 것이다.

19 ㉺

예인선은 한꺼번에 3척 이상의 피예인선을 끌지 아니하여야 한다.

20 ㉮

무역항의 수상구역등에 입항하는 선박이 방파제 입구 등에서 출항하는 선박과 마주칠 우려가 있는 경우에는 방파제 밖에서 출항하는 선박의 진로를 피하여야 한다.

21 ㉯

관리청은 무역항의 수상구역등에 정박하는 선박의 종류·톤수·흘수 또는 적재물의 종류에 따른 정박구역 또는 정박지를 지정·고시할 수 있다.

22 ㉮

예인선에 결합되어 운항하는 압항부선은 우선피항선에 제외한다.

23 ㉺

해양환경관리법 제30조(선박오염물질기록부의 관리)
② 선박오염물질기록부의 보존기간은 최종기재를 한 날부터 3년으로 하며, 그 기재사항·보존방법 등에 관하여 필요한 사항은 해양수산부령으로 정한다.

24 ㉺

해양환경관리법상 폐기물은 해양에 배출되는 경우 그 상태로는 쓸 수 없게 되는 물질로서 해양환경에 해로운 결과를 미치거나 미칠 우려가 있는 물질을 말하며, 이 중 기름, 유해액체물질, 포장유해물질은 제외한다.

25 ㉮

해양환경관리법 제64조(오염물질이 배출된 경우의 방제조치)
① 제63조제1항제1호 및 제2호에 해당하는 자(이하 "방제의무자"라 한다)는 배출된 오염물질에 대하여 대통령령이 정하는 바에 따라 다음 각 호에 해당하는 조치(이하 "방제조치"라 한다)를 하여야 한다.
1. 오염물질의 배출방지
2. 배출된 오염물질의 확산방지 및 제거
3. 배출된 오염물질의 수거 및 처리

---

1 ㉻

$1kW = 102kgf \cdot m/s = 860kcal$

2 ㉮

마이크로미터는 물체의 외경, 두께, 내경, 깊이 등을 마이크로미터(μm) 정도까지 측정할 수 있는 게이지이며, 피스톤링의 마멸 정도는 외경 마이크로미터로 측정한다.

3 ㉮

오일 스크레퍼 링(oil scraper ring)은 실린더 라이너 내벽의 윤활유가 연소실로 들어가지 못하도록 긁어내리고 윤활유를 라이너 내벽에 고르게 분포시키며, 피스톤의 하부에 1∼2개를 설치한다.

4 ㉯

디젤기관의 운전 중 냉각수 계통에서 기관의 입구 압력과 기관의 출구 온도를 주의해서 관찰해야 한다.

5 ㉺

선박의 축계장치는 추력축과 추력베어링, 중간축, 중간 베어링, 추진기축, 선미관, 추진기로 구성되며, 가장 뒤쪽에 설치된 축은 추진기축이다. 추력베어링(thrust bearing)은 선체에 부착되어 있으며, 추력 칼라의 앞과 뒤에 설치되어 프로펠러로부터 전달되어 오는 추력을 추력 칼라에서 받아 선체에 전달하여 선박을 추진시키는 역할을 한다.

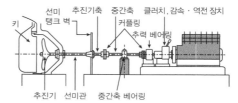

6 ㉯

압축비가 클수록 압축압력은 높아지는데, 압축비를 크게 하려면 압축부피를 작게 하거나 피스톤의 행정을 길게 해야 한다.
• 압축비 = 실린더부피 ÷ 압축부피
• 압축비 = 1,200 ÷ 100

7　㉮

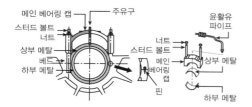

메인 베어링(main bearing)은 기관 베드 위에 있으면서 크랭크 저널에 설치되어 크랭크축을 지지하고, 회전이 잘 될 수 있도록 주유구를 통해 윤활유를 공급하며 회전 중심을 잡아주는 역할을 한다. 대부분 상·하 두 개로 나누어진 평면 베어링(plane bearing)을 사용하며, 구조는 그림과 같이 기관 베드 위의 평면 베어링에 상부 메탈과 하부 메탈을 넣고 베어링 캡으로 눌러서 스터드 볼트로 죈다.

8　㉂

디젤기관의 흡·배기밸브의 틈새 조정을 위해 필러 게이지(틈새 게이지)를 사용한다. 필러 게이지는 틈새를 측정하는 게이지이고, 내경 마이크로미터는 물체의 내경을 마이크로미터(μm) 정도까지 측정할 수 있는 기구이고, 버니어캘리퍼스는 물체의 길이, 깊이, 내경, 외경 등을 측정하는 용도로 사용한다.

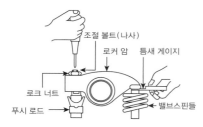

9　㉮

윤활유를 오래 사용할 경우 색상이 검게 변하고 점도가 높아져 윤활이 어렵다. 침전물이 많아져서 윤활 부분이 손상되고 혼입수분이 많아져 윤활이 어렵다.

10　㉂

실린더 라이너의 마멸이 기관에 미치는 영향으로는 압축공기의 누설로 압축압력이 낮아지고 기관 시동이 어려워진다. 옆샘에 의한 윤활유의 오손 및 소비량이 증가하고, 불완전 연소에 의한 연료 소비량이 증가한다. 열효율이 저하되고 기관 출력은 감소한다.

11　㉯

캠축에 설치된 원심추에 작용하는 원심력의 변화를 연료래크에 전달하여 연료분사펌프의 연료 분사량을 조절한다.

12　㉃

과급기(supercharger)는 연소에 필요한 공기를 대기압 이상의 압력으로 압축하여, 밀도가 높은 공기를 실린더 내에 공급하여 연료를 완전 연소시킴으로써 평균 유효 압력을 높여 기관의 출력을 증대시키는 장치이다. 따라서 디젤기관에서 실린더 내로 흡입되는 공기의 압력이 낮을 때에는 과급기의 공기 필터를 깨끗이 청소해야 한다.

13　㉃

추력축은 주기관과 중간축 사이 즉, 프로펠러 축의 선수측에서 주기관이 회전운동을 중간축에 전달하고, 중간축을 거쳐서 발생하는 추력이 주기관에 미치지 않게 차단하며, 추력 베어링을 통하여 선체에 전달한다.

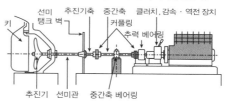

14　㉯

프로펠러의 날개가 절손되거나 손상되었거나 또는 수면에 노출되어 출력이 일정하지 않은 경우 선체에 진동이 발생한다. 또한, 프로펠러에 로프나 폐기물 등 이물질이 감기는 경우에도 선체 진동이 발생한다.

15　㉯

주기관은 선체를 직접 추진할 수 있는 기계이고, 보조기계는 주기관을 제외한 선내의 모든 기계이다.

16　㉯

전지의 직렬 연결	전지의 병렬 연결
연결한 전지의 개수에 비례한다.	전지 1개의 전압과 같다.
전체 전압(V) = V1 + V2 + V3	전체 전압(V) = V1 = V2 = V3

17 ㉒
양묘기는 배의 닻을 감아올리고 내리는 데 사용하는 장치이다. 양묘기는 구동 전동기, 회전드럼, 제동장치로 구성되어 있다.

18 ㉔
- 회전차는 펌프의 내부로 들어온 액체에 원심력을 작용시켜 액체를 회전시키는 것이다.
- 베어링은 회전체의 자체 무게와 스러스트 하중을 지지하여 일정 위치에서 회전되도록 하는 역할이다.
- 마우스링은 회전차에서 송출되는 액체가 흡입구 쪽으로 역류하는 것을 방지하기 위해서 케이싱과 회전차 입구 사이에 설치하는 것이다.
- 글랜드패킹은 회전축의 누설을 적게 하는 밀봉법에 사용되는 패킹이다.

19 ㉮
암페어시(Ah)는 1암페어의 전류가 1시간 동안 흐르는 전기량을 말하며, 납축전지의 용량으로도 쓰인다.

20 ㉔
납축전지에서 양극의 표시는 +, P, 적색으로 표시하며, 음극은 −, 검정색으로 표시한다.

21 ㉔
주기관의 온도 변화에 의한 손상 방지 및 윤활 그리고 기관을 검사, 수리 등을 하기 위하여 플라이 휠에 터닝기어를 삽입하여 운전 속도보다 훨씬 늦은 속도로 기관을 서서히 회전시키는 것을 터닝이라고 한다.

22 ㉯
윤활유에 물이 다량 섞이면 윤활유의 압력이 평소보다 내려가며, 점도가 저하되어 유막생성이 곤란하게 된다.

23 ㉔
소형 디젤기관에서 전기시동은 전동기를 작동시켜 시동한다. 이때 전동기의 전원이 되는 배터리와 전선, 전동기가 정상상태여야 한다. 압축공기는 중대형 디젤기관에서 시동 시 사용하므로 소형 디젤기관의 전기시동과는 관련이 없다.

24 ㉮
비중은 물질의 고유 특성으로 기준이 되는 물질의 밀도에 대한 상대적인 비이다.
0.9:1L = x : 200L
x = 180kgf

25 ㉯
연료 탱크는 연료를 저장하는 장소이다.
- 연료유보다 비중이 크다 → 연료유보다 무겁다 → 가라앉는다
- 연료유가 가는 순서 : 연료탱크 → 연료펌프 → 여과기 → 분사밸브

면접

>> 면제요건 관련

2톤 이상 선박에서 4년 이상의 승선 경력 소지자는 2가지 면제요건 중 선택할 수 있습니다.

면제요건	교육이수	비고
필기시험 일부 과목 면제	과목 면제교육(2일)	면제요건 : 필기시험 일부 과목 면제
필기시험 면제(면접)	필기 면제교육(3일)	면접 접수

필기시험 면제요건에 해당하는 경우 필기 면제교육을 이수하고 면접시험으로 소형선박조종사 면허를 취득하는 것이 가능합니다. 승선 경력이 있는 만큼 필기시험에 출제된 문제를 포함하여 항해, 기관과 관련된 선박의 안전운항을 담은 기초적인 내용부터 소형선박조종사 직무에 필요한 다양한 분야를 범위로 문제가 출제됩니다. 이 파트에서는 소형선박조종사 면접과 관련된 대답 요령을 익히기 위해 대표적 항목만을 선정하여 제시해 드립니다. 면접시험으로 합격하기 위해서는 기초적인 내용을 중심으로 선박의 안전운항과 소형선박조종사의 역할에 대하여 많이 고민하고 충분히 학습하실 것을 권고드립니다.

소형선박조종사 면접시험의 경우 항해 면접관과 기관 면접관 2명이 2~3명의 수험생을 교차로 동시에 진행합니다. 시험과목 4과목(항해, 운용, 법규, 기관) 중 각 과목에서 2~4문제를 무작위로 질문하여 문항별로 평가를 하게 됩니다. 면접위원마다 100점을 만점으로 하여 평균 60점 이상을 득점하여야 합격하게 됩니다.

>> 학습 방법

면접시험에는 각 과목의 기초적이고도 실무적인 내용 중심의 질문이 중심을 이루게 됩니다. 선박의 안전운항과 소형선박조종사의 역할에 대한 문항이 많이 출제되니 핵심이론을 참고하여 학습하시기 바랍니다. 대답은 승선 기간 중 경험을 토대로 하여 10초 내외로 짧고 간결하게 하는 것이 가장 좋습니다. 한 문항에 대하여 단편적인 대답을 하는 경우 보충 질문을 하는 경우도 있으니 자세한 내용까지 요약하여 학습하시기 바랍니다.

또한, 면접은 대답의 수와 정확도에 따라 부분 점수가 부여됩니다. 학습한 부분에 대해서는 긴장하지 말고 최대한 대답할 수 있도록 노력해 보세요.

Chapter ① 항해 예상 문제

Q-1 선내 자기 컴퍼스에 발생하는 현상인 편차에 대하여 설명하시오.

A-1 지구의 지자기의 북극이 지극의 북극과 같은 위치에 있지 않아 발생하는 오차입니다. 자북과 진북의 교각을 계산하여 구합니다.

Q-1-1 그렇다면 자차는 무엇이고 자차가 발생하는 원인은 무엇인지 설명하시오.

A-1-1 자차는 지자기의 북인 자북과 선내 나침반이 나타내는 나북의 교각을 말합니다. 이것은 선박의 자기장과 컴퍼스 주변의 철기류의 영향을 받아 발생합니다.

Q-1-2 편차는 어떻게 구할 수 있는지 설명하시오.

A-1-2 항해하는 해도에서 선박 위치에 가장 가까이에 위치한 나침도를 보고 구할 수 있습니다.

Q-2 선박 항해에서 사용하는 용어인 '노트'는 무엇을 의미하는지 설명하시오.

A-2 1시간에 1해리(1,852m)를 항해하는 속력의 단위입니다.

Q-2-1 '12노트'의 속력으로 한 시간에 얼마의 거리를 항주할 수 있는지 말하시오.

A-2-1 1시간에 12해리(약 22km)를 항주할 수 있는 속력입니다.

Q-3 조석과 조류가 무엇인지 설명하시오.

A-3 조석은 바닷물의 주기적인 승강으로 인한 수직적인 움직임을 말하는 것이고, 조류는 조석 현상에 의한 바닷물의 수평적인 흐름을 말합니다.

Q-3-1 조석의 고조와 저조가 무엇인지 설명하시오.

A-3-1 조석현상에서 바닷물이 가장 높아진 상태를 고조라 하고, 가장 낮아진 상태를 저조라고 합니다.

Q-3-2 정조가 무엇인지 설명하시오.

A-3-2 정조는 고조 또는 저조의 전후로, 바닷물의 높낮이 변화가 거의 없고 조류의 흐름도 거의 멈춘 상태를 말합니다.

Q-4 해도에 표시된 높이와 수심의 기준면으로, 다음 그림에 나타낸 '나', '다'는 무엇인지 말하시오.

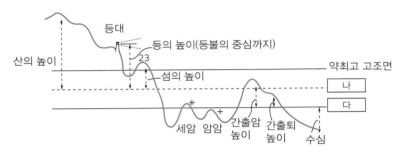

A-4 (나)는 평균수면, (다)는 기본수준면입니다.

Q-4-1 평균수면과 기본수준면의 각 의미를 설명하시오.

A-4-1 평균수면은 일정 기간 조석을 관측하여 산술평균한 높이를 기본수준면 기준으로 보정한 것을 말합니다. 기본수준면은 일정 기간 조석을 관측하여 분석한 결과 가장 낮은 해수면을 말하며 약최저저조면이라고도 합니다.

Q-5 다음 항로표지의 명칭과 의미를 설명하시오.

A-5 고립장해표지입니다. 이것은 선박이 통항할 수 있는 해역 내에서 항행에 위험이 될 수 있는 고립된 장해물을 표시합니다.

Q-5-1 안전수역표지의 용도와 두표 그리고 표체 색깔에 대하여 설명하시오.

A-5-1 안전수역표지는 모든 주위가 항해가 가능한 수역임을 알려주는 표지로, 항로의 중앙이나 회전구역의 중심을 표시하기도 합니다. 두표는 빨간색 구형 1개이고 표체는 홍색과 백색의 세로선입니다.

Q-1 트림에 대하여 설명하시오.

A-1 트림은 선수와 선미간의 흘수 차이로, 선박의 길이 방향으로 기울어진 상태를 나타냅니다.

Q-1-1 일반적인 항해 때 트림 상태와 그 특성에 대하여 설명하시오.

A-1-1 일반적으로 항해할 때는 선미 트림을 유지합니다. 선박의 중심이 후방으로 이동하여 선체의 뒷부분의 안전성이 증가하며, 선박 추진 효율을 극대화할 수 있습니다.

Q-2 선박의 부식과 오손에 대하여 설명하시오.

A-2 부식은 전기나 화학적인 원인에 의하여 녹이 발생하는 것이고, 오손은 물에 잠겨 있는 선체에 조개류나 해조류 등이 부착하는 현상입니다.

Q-2-1 강철선에서 녹이 발생하는 것을 방지하는 방법을 3가지 이상 말하시오.

A-2-1 ① 방청용 페인트나 구리스 등을 발라서 습기의 접촉을 차단한다.
② 부식이 심한 장소의 파이프는 아연 또는 주석 도금을 한다.
③ 철보다 이온화 경향이 큰 아연판을 부착하여 이온화 침식을 방지한다.
④ 일반 화물선에서는 건조한 공기의 강제 통풍에 의하여 화물창 내의 습도를 줄인다.
⑤ 유조선에서는 탱크 내에 불활성 가스를 주입하여 선체 방식에 효과가 있다.

Q-3 선박이 항주할 때에 받는 저항 3가지 이상을 말하시오.

A-3 ① 조와저항 ② 마찰저항 ③ 조파저항 ④ 공기저항

Q-3-1 선박이 항주할 때에 받는 저항 중 가장 큰 저항은 무엇인가?

A-3-1 마찰저항입니다. 마찰저항은 선체가 물이 접하고 있는 모든 면에 물의 부착력이 작용하여 선박의 진행을 방해하는 힘으로 전체 저항의 저속선의 경우 70~80% 정도를 차지합니다.

Q-4 화재의 종류를 구분하여 설명하시오.

A-4 ① A급 화재 : 일반 화재
② B급 화재 : 유류 화재
③ C급 화재 : 전기 화재
④ D급 화재 : 금속 화재
⑤ E급 화재 : 가스 화재

Q-4-1 선교 항해장비에 화재가 발생하였을 때 어떤 소화기를 사용하는 것이 가장 적절한가? 또한 그 이유는 무엇인지 설명하시오.

A-4-1 선교 항해장비에 화재가 발생한 경우 전기 화재인 경우가 많아 즉시 전기 공급을 차단하고 이산화탄소 소화기를 사용하는 것이 좋습니다. 왜냐하면 드라이 파우더나 폼 소화기를 사용하는 경우 전기 회로가 손상되어 더 이상 복구가 불가하지만, 이산화탄소 소화기를 사용하는 경우 잔여물이 남지 않아 복구할 수 있는 가능성이 높아지기 때문입니다.

Q-1   해사안전법상 거대선이란?

A-1   200미터 이상의 선박을 말합니다.

Q-2   안전한 속력을 결정할 때 고려해야 하는 사항을 5가지 이상 말하시오.

A-2   ① 시계의 상태
　　　　② 해상교통량의 밀도
　　　　③ 선박의 정지거리·선회성능, 그 밖의 조종성능
　　　　④ 야간의 경우에는 항해에 지장을 주는 불빛의 유무
　　　　⑤ 바람·해면 및 조류의 상태와 항행장애물의 근접상태
　　　　⑥ 선박의 흘수와 수심과의 관계
　　　　⑦ 레이더의 특성 및 성능
　　　　⑧ 해면상태·기상, 그 밖의 장애요인이 레이더 탐지에 미치는 영향
　　　　⑨ 레이더로 탐지한 선박의 수, 위치 및 동향

Q-3   해상교통안전법에서 '유지선'이란 무엇인지 설명하시오.

A-3   두 척의 선박 중 한 척의 선박이 다른 선박의 진로를 피해야 할 경우 한 선박은 침로와 속력을 유지하여야 하는데, 이 선박을 유지선이라고 합니다.

Q-3-1   (가)와 (나) 중에서 유지선은 어떤 선박입니까?

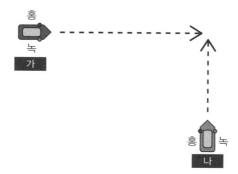

A-3-1   상대선의 녹등을 보고 있는 (나)가 유지선입니다.

Q-3-2 유지선의 항해 원칙에 관하여 설명하시오.

A-3-2 유지선 침로와 속력을 유지하여야 하지만 피항선이 적절한 조치를 취하고 있지 않다고 판단하면 스스로의 조종만으로 피항선과 충돌하지 아니하도록 조치를 취할 수 있습니다. 이 경우 유지선은 부득이하다고 판단하는 경우 외에는 자기 선박의 좌현 쪽에 있는 선박을 향하여 침로를 왼쪽으로 변경하여서는 안 됩니다.

Q-4 조종불능선은 무엇인지 설명하시오.

A-4 선박의 조종성능을 제한하는 고장이나 그 밖의 사유로 조종을 할 수 없게 되어 다른 선박의 진로를 피할 수 없는 선박을 말합니다. 추진기나 조타장치가 고장난 경우가 여기에 해당됩니다.

Q-4-1 조종불능선이 표시해야 할 주간 형상물과 야간 등화에 대하여 설명하시오.

A-4-1 조종불능선의 주간 형상물은 수직의 검은색 구형 2개이고, 야간 등화는 수직의 붉은색 전주등 2개입니다.

Q-4-2 조종불능선이 대수속력이 있는 경우 덧붙이는 등화에 대하여 설명하시오.

A-4-2 마스트등 1개, 현등 1쌍 그리고 선미등 1개를 켜야 합니다.

Q-5 선박의 입항 및 출항 등에 관한 법률상 방파제 부근에서 서로 마주치는 경우 어떻게 항해하여야 하는지 설명하시오.

A-5 입항하는 선박이 방파제 입구 등에서 출항하는 선박과 마주칠 우려가 있는 경우에는 방파제 밖에서 출항하는 선박의 진로를 피하여야 합니다.

Q-1 기관의 운전 중 냉각수의 온도를 확인하는 계기는 다음 중 어느 것인가?

(1) 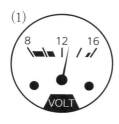 (2) 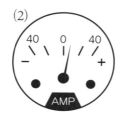 (3)  (4)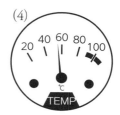

A-1 (4) TEMP 계기입니다.

Q-1-1 (3) 계기를 통하여 알 수 있는 기관의 상태는 무엇인지 설명하시오.

A-1-1 기관 운전 중 윤활유의 압력을 확인할 수 있습니다.

Q-1-2 기관의 시동 전 배터리의 전압을 확인하는 계기는 다음 중 어느 것인가?

A-1-2 전압은 (1) 멀티테스터 계기로 확인하며, 전압의 단위는 [V]입니다.

Q-2 디젤기관의 연소실을 구성하는 부품은 어떤 것들이 있는지 설명하시오.

A-2 실린더 헤드와 피스톤 헤드 그리고 실린더로 연소실이 구성됩니다.

Q-2-1 디젤기관의 플라이 휠의 역할을 설명하시오.

A-2-1 여러 개의 실린더에서 만들어 내는 힘을 관성을 이용해 동일하게 만들어주는 역할을 합니다.

Q-3 기관 운전 중 흰색 연기가 많이 나오는 경우의 원인은 무엇인지 설명하시오.

A-3 ① 실린더에 냉각수가 새어 들어가거나 연료에 수분이 혼입될 때
② 실린더 중 한 실린더가 폭발하지 않을 때
③ 소기 압력이 너무 높을 때

Q-3-1   기관 운전 중 검은색 연기가 많이 나오는 경우의 원인은 무엇인지 설명하시오.

A-3-1   배기색이 흑색이 될 때의 원인
① 기관의 과부하일 때
② 연료펌프의 고장으로 분사 시기가 나쁠 때
③ 연료밸브 및 여과기 오손 등의 분사 상태가 불량일 때
④ 흡·배기밸브 누설, 고착으로 압축이 불량일 때
⑤ 실린더의 과열일 때
⑥ 소기 압력이 너무 낮을 때

Q-4   디젤기관의 시동 직후 점검해야 할 사항이 무엇인지 설명하시오.

A-4   소형기관의 시동 후에는 운전 상태를 파악하기 위해 계기류의 지침, 배기색, 진동의 이상 여부, 냉각수의 원활한 공급 여부, 윤활유 압력이 정상적으로 올라가는지의 여부, 연소가스의 누설 여부 등을 점검해야 합니다.

Q-5   원심펌프의 원리는 무엇인지 설명하시오.

A-5   원심펌프는 임펠러로 원심력을 통해 유체의 흐름을 만들어내는 펌프입니다.

Q-5-1   연료유나 윤활유 펌프는 어떤 펌프를 주로 사용하는가? 그 이유와 함께 설명하시오.

A-5-1   기어펌프를 주로 사용하며, 점도가 높은 유체의 이송에 적합하기 때문입니다.